彩图 1 冬虫夏草的子座

彩图 2 母种-试管

彩图 3 原种

彩图 4 培养中的液体菌种

彩图 5 麦粒为主的原种栽培种

彩图 6 木签菌种

彩图 7 木签菌种的应用

彩图 8 摇瓶菌种

彩图 9　发生虫害的菌种

彩图 10　平菇子实体

彩图 11　平菇黑色品种

彩图 12　平菇灰色品种

彩图 13　平菇白色品种

彩图 14　平菇红色品种

彩图 15　平菇黄色品种（榆黄菇）

彩图 16　高温平菇（秀珍菇）

彩图17　香菇子实体

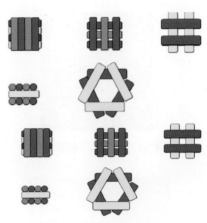

彩图18　香菇菌棒摆放方式

彩图19　转色不正常（香菇菌棒）

彩图20　黑木耳子实体

彩图21　菌袋感染链孢霉

彩图22　黑木耳菌流耳

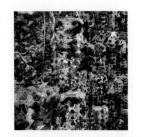

彩图23　黑木耳菌绿藻病

彩图24　牛皮菌

彩图25　黄背毛木耳

彩图26　白背毛木耳

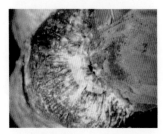

彩图27　疣疤病

彩图28　玉木耳

彩图29　双孢蘑菇白色品种

彩图30　双孢蘑菇褐色品种

彩图 31　双孢蘑菇出菇过密

彩图 32　双孢蘑菇死菇

彩图 33　双孢蘑菇畸形菇

彩图 34　双孢蘑菇薄皮菇

彩图 35　双孢蘑菇硬开伞

彩图 36　地雷菇（双孢蘑菇）

彩图 37　双孢蘑菇红根菇

彩图 38　双孢蘑菇水锈病

彩图 39　双孢蘑菇空心菇

彩图 40　双孢蘑菇鳞片菇

彩图 41　双孢蘑菇群菇

彩图 42　双孢蘑菇胡桃肉状菌

高效栽培
关键技术
丛书

高效栽培关键技术

国淑梅　牛贞福　编著

机械工业出版社

本书总结归纳了食用菌高效栽培的关键技术，较为全面地对食用菌菌种制作、我国产量较大的 7 种食用菌和 4 种新兴珍稀食用菌的高效栽培进行了详述，并对有关品种的工厂化生产进行了介绍。本书内容全面翔实、图文并茂、通俗易懂、实用性强，并设有"关键知识点""提示""注意""小窍门"等小栏目，可以帮助读者更好地掌握食用菌高效栽培关键技术。

　　本书适合从事食用菌菌种制作和食用菌生产的企业、合作社、菇农及农业技术推广人员使用，也可供农业院校相关专业的师生参考。

图书在版编目（CIP）数据

食用菌高效栽培关键技术/国淑梅，牛贞福编著. —北京：机械工业出版社，2020. 2（2021.10重印）

（高效栽培关键技术丛书）

ISBN 978-7-111-64125-4

Ⅰ. ①食… Ⅱ. ①国…②牛… Ⅲ. ①食用菌－蔬菜园艺
Ⅳ. ①S646

中国版本图书馆 CIP 数据核字（2019）第 248707 号

机械工业出版社（北京市百万庄大街22号　邮政编码100037）
策划编辑：高　伟　责任编辑：高　伟　於　薇
责任校对：孙丽萍　责任印制：张　博
保定市中画美凯印刷有限公司印刷
2021 年10月第 1 版第 2 次印刷
147mm×210mm・9 印张・4 插页・320 千字
标准书号：ISBN 978-7-111-64125-4
定价：39. 80 元

电话服务　　　　　　　　　　网络服务
客服电话：010-88361066　　机 工 官 网：www. cmpbook. com
　　　　　010-88379833　　机 工 官 博：weibo. com/cmp1952
　　　　　010-68326294　　金 书 网：www. golden-book. com
封底无防伪标均为盗版　　　机工教育服务网：www. cmpedu. com

食用菌是人类重要的食物资源，其中有些菇菌还具有药用价值。食用菌栽培既丰富了人类的物质生活，也促进了人类文明的发展。目前，在世界食用菌贸易中，我国已成为最大的食用菌生产国和出口国。我国食用菌产量占前7位的品种依次是香菇、黑木耳、平菇、双孢蘑菇、金针菇、毛木耳和杏鲍菇。食用菌产业在我国的农业生产中已经成为继粮、油、果、菜业之后的第五大产业。随着"一荤一素一菇"这种科学膳食结构的推广，我国掀起了食用菌消费的热潮，食用菌菜肴已走进千家万户，成为舌尖上不可缺少的美味。

食用菌栽培不但具有"五不争"（不与人争粮，不与粮争地，不与地争肥，不与农争时，不与其他争资源）的特点，而且实现了农业废弃物的资源化，推进了循环经济发展。食用菌生产投资少、见效快，经济价值突出，在各地形成了许多独具特色的栽培模式，如福建古田大田荫棚仿生香菇栽培模式、河南泌阳花菇栽培模式、河南西峡春栽秋收花菇生产模式、东北地栽木耳模式、四川吊袋栽培毛木耳模式、福建反季节地栽香菇模式等，成为我国诸多地方精准扶贫的重要手段，在推动富民方面发挥了重要作用。

随着现代农业、生物技术、设施环境控制等的发展，食用菌栽培的实践性、操作性、创新性和规范性日渐突出，技术日臻完善，逐步朝着专业化、机械化、集约化、规模化、工厂化的方向发展。广大食用菌产业的从业者迫切需要了解、认识和掌握食用菌栽培的新品种、新技术、新工艺和新方法，以解决实际生产中遇到的技术难题，提高食用菌栽培的技术水平和经济效益，这就需要广泛地普及食用菌高效栽培的科技知识，从而推动食用菌产业的可持续发展。为此，我们深入生产一线，调研食用菌生产中存在的难点和疑点，总结经验，结合自己的教学科研成果和多年来在指导食用菌生产中积累的心得体会，并在参阅大量的食用菌有关文献的基础上编写了本书。为了使本书内容形象生动，具有较强的可读性和适用性，我们尽可能地编入具有代表性的典型照片图和示意图，并且介绍了近年来食用菌生产中涌现出

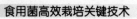
的新技术，如液体菌种生产、工厂化生产等。为了节省篇幅，食用菌栽培基础知识、菌种制作等章节采用了综合性介绍的方法。

需要特别说明的是，本书所用药物及其使用剂量仅供读者参考，不可完全照搬。在实际生产中，所用药物学名、通用名与实际商品名称存在差异，药物浓度也有所不同，建议读者在使用每一种药物之前，都要参阅厂家提供的产品说明以确认药物用量、用药方法、用药时间及禁忌等。

在本书写作过程中，得到了部分食用菌生产企业和合作社的大力支持，同时参考了国内食用菌专家和同行的研究成果，在此一并致谢！

由于编写水平有限，加之编写时间比较仓促，书中难免存在不足之处，敬请广大读者、同行、专家提出宝贵意见，以便再版时修正。

编著者

目 录

第一章　食用菌高效栽培基础

第一节　食用菌的种类

 关键知识点：

　　食用菌是可供食用的大型的肉质（或胶质）子实体或菌核类组织，并能供人们食用或药用的一类大型真菌。世界上已被描述的真菌达12万余种，能形成大型子实体或菌核组织的达6000余种，可供食用的有2000余种，能大面积人工栽培的只有40～50种。食用菌在分类上属于菌物界真菌门，绝大多数属于担子菌亚门（如平菇、香菇），少数属于子囊菌亚门（如羊肚菌）。

　　城市近郊的农户可以选择种植以鲜食为主的食用菌，像平菇、秀珍菇、大球盖菇和双孢蘑菇等；交通不便地区的农户则应该选择适合鲜食和干制的食用菌品种，如木耳、香菇、鸡腿菇、茶树菇和杏鲍菇等；种植苗木的农户还可以林下套种香菇、大球盖菇、灵芝和羊肚菌等食用菌品种。

一　食用菌的分类地位

　　食用菌属于生物中的真菌界、真菌门中的担子菌亚门和子囊菌亚门（图1-1），其中约95%的食用菌属于担子菌亚门。其名称采用林奈创立的双名法，即由两个拉丁词和命名人构成，第一个词为属名，第二个词为种加词，最后加上命名人姓名的缩写，这样便保证了每一种食用菌有且只有一个学名，如香菇的学名为 *Lentinula edodes*（Berk.）Pegler.。

> **提示**　食用菌仅为一种命名方式，而非分类学中的分类单位。

- 生物
  - 植物界
  - 动物界
  - 原生生物界
  - 真菌界
    - 黏菌门
    - 真菌门
      - 鞭毛菌亚门
      - 接合菌亚门
      - 半知菌亚门
      - 子囊菌亚门、担子菌亚门 → 大型真菌
        - 食用菌
        - 毒菇
  - 原核生物界

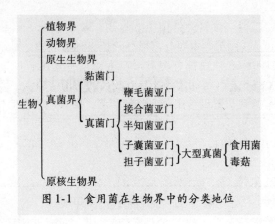

图 1-1　食用菌在生物界中的分类地位

二　担子菌中的食用菌

担子菌是指有性生殖能产生特殊的产孢体——担子，并在担子内产生担孢子的一类真菌。它由多细胞的菌丝体组成，且菌丝均具横隔膜。目前，我们常见的绝大多数食用菌及广泛栽培的食用菌均属于担子菌，它们大致可分为四大类群，即耳类、非褶菌类、伞菌类和腹菌类（图1-2）。

- 担子菌中的食用菌
  - 耳类（木耳、银耳等）
  - 非褶菌类（猴头、灵芝等）
  - 伞菌类（双孢蘑菇、平菇、香菇等）
  - 腹菌类（竹荪等）

图 1-2　担子菌中的食用菌

1. 耳类担子菌

该类主要是指隶属于木耳目（Auriculariales）、银耳目（Tremellales）及花耳目（Dacrymycetales）的食用菌。

（1）木耳目　较为常见的有黑木耳、毛木耳等。

（2）银耳目　较为常见的有银耳、金耳、茶耳等，其中银耳、金耳是中国著名的食用兼药用菌类。

（3）花耳目　较为常见的有桂花耳等。

2. 非褶菌类担子菌

该类主要指非褶菌目（Aphyllophorales）的食用菌，主要分布于珊瑚菌科（Clavariaceae）、绣球菌科（Sparassidaceae）、伏革菌科（Corticiaceae）、猴头菌科（Hericiaceae）、多孔菌科（Polyporaceae）、灵芝菌科（Ganodermataceae）等。

（1）珊瑚菌科　该科中的菌类多地生，常生于苔藓或腐殖质中，很少生于腐木上。食用菌类主要有虫形珊瑚菌、杯珊瑚菌等。

（2）绣球菌科　该科部分菌类可产生对某些真菌有抵抗作用的绣球菌素，如绣球菌、花耳绣球菌等，具有较高的药用价值。

（3）伏革菌科　常见食用菌为胶韧革菌，即人们常说的榆耳。

（4）猴头菌科　该科中最为人熟悉的食用菌为猴头，又称猴头菇，是中国传统的四大食材（猴头、熊掌、海参、鱼翅）之一，同时具有很高的药用价值。

（5）多孔菌科　猪苓、茯苓、雷丸、木蹄层孔菌、朱红硫黄菌等均属于此科，其中猪苓、茯苓的菌核都是著名的中药材。

（6）灵芝菌科　灵芝、树舌、紫芝属于此科，其中灵芝被誉为仙草，有神奇的药效。

3. 伞菌类担子菌

伞菌类的食用菌主要指伞菌目（Agaricales）中的可食用菌类，该类食药兼用菌种类最多，分类复杂。目前常用于栽培的食用菌，如侧耳、香菇、草菇、鸡腿菇、双孢蘑菇等，几乎都属于该类。常见种类如下：

（1）蘑菇科　双孢蘑菇、四孢菇、野蘑菇、草地蘑菇等。

（2）侧耳科　糙皮侧耳、桃红侧耳、凤尾菇、金顶侧耳、亚侧耳等。

（3）粪锈伞科　田头菇、杨树菇等。

（4）鬼伞科　毛头鬼伞、鸡腿蘑、墨汁伞等，有较高的食用价值。

> **注意**　鬼伞科食用菌不宜与酒同食。

（5）光柄菇科　灰光柄菇、草菇、银丝草菇等。

（6）球盖菇科　滑菇、毛柄鳞伞、大球盖菇等。

（7）鹅膏科　橙盖鹅膏、湖南鹅膏等。

（8）口蘑科　大杯伞、肉色香蘑、姬松茸、松口蘑、金针菇、棕灰口蘑等。

（9）红菇科　变色红菇、正红菇、松乳菇等。

（10）牛肝菌科　美味牛肝菌、铜色牛肝菌、松乳牛肝菌、黏盖牛肝菌等。

4. 腹菌类担子菌

该类主要包括鬼笔目（Phallales）、黑腹菌目（Melanogastrales）、灰包目（Lycoperdales）等可食用菌类。

（1）鬼笔目　该目鬼笔科中食用菌较多，鬼笔科产孢组织呈黏液状，有恶臭，常暴露在海绵状的菌托上。常见食用菌有白鬼笔、短裙竹荪、长裙竹荪等。

（2）腹菌目 倒卵孢黑腹菌、山西光腹菌等。

（3）灰包目 灰孢菇等。

三 子囊菌中的食用菌

通过有性繁殖，在子囊中产生子囊孢子的一类真菌被称为子囊菌。子囊菌中常见的食用菌多属于盘菌目（Pezizales）及肉座菌目（Hypocreales）（图1-3），且具有种类少、经济价值高的特点，多为野生菌。

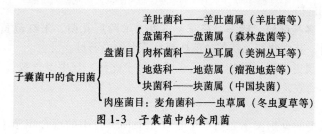

图1-3 子囊菌中的食用菌

1. 盘菌目

（1）羊肚菌科（Morchellaceae） 常见的有黑脉羊肚菌、尖顶羊肚菌、粗腿羊肚菌、羊肚菌等，是著名的食用菌。

（2）盘菌科（Pezizaceae） 常见的有森林盘菌及泡质盘菌等，聚集丛生于堆肥及花园或温室的土壤上，可食用。

（3）肉杯菌科（Sarcoscyphaceae） 该科的美洲丛耳是在我国较为常见的食用菌，具有一定的食用及药用价值。

（4）地菇科（Terfeziaceae） 在我国已知的有瘤孢地菇，味甜。

（5）块菌科（Tuberaceae） 该科块菌属中有一些是名贵的食品，在我国已知的仅有中国块菌一种，产于四川。

2. 肉座菌目

该目中麦角菌科（Clavicipitaceae）虫草属的所有种类相当专化地寄生在昆虫、麦角菌的菌核或大团囊菌属几个种的地下生子囊果上，其中很多种类，如冬虫夏草等兼有食用及药用价值。

四 食用菌分类检索表

为了便于人们区分和了解食用菌各主要类群之间的差异，对我国目前栽培的常见食用菌的特点种类有一概括了解，下面以分类检索表的形式加以简单介绍（表1-1、表1-2）。

表 1-1 食用菌分类检索表

形状特征	分类
1. 子实体盘状、马鞍状或羊肚子状，孢子生于子囊之内	子囊菌亚门
1. 子实体多为伞状、孢子生于担子之上	担子菌亚门
2. 子实体胶质、脑状、耳状、瓣片状、无柄、黏、担子具有分隔或分义，黏或不黏，担子不分隔	耳类
2. 子实体肉质、韧肉质、革质、脆骨质或蜡质、木栓质，老熟后革质或硬而脆，子实层体平整、齿状、刺状或孔状	非褶菌类
3. 子实体革质、脆骨质或嫩时肉质、易腐烂，子实层体若为孔状，其子实体一定是肉质	伞菌类
4. 子实体为典型伞状、子实层体为褶状、孔为孔状	伞菌类
4. 子实体闭合、子实层不明显，或在孢子成熟前开始终则外露，或始终闭合	腹菌类

表 1-2 常见栽培食用菌分类检索表

形状特征	分类
1. 子实体胶质或半革质、无柄、担子具有纵裂或横的分隔	2
1. 子实体肉质、木革质或近海绵质，多具有菌柄，担子无隔	5
2. 子实体花叶状或近海绵质、白色或橙黄色、担子卵圆形、具有纵裂	3
2. 子实体耳壳状至近杯状、黑色至黑褐色、偶带丁香紫色、担子柱状、担子横的分隔	4
3. 子实体花叶状、白色	银耳
3. 子实体脑状、橙黄色	金耳
4. 子实体黑色、较薄、背面无明显的毛	黑木耳
4. 子实体黑褐色、偶带丁香紫色、背面多有较明显的黄褐色毛	毛木耳
5. 子实体肉质或近海绵质、子实层体刺状或如上述	6
5. 子实体耳壳状、白色、子实层体非如上述	9
6. 子实体头状至近球状、表面有明显的刺（子实体）	猴头
6. 子实体肉质或木革质、白色、子实层体刺状或孔状	7
7. 子实体平状、无柄、可食用部位为生于地下的子实体	茯苓
7. 子实体非如上述、子实体由菌柄和菌盖组成、可食用部位为地上的子实体	8
8. 子实体木革质、柄偏生至侧生、表面红褐色至黑褐色、具有光泽	灵芝
8. 子实体肉质、柄中生、多分枝、灰白色至浅褐色	灰树花

（续）

形状特征	分类
9. 子实体伞形或扇状，子实层有褶状，孢子成熟时由担子上主动弹出	10
9. 子实体初闭合，卵球形，后开裂露出有柄的海绵质子实层托，子实层托菌盖状，成熟时不能由担子上主动弹出	21
10. 孢子印褐色，偶呈浅紫色	11
10. 孢子印黑色，黑褐色或酒红色	18
11. 菌柄中生，有膜质菌环，菌盖圆形，黄褐色	蜜环菌
11. 菌柄中生或偏生，无菌环	12
12. 菌盖小，圆形，柄褐色，柄细长	金针菇
12. 菌盖大，较厚，柄多偏生或侧生，少中生	13
13. 菌盖圆形至近圆形，茶褐色，质韧，菌褶直至近弯生，褶缘多呈锯齿状，褶缘生至近中生	香菇
13. 菌盖贝壳质地颜色，扇形至贝壳状，菌褶至漏斗状，少数呈漏头状，褶缘延生	14
14. 孢子印紫色	紫孢侧耳
14. 孢子印白色	15
15. 菌盖橙黄色	金顶侧耳
15. 菌盖灰色，灰白色至灰褐色	16
16. 菌盖灰褐色至近褐色，表面有明显的灰黑色鳞片，在琼脂培养基上产生大量黑头分生孢子梗束	鲍鱼菇
16. 菌盖灰白色至灰色，表面近平滑，在琼脂培养基上不产生大量黑头分生孢子梗束	17
17. 菌盖扇形至贝壳状，初为灰色至蓝黑色，后渐变为灰白色，多丛生	糙皮侧耳
17. 菌盖扇形至近漏斗状，初为白色，后渐变为灰褐色，多单生	凤尾菇
18. 子实体有菌托，无菌环	19
18. 子实体无菌托，有菌环	20
19. 菌盖灰色至灰褐色，表面近光滑，生于草原基物上	草菇
19. 菌盖乳白色至浅黄色，表面有明显的丝状柔毛，生于阔叶树朽木上	银丝草菇
20. 菌盖白色，半球形，担子为2孢子型	双孢蘑菇
20. 菌盖白色至蛋壳色，较大，担子为4孢子型	大肥菇
21. 菌裙长达10厘米以上，白色，网眼多角形，5～10毫米	长裙竹荪
21. 菌裙长3～6厘米，白色，网眼圆形，宽1～4毫米	短裙竹荪

小窍门 当遇到一种不知名的食用菌时，应当根据食用菌的形态特征，按检索表顺序逐一寻找该食用菌所处的分类地位。首先确定是属于哪个门、哪个纲和目的食用菌，然后再继续查其分科、分属和分种。在运用检索表时，必须要详细观察或解剖标本，按检索表一项一项地仔细查对。对于完全符合的项目，继续往下查找，直至检索到终点为止。

第二节　食用菌的形态结构

关键知识点：

食用菌由菌丝体（营养器官）、子实体（繁殖器官）、孢子（繁殖单位）组成（图1-4），食用菌的子实体由双核菌丝发育而成。

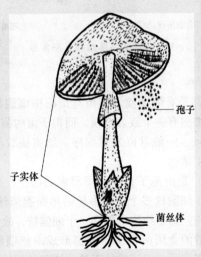

孢子

子实体

菌丝体

图1-4　食用菌形态结构示意图（以伞菌为例）

一 菌丝体

菌丝体的功能是分解基质、吸收营养和水分，供食用菌生长发育需要，因此它是食用菌的营养器官，相当于高等植物的根、茎、叶。菌丝也可以进行繁殖，取一小段菌丝在一定的环境中，经一定时间后，可以繁殖成新的菌丝体（属无性繁殖）。实际生产中大多使用菌丝来进行繁殖。

1. 菌丝的分类

在光学显微镜下观察，多数种类的菌丝被间隔规则的横壁隔断，这些横壁称为隔膜。子囊菌和担子菌中，隔膜将菌丝分隔成间隔或细胞，其中含有一个或多个细胞核，该类菌丝称为有隔菌丝。在壶菌和接合菌中，只在产生繁殖器官或在菌丝受伤部位及老龄菌丝中形成完全封闭的隔膜，而生长活跃的营养菌丝则没有隔膜，此类菌丝称为无隔菌丝（图1-5）。

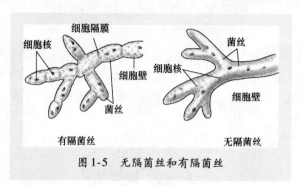

图1-5　无隔菌丝和有隔菌丝

2. 菌丝体的形态

食用菌的菌丝都是有隔菌丝，其菌丝细胞中细胞核的数目不一。通常，子囊菌的菌丝细胞有一个或多个核，而担子菌的菌丝细胞大多数含有两个核，为双核菌丝。一般常以发育顺序、细胞核数将菌丝分为初生菌丝、次生菌丝和三生菌丝。

（1）初生菌丝　是由孢子直接萌发形成的菌丝。孢子萌发后，初期形成的菌丝无隔膜，细胞核多个，即多核的单细胞菌丝；随后产生隔膜，将菌丝分成多个细胞，每个细胞内仅含一个细胞核，故又称为单核菌丝或一次菌丝。绝大多数的食用菌孢子萌发都形成单核菌丝，但也有少数特殊，如双孢蘑菇的担孢子萌发形成的不是单核菌丝而是双核菌丝；银耳的担孢子萌发形成芽孢子，由芽孢子萌发再形成单核菌丝。

> **注意**　初生菌丝一般都不会形成子实体，只有和另一条可亲和的单核菌丝质配之后变成双核菌丝，才会产生子实体。

（2）次生菌丝　由两条初生菌丝结合，经过质配而形成的菌丝称为次生菌丝，又称为二次菌丝。在形成次生菌丝的过程中，两个初生菌丝细胞的细胞质融合，而细胞核并未发生融合，因此次生菌丝每个细胞中含两个细胞核，因此又称为双核菌丝（图1-6）。

图1-6 初生菌丝质配形成双核菌丝

注意 次生菌丝是食用菌菌丝存在的主要形式，也只有双核菌丝才能形成子实体。

大部分食用菌的双核菌丝顶端细胞上常发生锁状联合（图1-7），它是一种形状类似锁臂的菌丝连接，担子菌中许多种类的双核菌丝都是靠锁状联合进行细胞分裂，不断增加细胞数目。锁状联合主要存在于担子菌中，如香菇、平菇、木耳等，但也有例外，如草菇、双孢蘑菇等。极少数的子囊菌菌丝也形成锁状联合，如地下真菌中的块菌。

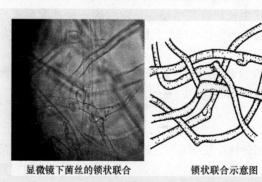

显微镜下菌丝的锁状联合　　　锁状联合示意图

图1-7 菌丝锁状联合结构

（3）三生菌丝 次生菌丝在不良条件下或达到生理成熟时，就紧密扭结、分化成特殊的菌丝组织体，这种次生菌丝进一步发育而成的已组织化的双核菌丝，称为三生菌丝或三次菌丝，如菌核、菌索、子实体中的菌丝。

3. 菌丝的组织体

一般情况下，菌丝体呈现疏松的状态，但有些子囊菌或担子菌在不良条件下或繁殖时，菌丝紧密缠结成一种特殊的菌丝体，称为菌丝组织体。菌丝组织体实质上是食用菌丝体适应不良环境或繁殖时的一种休眠体，能行使繁殖功能，常见的有菌核、子座、菌索等，有利于食用菌的繁殖或增强对环境的适应性。

(1) 菌核 菌核是由双核菌丝发育而成的一种质地坚硬、颜色较深、大小不等的团块状或颗粒状的组织。菌核对干燥、高温或低温均有较强的抵抗能力，如茯苓菌核，在 -30℃仍能过冬；同时，菌核中储藏着较多养分，因此它既是真菌的储藏器官，又是度过不良环境的一种休眠体。菌核中的菌丝有着很强的再生能力，当环境条件适宜时，很容易萌发出新的菌丝，或者由菌核上直接产生子实体。

(2) 菌索 菌索是双核菌丝交织成绳索状的组织束，外形似根，内有髓部能疏导水分和养分，常分叉或角质化，对不良环境的抵抗性强。其顶端部分为生长点，可以不断延伸生长。当环境条件适宜时，菌索可以发育成子实体，如蜜环菌。

(3) 菌丝束 菌丝束是由大量平行的双核菌丝紧密排列形成的束状组织，常为子实体原基的前身。菌丝束与菌索相似，都有疏导功能，不同之处在于它没有顶端分生组织。

(4) 子座 子座是由菌丝组织构成的可容纳子实体的褥座状结构。子座是真菌从营养生长阶段到生殖生长阶段的一种过渡形式，其形态不一。食用菌的子座多为头状或棒状，如麦角菌的子座呈头状，冬虫夏草的子座呈棒状（彩图1）。

(5) 菌膜 有的食用菌菌丝紧密交织成一层薄膜即称为菌膜，如香菇栽培过程中形成的褐色被膜。

二 子实体

多数情况下菌丝体生长于基质之内。如果环境条件适宜，菌丝体就会不断向四周蔓延，吸收营养，完成增殖。当菌丝体达到生理成熟时，发生扭结，形成子实体原基，进而形成子实体。

产生有性孢子的肉质或胶质的大型菌丝组织体称为子实体，是食用菌的繁殖器官。食用菌的子实体常生长于基质表面，是人们通常称之为"菇、蘑、耳"的那一部分。子囊菌的子实体能产生子囊孢子，是子囊菌的果实，故又称为子囊果。担子菌的子实体能产生担孢子，故又称为担子果，目前人们食用的多为担子果。

1. 子囊果的结构

根据产生子囊的方式，子囊果可分为5种类型：

（1）裸果型 子囊果裸生，没有任何子实体。

（2）闭囊壳 子囊被封闭在一个球形的缺乏孔口的子囊果内（图1-8a），如块菌。

（3）子囊壳 子囊着生于一个球形或瓶状的子囊果内，子囊果或多或少是封闭的（图1-8b），但在成熟时出现一个孔口，使孢子能够释放出来，如冬虫夏草。

（4）子囊盘 子囊着生在一个盘状或杯状开口的子囊果内，与侧丝平行排列在一起形成子实层（图1-8c），如胶陀螺菌、羊肚菌等。

（5）子囊腔 子囊单独、成束或成排地着生于子座的腔内，子囊的周围并没有形成真正的子囊果壁，这种含有子囊的子座称为子囊座。在子囊座内着生子囊的腔称为子囊腔，一个子囊座内可以有一到多个子囊腔。有些含单腔的子囊座在外表上很像子囊壳，称为假囊壳。

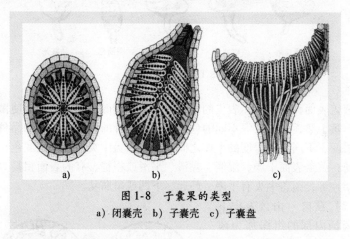

图1-8 子囊果的类型

a）闭囊壳 b）子囊壳 c）子囊盘

2. 担子果的结构

担子果的形态、大小、质地因种类不同而异。其大小差异悬殊，小的只能用显微镜才能看到，大的直径可达1米以上。担子果外部形态常呈伞状、喇叭状、耳状、珊瑚状、块状等，其质地也多种多样，如胶质、革质、肉质、木质等。下面着重以伞菌为例，介绍子实体形态。

伞菌是包括通常称其子实体为蘑菇的一类担子菌，主要由菌盖、菌柄、菌褶或菌管、菌环和菌托组成。

（1）菌盖 菌盖是食用菌子实体的帽状部分，也是人们食用的主要部分，多位于菌柄之上。菌盖形态多种多样，常见的有钟形、圆锥形、斗笠形、半球形、平展形、花瓣形等（图1-9）。菌盖边缘形状有的全缘或开裂，有的边缘内折或外翻，有的边缘平滑，有的边缘平滑有条纹、沟纹或波折，有的边缘表皮延伸有残膜或角状残膜。

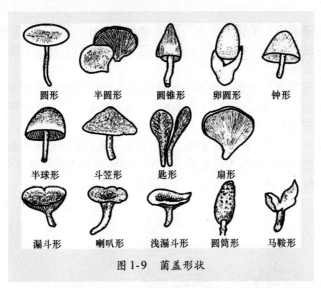

圆形	半圆形	圆锥形	卵圆形	钟形
半球形	斗笠形	匙形	扇形	
漏斗形	喇叭形	浅漏斗形	圆筒形	马鞍形

图1-9 菌盖形状

菌盖表面称为表皮，表皮的菌丝内含有不同颜色的色素，这使菌盖呈现白、黄、黑、灰、红等不同的色泽，不同品种的颜色不同，同品种不同个体之间、不同成熟程度的个体之间，甚至菌盖中央及边缘的颜色也会有所不同；菌盖表面干燥、湿润、黏滑、平滑或粗糙，有的表面粗糙具有纤毛、鳞片等；菌盖中央有平展、凸起、下凹或呈脐状。

（2）菌肉 菌盖表皮下面和菌柄内部的组织称为菌肉，一般由长形的菌丝细胞组成。有些种类，如红菇属有膨大的球形或卵圆形的细胞分散在长形的菌丝细胞之间，为囊泡状菌丝组织（图1-10）。菌肉的颜色、厚度和菌丝形态多有差异，菌

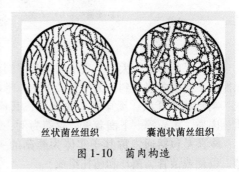

丝状菌丝组织　　　囊泡状菌丝组织

图1-10 菌肉构造

肉多为白色或浅黄色，但也有例外，如乳菇属的一些种类受伤后流出乳汁又变蓝色。

（3）菌褶或菌管 菌褶是生长在菌盖下面的片状部分，少数是管状的菌管，多数为褶片状的菌褶。菌褶是伞菌产生孢子的地方，常呈片状，少数为叉状。菌褶等长或不等长，排列有密有疏，一般为白色，也有黄、红、灰等其他颜色，并常随着子实体的成熟而呈现出孢子的各种颜色，如褐色、黑色等。菌褶边缘一般光滑，也有波浪状或锯齿状（图1-11）。

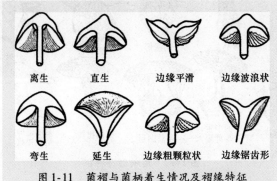

离生　直生　边缘平滑　边缘波浪状

弯生　延生　边缘粗颗粒状　边缘锯齿形

图1-11　菌褶与菌柄着生情况及褶缘特征

（4）菌柄 菌柄生长于菌盖下面，具有输送养分、水分及支撑菌盖的功能，其形状因菌盖的着生方式、粗细、颜色、长短、内部空实等而异。多数食用菌的菌柄为肉质，少数为纤维质、蜡质、脆骨质等。有些种类的菌柄较长，有的较短，有的甚至无菌柄。菌柄一般生于菌盖中部，有的偏生或侧生。有些种类的菌柄上部还有菌环，菌柄基部有菌托（图1-12）。

（5）菌幕、菌环和菌托 菌幕分为外菌幕及内菌幕，包被于整个幼小子实体外面的菌膜，称为外菌幕。连接于菌盖与菌柄间的膜为内菌幕。随着子实体的长大，菌幕会被撑破、消失，但在一些伞菌中会残留，分别发育成菌环或菌托。

随着子实体的长大，内菌幕破裂，残留在菌柄上的单层或双层环状膜，称为菌环。菌环的大小、厚薄、层数及在菌柄上着生的位置因种类不同而异。随着子实体的长大，外菌幕被撑裂，残留于菌柄基部发育成的杯状、苞状或环圈状的构造，称为菌托。由于种类的不同或外菌幕发育强弱的不同，菌托的形状有苞状、鳞片状、粉状和环带状等（图1-13）。

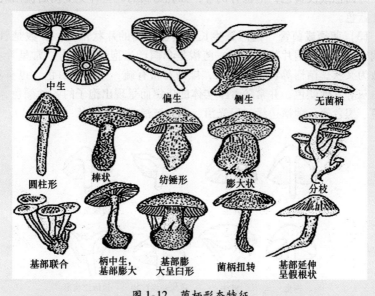

图 1-12　菌柄形态特征

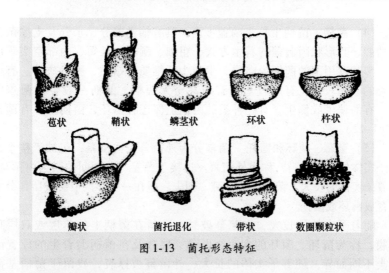

图 1-13　菌托形态特征

注意　同时具有"头上戴帽（菌盖）、腰间系裙（菌环）、脚上穿鞋（菌托）"结构的野生菌一般有毒，不宜食用。

三　孢子

孢子是真菌繁殖的基本单位，如同高等植物的种子。孢子可分为有性孢子（sexual spore）和无性孢子（asexual spore）两类。有性孢子包括担孢子、子囊孢子、接合孢子等，无性孢子包括分生孢子、厚垣孢子、粉孢子等。不同种类真菌其孢子大小、形状、颜色及表面纹饰都有较大的差异（图1-14）。

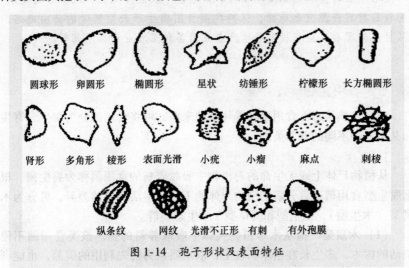

圆球形　卵圆形　椭圆形　星状　纺锤形　柠檬形　长方椭圆形

肾形　多角形　棱形　表面光滑　小疣　小瘤　麻点　刺棱

纵条纹　网纹　光滑不正形　有刺　有外孢膜

图1-14　孢子形状及表面特征

孢子一般无色或浅色，成熟的子实体不断释放出孢子堆积起来出现的菌褶形印称为孢子印（spore print）。孢子印的颜色多样，有白色、粉色、奶油色、青褐色、褐色、黑色等。孢子的传播方式十分复杂，有的主动弹射传播，有的则靠风、雨水等传播，还有少数靠动物传播。

成熟的孢子可以直接萌发产生初生菌丝，或间接萌发产生次生孢子，或芽殖产生大量的分生孢子或小分生孢子，然后由分生孢子萌发成初生菌丝。

第三节　食用菌的营养

关键知识点：

食用菌的营养主要来自培养基，根据食用菌的营养类型选择适宜培养料及配比是高产、优质的关键。企业和菇农选择品种的时候，应该注意选择本地富有的种植原料，如水稻主产区的农户可以选择水稻秸秆作为培养食用菌的生产基质，小麦、玉米产区的农户可以把小麦和玉米秸秆、玉米芯当作食用菌培养基质，山区农户可以选择用树枝、树叶、茅草、废弃的锯末来生产食用菌，棉花产区的农户则可以用棉花秸秆和棉籽壳培养食用菌。拓宽培养基材料渠道，不仅能降低生产成本，还是改变种菇材料资源匮乏局面，保持我国食用菌生产长期繁荣的必由之路。从目前情况看，应积极引导生产者采用各种工农业产品下脚料。

一 食用菌的营养类型

根据自然状态下食用菌营养物质的来源，可将食用菌分为腐生、寄生和共生三种不同的营养类型。

1. 腐生

从植物尸体上或无生命的有机物中吸收养料的食用菌称为腐生菌。根据腐生型食用菌适宜分解的植物尸体的不同和生活环境的差异，可分为木腐型（木生型）、土生型和粪草型3个生态类群。

（1）木腐型 指从木本植物残体中吸取养料的菌。该类食用菌不侵染活的树木，多生长在枯木朽枝上，以木质素为优先利用的碳源，也能利用纤维素。其常在枯木的形成层生长，使木材变腐并充满白色菌丝。有的对树种适应性广（如香菇），有的适应范围较狭（如茶薪菇）。

（2）粪草型 粪草生型食用菌从草本植物残体或腐熟有机肥料中吸取养料。该类食用菌多生长在腐熟堆肥、厩肥和烂草堆上，优先利用纤维素，几乎不能利用木质素，可用秸秆、畜禽粪为培养料，如草菇、鸡腿菇、双孢蘑菇等。

（3）土生型 土生型食用菌多生长在腐殖质较多的落叶层、草地、肥沃田野等场所，如羊肚菌、马勃、竹荪等。对于在土中长出的食用菌，在烹饪前最好用热水焯一下，去掉土腥味，食用起来会更美味。

提示 木腐生及粪草菌较易于驯化，在人工栽培的食用菌中占绝大多数；而土生型食用菌的驯化较难，且产量也较低。目前，进行商业性栽培的菇类几乎都是腐生型菌类，在实际生产中，要根据它们的营养生理来选择合适的培养料。

2. 寄生

生活在活的有机体内或体表，从活的寄主细胞中吸收营养而生长发育的食用菌，称为寄生菌。在食用菌中，整个生活史都是营寄生生活的情况十分罕见，多为兼性寄生或兼性腐生。在生活史的某一阶段营寄生生活，而其他时期营腐生生活，称为兼性寄生；在生活史的某一阶段营腐生生活，而其他时期营寄生生活，则称为兼性腐生。专性寄生的典型代表是星孢寄生菇，它们专门寄生在稀褶黑菇的子实体上，并在寄主的子实体上产生自己的子实体，形成"菇上菇"。兼性寄生的典型代表是蜜环菌，它可以在树木的死亡部分营腐生生活，一旦进入木质部的活细胞后就转为寄生生活，常生长在针叶或阔叶树干的基部或根部，形成根腐病。寄生菌中兼性腐生的代表是冬虫夏草，它是寄生在鳞翅目幼虫上的一种真菌，能够杀死虫体并将虫体变成长满菌丝的菌核。

3. 共生

能与高等植物、昆虫、原生动物或其他菌类相互依存、互利共生的食用菌称为共生菌。

（1）食用菌与植物共生　菌根菌是食用菌与植物共生的典型代表，食用菌菌丝与植物的根结合成复合体——菌根。菌根菌能分泌生长激素，促进植物根系的生长，菌丝还可帮助植物吸收水分及无机盐，而植物则把光合作用合成的碳水化合物提供给菌根菌。

菌根分为外生菌根和内生菌根两种类型。其中多数是外生菌根，约有30个科99个属，与阔叶树或针叶树共生。

1）外生菌根。外生菌根的菌丝大部分紧密缠绕于根表面，形成菌套，并向四周伸出致密的菌丝网，仅有少部分菌丝进入根的表皮细胞间生长，但不侵入植物细胞内部。木本植物的菌根多为外生菌根，如赤松根和松口蘑。

2）内生菌根。菌根菌的菌丝侵入根细胞内部为内生菌根，如蜜环菌的菌索侵入天麻的块茎中，吸取部分养料，而天麻块茎在中柱和皮层交界处有一消化层，该处的溶菌酶能将侵入到块茎的蜜环菌丝溶解，使菌丝内含物释放出来供天麻吸收。

提示　食用菌与植物形成菌根，是长期自然环境中形成的一种生态关系。这种关系一旦受到破坏或改变，无论植物还是食用菌的生活，都会受到不良影响，甚至不能正常生活。因此，目前这类食用菌的人工栽培较困难，取得成功的不多。菌根菌中有不少优良品种，但还没有驯化到完全可以人工栽培，是开发的一个方向。

（2）食用菌与动物共生 食用菌与动物构成共生关系中，最典型的是不少热带食用菌与白蚁或蚂蚁存在着密切的共生关系。在自然条件下，鸡枞只能生长在白蚁窝上，这也为白蚁提供了丰富的营养物质，而白蚁窝则为鸡枞提供了生存基质。

（3）食用菌与微生物共生 在食用菌与微生物的共生关系中，最典型的例子就是银耳属。现在已经很明确，银耳与香灰菌、金耳与韧革菌存在一种偏共生关系，其中的香灰菌与韧革菌通常被称为"伴生菌"。

二 食用菌的营养生理

食用菌在生命活动中需要大量的水分，以及较多的碳素和氮素，其次是磷、镁、钾、钠、钙、硫等主要矿质元素，还需要铜、铁、锌、锰、钴、钼等微量元素，有的还需要维生素。生产中，只有满足食用菌对这些营养物质的要求才能正常生长。

1. 碳源

碳源是构成食用菌细胞和代谢产物中碳来源的营养物质，也是食用菌生命活动所需要的能量来源，是食用菌最重要的营养源之一。食用菌吸收的碳素大约有20%用于合成细胞物质，80%用于分解产生维持生命活动所必需的能量。碳素也是食用菌子实体中含量最多的元素，占子实体干重的50%~60%。因此，碳源是食用菌生长发育过程中需要量最大的营养物质。

食用菌主要利用单糖、双糖、半纤维素、纤维素、木质素、淀粉、果胶、有机酸和醇类等。单糖、有机酸和醇类等小分子碳化合物可以直接吸收利用，其中葡萄糖是利用最广泛的碳源。而纤维素、半纤维素、木质素、淀粉、果胶等大分子碳化合物，需在酶的催化下水解为单糖后才能被吸收利用。生产中，食用菌的碳源物质除葡萄糖、蔗糖等简单的糖类之外，主要来源于各种富含纤维素、半纤维素的植物性原料，如木屑、玉米芯、棉籽壳等。这些原料多为农产品的下脚料，具有来源广泛、价格低廉的优点。

木屑、玉米芯等大分子碳化合物分解较慢，为促使接种后的菌丝体很快恢复创伤，使食用菌在菌丝生长初期也能充分吸收碳素，在生产中，拌料时适当地加入一些葡萄糖、蔗糖等容易吸收的碳源，作为菌丝生长初期的辅助碳源，可促进菌丝的快速生长，并可诱导纤维素酶、半纤维素酶以及木质素酶等胞外酶的产生。

注意　加入辅助碳源的浓度不宜太高，一般糖的含量为 0.5%～5%，否则可能导致质壁分离，引起细胞失水。

2. 氮源

氮源是指构成细胞的物质或代谢产物中氮素来源的营养物质。氮源是合成食用菌细胞蛋白质和核酸的主要原料，对生长发育有着重要作用。

食用菌主要利用各种有机氮，如氨基酸、蛋白胨等。氨基酸等小分子有机氮可被菌丝直接吸收，而大分子有机氮则必须通过菌丝分泌的胞外酶将其分解成小分子后才能够被吸收。生产上常用蛋白胨、氨基酸、酵母膏等作为母种培养基的氮源，而在原种和栽培种培养基中，多由含氮高的物质提供氮素，用小分子无机氮或者有机氮作为补充氮源。

提示　少数食用菌只能以有机氮作为氮源，多数食用菌除利用有机氮外，也能利用 NH_4^+ 和 NO_3^- 等无机氮源。通常，铵态氮比硝态氮更易被菌丝吸收。以无机氮为唯一氮源时，易产生生长慢、不结菇现象，因为菌丝没有利用无机氮合成细胞所必需的全部氨基酸的能力。

一般在菌丝生长阶段要求含氮量较高，培养基中的氮含量以 0.016%～0.064% 为宜，若含氮量低于 0.016%，菌丝生长就会受阻。子实体发育阶段对氮含量的要求略低于菌丝生长阶段，一般为 0.016%～0.032%。含氮量过高会导致菌丝徒长，抑制子实体发生及生长。

注意　在食用菌生长发育过程中，碳源和氮源的比例要适宜。食用菌正常生长发育所需的碳源和氮源的比例称为碳氮比（C/N）。一般而言，食用菌菌丝生长阶段所需的碳氮比较小，以（15～20）:1 为宜；子实体发育阶段要求碳氮比较大，以（30～40）:1 为宜。若碳氮比过大，菌丝生长缓慢，难以高产；若碳氮比过小，容易导致菌丝徒长而不易出菇。不同菌类其最适碳氮比也有所不同，如草菇的最适碳氮比为（40～60）:1，而香菇则为（25～40）:1。

3. 矿质元素

矿质元素是构成细胞和酶的成分，并在调节细胞与环境的渗透压中起作用。根据其在菌丝中的含量，可分为大量元素和微量元素（表1-3）。

磷、硫、钾、钙、镁为大量元素，其主要功能是参与细胞物质的构成及酶的构成、维持酶的作用、控制原生质胶态和调节细胞渗透压等。

表1-3　食用菌对矿质元素的需求

元　　素		用量/摩	作　　用
大量元素	钾（K）	10^{-3}	核酸构成，能量传递，中间代谢
	磷（P）	10^{-3}	酶的活化，ATP 代谢
	镁（Mg）	10^{-3}	氨基酸、核苷酸及维生素的组建
	硫（S）	10^{-3}	氨基酸、维生素的构建；巯基的构建
	钙（Ca）	$10^{-4} \sim 10^{-3}$	酶的活化，质膜成分
微量元素	铁（Fe）	10^{-6}	细胞色素及正铁血红素的构成
	铜（Cu）	$10^{-7} \sim 10^{-6}$	酶的活化，色素的生物合成
	锰（Mn）	10^{-7}	酶的活化，TCA 循环，核酸合成
	锌（Zn）	10^{-8}	酶的活化，有机酸及其他中间代谢
	钼（Mo）	10^{-9}	酶的活化，硝酸代谢及其他

提示　在食用菌生产中，可向培养料中加入适量的磷酸二氢钾、磷酸氢二钾、石膏、硫酸镁来满足食用菌的生长需求。

　　微量元素包括铁、铜、锌、钴、锰、钼、硼等，它们是酶活性基的组成成分或酶的激活剂，其需求量极少，培养基中的含量在 1 毫克/千克左右即可。一般营养基质和天然水中的含量就可以满足，不需要另行添加；若过量加入，则会有抑制或毒害作用。

提示　木屑、作物秸秆及畜粪等生产用料中的矿质元素含量一般可以满足食用菌生长发育的需求，但在生产中常添加石膏 1% ~ 3%、过磷酸钙 1% ~ 5%、生石灰 1% ~ 2%、硫酸镁 0.5% ~ 1%、草木灰等给予补充。

4. 维生素和生长因子

　　（1）维生素　维生素是食用菌生长发育必不可少但用量甚微的一类特殊有机营养物质，主要起辅酶的作用，参与酶的组成和菌体代谢。食用菌一般不能合成硫胺素（维生素 B_1），这种维生素是羧基酶的辅酶，对食用菌碳的代谢起重要作用；缺乏时，食用菌发育受阻，外源加入量通常为 0.01 ~ 0.1 毫克/千克。许多食用菌还需要微量的核黄素（维生素 B_2）、生物素（维生素 H）等，其中核黄素是脱氢酶的辅酶，生物素则在天冬氨酸的合成中起重要作用。

当基质中严重缺乏维生素时，食用菌就会停止生长发育。有的食用菌自身具有合成某些维生素的能力，若无合成某种维生素的能力，则称该食用菌为该种维生素的营养缺陷型，如金针菇、香菇、鸡腿菇等不能合成维生素 B_1，是维生素 B_1 的营养缺陷型。由于天然培养基或半合成培养基使用的马铃薯、酵母粉、麦芽汁、麸皮、米糠等天然物质中各种维生素含量非常丰富，因此一般不需要另行添加。

 注意 多数维生素在120℃以上的高温条件下易分解，因此对含维生素的培养基灭菌时，应避免灭菌温度过高和灭菌时间过长。

（2）生长因子 生长因子是促进食用菌子实体分化的微量营养物质，如核苷、核苷酸等，它们在代谢中主要发挥"第二信使"的作用。其中，环腺苷酸（cAMP）具有生长激素的功能，在食用菌生长中极为重要。

第四节 食用菌对环境条件的要求

关键知识点：

不同种食用菌、同种食用菌的不同生长阶段对外界环境的需求都有所不同。选择适宜的栽培季节或者创造适宜环境，是食用菌制种、高效栽培、提质增效的前提，意义重大。

一 温度

温度是影响食用菌生长发育的重要环境因素之一，不同的食用菌因其野生环境不同而具有自身不同的温度适应范围，并都有其最适生长温度、最低生长温度和最高生长温度（表1-4）。

表1-4 几种常见食用菌对温度的要求

种 类	菌丝体生长温度/℃		子实体分化与发育最适温度/℃	
	范 围	最 适	分 化	发 育
双孢蘑菇	6~33	24	8~18	13~16
香菇	3~33	25	7~21	12~18
草菇	12~45	35	22~35	30~32
木耳	4~39	30	15~37	24~27

（续）

种　　类	菌丝体生长温度/℃		子实体分化与发育最适温度/℃	
	范　　围	最　　适	分　　化	发　　育
侧耳	10 ~ 35	24 ~ 27	7 ~ 22	13 ~ 17
银耳	12 ~ 36	25	18 ~ 26	20 ~ 24
猴头	12 ~ 33	21 ~ 24	12 ~ 24	15 ~ 22
金针菇	7 ~ 30	23	5 ~ 19	8 ~ 14
大肥菇	6 ~ 33	30	20 ~ 25	18 ~ 22
口蘑	2 ~ 30	20	20 ~ 30	15 ~ 17
松口蘑	10 ~ 30	22 ~ 24	14 ~ 20	15 ~ 16
光帽鳞伞	5 ~ 33	20 ~ 25	5 ~ 15	7 ~ 10

1. 食用菌对环境温度的需求规律

一般而言，菌丝体生长的温度范围大于子实体分化的温度范围，子实体分化的温度范围大于子实体发育的温度范围，孢子产生的适温低于孢子萌发的适温。

（1）孢子萌发对温度的要求　各种食用菌的孢子均在一定温度条件下才能萌发（表1-5）。多数食用菌担孢子萌发的适温为20~30℃。在适温范围内，随着温度的升高，孢子的萌发率也升高；而一旦超出适温范围，萌发率则下降。低温状态下，孢子一般呈休眠状态；而极端高温下，孢子则会死亡。

表1-5　几种食用菌孢子产生、萌发的温度

种　　类	孢子产生的适温/℃	孢子萌发的适温/℃
双孢蘑菇	12 ~ 18	18 ~ 25
草菇	20 ~ 30	35 ~ 39
香菇	8 ~ 16	22 ~ 26
侧耳	12 ~ 30	24 ~ 28
木耳	22 ~ 32	22 ~ 32
银耳	24 ~ 28	24 ~ 28
金针菇	0 ~ 15	15 ~ 24
茯苓	24 ~ 26.5	28

（2）菌丝体生长对温度的要求　多数食用菌菌丝生长的温度范围是5~33℃。除草菇外，大多数食用菌菌丝体生长的最适温度一般为20~30℃。

> **提示** 最适温度指的是菌丝体生长最快的温度，并不是菌丝健壮生长的温度。在实际生产中，为了培育出健壮的菌丝体，常常将温度调至比菌丝最适生长温度略低 2 ~ 3℃。如双孢蘑菇菌丝体在 24 ~ 25℃ 的环境中生长最快，但菌丝稀疏无力；在 22 ~ 24℃ 的环境中生长略慢，但菌丝却粗壮浓密。在高温下，菌丝体的生命力会迅速减弱，甚至死亡。多数食用菌的致死温度在 40℃ 左右，但草菇菌丝除外，其菌丝耐受高温却不耐低温，在 40℃ 仍可旺盛生长，但降到 5℃ 就会死亡。

(3) 子实体分化与发育对温度的要求 子实体发育的温度略高于子实体分化的温度。食用菌子实体分化形成后，便进入子实体发育阶段。在这一阶段，若温度过高，则子实体生长快，但组织疏松，干物质较少，盖小，柄细长，易开伞，产量与品质均会下降。如果温度过低，则生长过于缓慢，周期会拉长，总产量也会降低。

> **提示** 子实体生长于空气中，所以受空气温度的影响很大。因此，子实体发育的温度主要是指气温，而菌丝生长的温度和子实体分化的温度则是指料温。所以在实际生产中，既要注重料温，又要注重气温。除此之外，还需根据温度选择不同类型食用菌的栽培季节，一般在温度较高的季节接种培养，促进菌丝的快速生长。当菌丝长满培养料后，适当降低温度，给菌丝以低温刺激，解除高温对子实体分化的抑制作用；在子实体生长发育阶段，温度又可比子实体分化时的温度略高一些。

2. 食用菌的温度类型

(1) 根据子实体的形成温度分类 可将食用菌划分为三种温度类型：低温型、中温型、高温型。低温型子实体分化的最高温度在 24℃ 以下，最适温度为 13 ~ 18℃，如金针菇、香菇、双孢蘑菇、猴头菇、滑菇、平菇等，它们多发生在秋末、冬季与春季。中温型子实体分化所能承受的最高温度为 28℃，最适温度在 20 ~ 24℃ 之间，如黑木耳、银耳、竹荪、大肥菇、榆黄菇等，它们多在春季和秋季发生。高温型子实体分化的最适温度为 24 ~ 30℃，最高可达到 40℃ 左右，草菇是最典型的代表，常见的还有灵芝、毛木耳、秀珍菇等，它们多在盛夏发生。

(2) 根据食用菌子实体的分化分类 可把食用菌分为两种类型：恒温结实型与变温结实型。有些种类的食用菌在子实体分化时，不仅要求较低的温度，而且要求有一定的温差刺激才能形成子实体，通常把这种类型的食用菌称为变温结实型食用菌，如香菇、平菇、杏鲍菇等。有些种类的食用菌子实体分化不需要温差，保持一定的恒温就能形成子实体，该类食用菌称为恒温结实型食用菌，如双孢蘑菇、草菇、金针菇、黑木耳、银耳、猴头菇、灵芝等。

小窍门 恒温结实型的食用菌变温刺激也能子实体分化，变温结实型的食用菌在恒温环境下则不能很好地进行子实体分化。因此，在生产中不知道所栽培的食用菌是恒温出菇型还是变温出菇型时，可采取变温的方式进行催菇（耳）。

二 空气

一般而言，食用菌都是好氧性的，但在不同的种类间及不同的发育阶段，其对氧的需求量是不同的。

1. 空气对菌丝体生长的影响

一般而言，食用菌菌丝体耐缺氧、耐高二氧化碳的能力比子实体强，在通气良好的培养料中均能良好生长。但如果培养料过于紧实，水分含量过高，其生长速度就会显著降低。

提示 在生产实践中，配料时准确控制培养料的含水量和培养料的松紧度，可以保持菌丝周围的氧气含量，接种后加强菇房的通风换气、及时排除废气、补充氧气是保证菌丝旺盛生长的关键所在。

2. 空气对子实体生长发育的影响

空气对食用菌子实体生长发育的影响，一方面表现为子实体分化阶段的"趋氧性"。袋栽食用菌时，如香菇、木耳、平菇等，在袋上开口，菌丝就很容易从接触空气的开口部位生长出子实体；另一方面表现为子实体生长发育阶段对二氧化碳的"敏感性"。出菇阶段由于呼吸作用逐渐加强，需氧量和二氧化碳排放量不断增加，累积到一定浓度的二氧化碳会使菌盖发育受阻、菌柄徒长，造成畸形菇。若不及时通风换气，子实体就会逐渐发黄，萎缩死亡。如灵芝子实体在 0.1% 的二氧化碳环境中，一般不形成菌盖，只是菌柄分化成鹿角状；当二氧化碳含量达到 1% 时，子实体就难以分化，而且较高浓度的二氧化碳易导致子实体畸形，致使菌柄徒长；在生产上为了获取菌柄细长、菌盖小的优质金针菇，可在子实体生长阶段常控制通气量，以使子实体在二氧化碳浓度较高的环境中发育。

小窍门 通风换气是贯穿于食用菌整个生长发育过程中的重要环节，适当的通风换气还能抑制病虫害的发生，且有利于调节空气湿度。通风效果以嗅不到异味、不闷气、感觉不到风的存在且不引起温湿度大幅度变动为宜。

食用菌栽培过程中，如果采用菌袋两头出菇的方式，就会常遇到菌袋中间现蕾情况（俗称"壁菇"），"壁菇"不但消耗营养，而且易感染杂菌。可在菌丝即将长满菌袋时（尤其是装袋不紧的情况下，培养料和菌袋间存在空气），松袋口或在菌袋两头划出菇口，可有效避免"壁菇"的发生。

 三 水分

1. 食用菌的含水量及其影响因素

食用菌菌丝中的含水量一般为 70%~80%，子实体的含水量可达到80%~90%，有时甚至更高。食用菌的水分主要来自于培养基质和周围环境，影响食用菌含水量的外界因素主要包括培养料含水量、空气相对湿度、通风状况等，其中大部分来自于培养料。培养料的含水量是影响出菇的重要因子；空气相对湿度对食用菌的生长发育也有重要作用，会直接影响培养料水分的蒸发和子实体表面的水分蒸发。

2. 食用菌对环境水分的要求

（1）菌丝体生长阶段 食用菌菌丝体生长阶段一般要求培养料的含水量为 60%~65%，适合于段木栽培的食用菌要求段木的含水量在 40%左右。若含水量不适宜，就会对菌丝生长产生不良的影响，最终导致减产或栽培失败。大多数食用菌在菌丝生长阶段要求的空气湿度为 60%~70%（表1-6），这样的空气湿既有利于菌丝的生长，又可避免杂菌的滋生。

表1-6 食用菌不同生长发育阶段对水分的要求

种 类	培养料含水量（%）	空气相对湿度（%）	
		菌丝生长时期	子实体生长时期
黑木耳	60~65	70~80	85~95
双孢蘑菇	60~68	70~80	80~90
香菇	60~70（木屑） 38~42（段木）	60~70	80~90
草菇	60~70	70~80	85~95

（续）

种　类	培养料含水量（%）	空气相对湿度（%）	
		菌丝生长时期	子实体生长时期
平菇	60～65	60～70	85～95
金针菇	60～65	80	85～90
滑菇	60～70	65～70	85～95
银耳	60～65	70～80	85～95

（2）子实体生长阶段　培养料含水量与菌丝体生长阶段基本一致，但该阶段对空气湿度的要求则高得多，一般在85%～90%。空气湿度低会使培养料表面大量失水，阻碍子实体的分化，严重影响食用菌的品质和产量。但菇房的空气湿度也不宜超过95%，如果空气湿度过大，不但容易引起杂菌污染，还不利于菇体的蒸腾作用，导致菇体发育不良或停止生长。

食用菌子实体的生长发育虽然喜欢潮湿的环境，但根据湿度的需求量，可以将食用菌分为喜湿性食用菌和厌湿性食用菌两大类。喜湿性菌类对高湿度有较强的适应性，如银耳、黑木耳、平菇等。厌湿性菌类对高湿度环境的耐受力差，如双孢蘑菇、香菇、金针菇等。

四　酸碱度

大多数菌类都适宜在偏酸的环境中生长。菌丝生长的 pH 一般在 3～8 之间，以 5～6 为宜。不同类型食用菌最适合的 pH 存在差异，一般木生菌类生长适宜的 pH 为 4～6，而粪草菌类生长适宜的 pH 为 6～8。不同种类的食用菌对环境 pH 的要求也有不同，其中猴头菌最喜酸，其菌丝在 pH 2～4 的条件下仍能生长；草菇、双孢蘑菇则喜碱，最适合的 pH 为 7.5，在 pH 为 8 的条件下仍能生长良好。

注意　菌丝生长最适合的 pH 并不是配制培养基时所需配制的 pH，这主要是因为培养基在灭菌过程中以及菌丝生长代谢过程中会积累乙酸、柠檬酸、草酸等有机酸，导致培养基的 pH 下降。因此，在配制培养基时应将 pH 适当调高，生产中常向培养料中加入一定量的新鲜石灰粉，将 pH 调至 8～9；在后期管理中，也常用 1%～2% 的石灰水喷洒菌床，以防 pH 下降。

五　光照

食用菌体内无叶绿素，不能进行光合作用，食用菌在菌丝生长阶段不需要光线，但大部分食用菌在子实体分化和发育阶段都需要一定的散射光。

1. 光照对菌丝体生长的影响

大多数食用菌的菌丝体在完全黑暗的条件下，生长发育良好。光线对食用菌菌丝生长起抑制作用，光照越强，菌丝生长越缓慢；日光中的紫外线有杀菌作用，会直接杀死菌丝；光照使水分蒸发快，空气相对湿度降低，对食用菌菌丝生长不利。

2. 光照对子实体生长发育的影响

大多数食用菌在子实体生长发育阶段需要一定的散射光。光照对子实体生长发育的影响主要体现在以下几个方面：

（1）光照对子实体分化的诱导作用　在子实体分化时期，大部分食用菌子实体的发育都需要一定的散射光，如香菇、滑菇、草菇等，在完全黑暗的条件下不能形成子实体；平菇、金针菇在无光条件下虽能形成子实体，但只长菌柄，不长菌盖，菇体畸形，也不产生孢子。

（2）光照对子实体发育的影响　光照对食用菌子实体发育的影响主要体现在子实体形态建成和子实体色泽两个方面：

1）子实体形态建成。光能抑制某些食用菌菌柄的伸长，在完全黑暗或光线微弱的条件下，灵芝的子实体会变成菌柄瘦长、菌盖细小的畸形菇。食用菌的子实体还具有正向光性，在栽培环境中改变光源的方向，也会使子实体畸形，故光源应设置在有利于菌柄直立生长的位置。

2）子实体色泽。光线能促进子实体色素的形成和转化，因此光照还能影响子实体的色泽。一般来说，光照能加深子实体的色泽，如平菇室外栽培颜色较深，室内栽培颜色较浅；光照不足时，草菇呈灰白色，黑木耳的色泽会变浅。

六　生物

食用菌不论是生长在自然界中，还是生长在人工栽培条件下，无时无刻不与周围的生物发生关系，为食用菌生长发育的生物因子，包括微生物、植物、动物。所以，从事食用菌生产，一定要重视这些生物因素，研究它们之间的相互关系，发展其有益的方面，避免或控制其不利的方面。

1. 食用菌与微生物的关系

(1) 对食用菌有益的微生物

1) 为食用菌提供营养物质。在微生物中，如假单孢菌、嗜热性放线菌、嗜热真菌等，能分解纤维素、半纤维素、木质素，使结构复杂物质变为简单物质，易于被食用菌吸收利用。这些微生物死亡后，体内的蛋白质和糖类也是食用菌良好的营养物质。此外，嗜热放线菌、腐质酶都可以产生生物素、硫胺素、泛酸和烟酸等维生素，这些维生素养分都是食用菌生长发育所不可或缺的。

2) 帮助食用菌生长发育。银耳的芽孢子缺少分解纤维素、半纤维素的酶，不能分解纤维素和半纤维素，因此不能单独在木屑上生长。有一种香灰菌分解纤维素、半纤维素的能力很强，其形成的养分可供银耳利用。如果没有香灰菌，银耳就生长不好，所以制备银耳菌种时要混上香灰菌菌丝，二者结合接种效果更好。某些食用菌的孢子在人工培养基上不能萌发，必须在有其他微生物存在时才能萌发，如红蜡蘑、大马勃的孢子在有红酵母的培养基上萌发。

(2) 对食用菌有害的微生物　对食用菌有害的微生物种类繁多，有细菌、放线菌、酵母菌、丝状真菌和病毒等。有害微生物可对食用菌产生多种危害，但最主要的是寄生性危害和竞争性危害。寄生性危害指微生物可直接从食用菌丝体或子实体内吸取养分，导致食用菌的生理代谢失调而死亡，从而造成严重的减产甚至绝收。竞争性危害指微生物与食用菌争夺培养料中的养分、水分和生长空间，并调整培养料的 pH，使得食用菌的生存环境所以改变，造成减产。

2. 食用菌与植物的关系

食用菌本身无法合成有机物，必须以腐生、共生或寄生的方式从植物中获取养分，但这种"获利"的关系并不是单向的。有些食用菌能与植物共生，形成菌根，彼此受益。菌根真菌能分泌乙酸等刺激物质刺激植物生根，并帮助植物吸收无机盐；而植物光合作用合成有机物供给食用菌，如松乳菇与松树、红菇与红栎、口蘑与黑栎共生形成菌根。

森林是野生食用菌的大本营，不仅为食用菌生长提供营养基础，而且创造了适宜食用菌成长的生态环境。植物叶片表面的蒸腾作用调节了林地的温度和湿度，繁茂的枝叶遮挡了大量的直射光，形成了阴郁且具有一定散射光的环境，这些都是适宜食用菌生长发育的条件。

> **提示** 林下种植食用菌，食用菌和林地在空间生长形成互补关系，促进林木生长，目前林下食用菌种植已成为林业经济新的增长点。在林下种植食用菌，应提前做好除草、灭虫工作，以防出菇时造成危害。

3. 食用菌与动物的关系

动物对食用菌的生长发育也有一定的影响。有的动物对食用菌是有益的，它们可为食用菌提供营养，也可作为食用菌孢子的传播媒介，如白蚁对鸡枞菌的形成有利，鸡枞长在蚁窝上，以蚁粪为营养；鸡枞菌丝帮白蚁分解木质素、产生抗生素、有时可充当其食物。如果白蚁搬家了，此处再也不长鸡枞菌了。有些动物对食用菌孢子传播也是有益的。如竹荪的孢子就是靠蝇类传播的，著名的块菌子囊果生于地下，它的孢子只能通过野猪挖掘采食后才能传播（猪粪传播）。草原上的一些食用菌的孢子经过牛羊的消化道后，反而更容易萌发，有利于食用菌的繁殖。

对食用菌有害的动物能吞食菌丝，或咬食子实体，对食用菌造成直接危害；咬食后的伤口，易被微生物侵染带来病害，这是间接危害，如菇蚊、菇蝇、跳虫、线虫等。家鼠、田鼠也会啃食培养料、毁坏菌床、破坏生产。

第二章 食用菌菌种制作关键技术

第一节 食用菌菌种概述

关键知识点：

食用菌菌种制作的关键是菌种质量控制，质量控制包括种源菌种的出菇试验、菌丝生长异常菌种的剔除、菌种污染（隐性污染）检查、健壮菌种的培养、菌种的活力保持等方面。食用菌菌种质量是食用菌栽培的保障，每个环节必须慎之又慎，严格按照生产标准进行。生产经营单位生产的母种要求用种源母种经过转接扩繁来获得生产性母种，它属于母种的继代培养物；而不能采用孢子分离、组织分离获得，以确保种性纯正。

食用菌新品种是经过人工选育或发现并经过改良，具备特异性、一致性和稳定性，简称 DUS。特异性是明显区别于已知的品种；一致性是新品种经过繁殖，除可以预见的变异外，其相关的特征或者特性一致；稳定性是新品种经过反复繁殖后或者在特定繁殖周期结束时，其相关的特征或者特性保持不变。

一 菌种分级

食用菌菌种定义为经人工培养可用于繁殖的菌丝体或孢子。我国食用菌菌种按照生产过程可分为母种（一级种）、原种（二级种）和栽培种（三级种）3 级。

提示 从生物学意义上讲，食用菌菌种与植物栽培用的种子不同，它不是食用菌生产的有性繁殖单位，而是相当于植物栽培的秧苗、营养钵苗，是营养菌丝与生长基质的混合体。

1. 母种

经各种方法选育得到的，具有结实性的菌丝体纯培养物及其继代培养物，以玻璃试管（彩图2）、培养皿为培养容器。根据不同的使用目的，可将母种分为保藏母种、扩繁母种和生产母种等。

除单孢子分离外，一般获得的母种纯菌丝具有结实性。由于获得的母种数量有限，常将菌丝再次转接到新的斜面培养基上，从而可获得更多的母种，称为再生母种。一支母种可转成10多支再生母种。

2. 原种

用母种在谷粒、木屑、棉籽壳等天然固体培养基上扩大繁殖而成的菌丝体纯培养物，也叫二级种。原种常以透明的玻璃瓶（650～750毫升）或塑料菌种瓶（850毫升）或聚丙烯塑料袋（15厘米×28厘米）为培养容器和使用单位，原种用来繁育栽培种或直接用于栽培（彩图3）。

3. 栽培种

栽培种是用原种在天然固体培养基上扩大繁殖而成的、可直接作为栽培基质种源的菌种，也叫三级种。栽培种常以透明的玻璃瓶、塑料瓶或塑料袋为培养容器和使用单位。栽培种只能用于生产栽培，不可再次扩大繁殖成菌种。

二　菌种类型

根据培养基物态的不同，可将菌种分为固体菌种和液体菌种两大类。

1. 固体菌种

生长在固体培养基上的食用菌菌种称为固体菌种，食用菌的固体菌种主要有以下几种类型：PDA试管菌种、谷粒菌种、木块菌种、木屑菌种和颗粒菌种，各类型都有各自的优缺点。

（1）PDA试管菌种　将经孢子分离法或组织分离法得到的纯培养物，移接到试管斜面培养基上培养而得到的纯菌丝菌种。

（2）谷粒菌种　指用小麦、玉米、高粱或谷子等作物籽粒做培养基生产的食用菌菌种，目前双孢蘑菇生产中使用的几乎全是谷粒菌种。

注意　谷粒菌种的优点是菌丝生长健壮、生活力强、发菌快，在基质中扩展迅速；缺点是存放时间不宜太长，否则易老化。

（3）棉籽壳菌种　棉籽壳营养丰富、颗粒分散，所制菌种的抗污染性、抗高温性好，因而日益受到菇农欢迎。

（4）木屑菌种　指利用阔叶树木屑作为培养基制作的食用菌菌种，

具有生产工艺简单、成本低廉、原材料来源广泛和包装运输方便等优点。

（5）复合料菌种 指利用两种或两种以上主要原料作为培养基制作的食用菌菌种，一般常用木屑、棉籽壳、玉米芯等原料按照一定比例进行混合，复合料菌种的优点是营养丰富、全面，菌丝生长情况好，接种后适应性好。

2. 液体菌种

液体菌种是用液体培养基，在生物发酵罐中，通过深层培养（液体发酵）技术生产的液体形态的食用菌菌种（彩图4）。液体指的是培养基物理状态，液体深层培养就是发酵工程技术。当前，已经有相当数量的食用菌生产企业（含工厂化生产企业）采用液体菌种生产食用菌栽培袋，取得了良好的经济效益和生态效益。

第二节　菌种制作的设施、设备

关键知识点：

菌种制作设备，尤其是灭菌设备，一定要符合国家的环保、安全要求；在制种和栽培过程中可分步骤地逐步升级栽培设施、设备。用机械操作代替手工操作，提高劳动效率，只要搭配合理，就可以形成流水线生产。

一　配料加工、分装设备

1. 原材料加工设备

（1）秸秆粉碎机 用于农作物秸秆的切断（如玉米秸秆、玉米芯、棉柴），以便进一步粉碎或直接使用的机械。

（2）木屑机 将阔叶树或硬杂木的枝丫切成片，然后经过粉碎机粉碎，作为食用菌的生产原料。

2. 配料分装设备

（1）拌料机 拌料机可用来替代人工拌料，是把主料和辅料加适量的水进行搅拌，使之均匀混合的机械（图2-1）。

提示 一般来说，拌料机容积越大，拌料越均匀。

（2）装瓶装袋机 家庭生产采用小型立式装袋机或小型卧式多功能装袋机；工厂化生产可以采用大型立式冲压式装袋设备。

1）小型装袋机。小型装袋机主要是把拌好的培养料填装到一定规格的塑料袋内，一般每小时可以装 250 ~ 300 袋。优点是装袋紧实，中间通气孔打到袋底；装袋质量好、速度快；缺点是只能装一种规格的塑料袋。

2）小型多功能装袋机。小型多功能装袋机主要是把拌好的培养料填装到各种规格的塑料袋内，一般每小时可装 200 袋（图2-2）。优点是各种食用菌栽培都可以使用，料筒和搅龙可以根据菌袋规格进行更换；缺点是装袋的质量和速度受操作人员熟练程度的影响较大，一般栽培食用菌种类较多时可以选用。

图2-1 料槽式拌料机

图2-2 小型多功能装袋机

3）大型冲压式装袋机。大型冲压式装袋机与小型装袋机的工作原理基本相同，但是需要与拌料机、传送装置一起使用，而且是连续作业，一般每小时可以装 1200 袋，多用于大型菌种厂或食用菌的工厂化生产。

二 灭菌设备

1. 高压灭菌设备

高压灭菌锅炉产生的饱和蒸汽压力大、温度高，能够在较短时间内杀灭杂菌和虫卵，高温（121℃）、高压使微生物因蛋白质变性、失活而达到彻底灭菌的目的。

高压灭菌设备按照样式大小，可分为手提式高压灭菌器（图2-3）、立式高压灭菌锅（图2-4）、灭菌柜等。

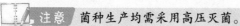

注意 菌种生产均需采用高压灭菌。

图2-3　手提高压蒸汽灭菌器　　　图2-4　立式高压灭菌锅

2. 常压灭菌设备

常压灭菌是通过锅炉产生强穿透力的热活蒸汽的持续释放，使内部培养基保持持续高温（100℃）来达到灭菌的目的。常压灭菌灶的建造根据各地习惯而异，一般包括蒸汽发生装置（图2-5）和灭菌池（图2-6）两部分。

图2-5　大型蒸汽发生装置　　　图2-6　灭菌池

3. 周转筐

食用菌生产过程中，为搬运方便和减少料袋变形或被扎破，目前大多采用周转筐进行装盛。周转筐一般用钢筋或高压聚丙烯材料制成，其应光滑，防止扎袋。其规格根据生产需要确定。

 接种设备

接种设备有接种帐、接种箱、超净工作台、接种机、简易蒸汽接种设

备、离子风机，以及相应的接种工具等。

1. 接种箱

接种箱用木板和玻璃制成，接种箱的前后装有两扇能开启的玻璃窗，下方开两个圆洞，洞口装有袖套，箱内顶部装日光灯和30瓦紫外线灯各一盏，有的还装有臭氧发生装置（图2-7）。接种箱的容积一般以能放下80~150个菌袋为宜，适合于一家一户小规模生产使用，也适合小型菌种厂制种使用。

2. 超净工作台

超净工作台原理是在特定的空间内，室内空气经预过滤器初滤，由小型离心风机压入静压箱，再经空气高效过滤器二级过滤。从空气高效过滤器出风面吹出的洁净气流具有一定的且均匀的断面风速，可以排除工作区原来的空气，将尘埃颗粒和生物颗粒带走，以形成无菌的高洁净的工作环境（图2-8）。

图2-7 接种箱

图2-8 超净工作台

3. 接种机

接种机也分许多种，简单的离子风式的接种机（图2-9）可以摆放在桌面上，能够使前方25厘米见方的面积都达到无菌状态，方便接种等操作。还有适合工厂化接种的百级净化接种机，接种空间可达到百级净化，实现接种无污染，保证接种成功率。

4. 简易接种室

接种室又称无菌室，是分离和移接菌种的小房间，实际上是扩大

图2-9 离子风机

的接种箱。

1）接种室应分里外两间，高度均为 2 ~ 2.5 米。里面为接种间，面积一般为 5 ~ 6 米^2；外间为缓冲间，面积一般为 2 ~ 3 米^2。两间门不宜对开，出入口要求安装推拉门。接种室不宜过大，否则不易保持无菌状态。

2）房间里的地板、墙壁、天花板要平整、光滑，以便擦洗消毒。

3）门窗要紧密，关闭后与外界空气隔绝。

4）房间最好设有工作台，以便放置酒精灯、常用接种工具等。

5）工作台上方和缓冲间天花板上安装能任意升降的紫外线灭菌灯和日光灯。

5. 接种车间

接种车间是扩大的接种室，室内一般放置多个接种箱或超净工作台，一般在食用菌工厂化生产企业中较为常见（图 2-10）。

图 2-10 接种车间

> **提示** 空气洁净度级别：
>
> ① 百级净化指大于或等于 0.5 微米的尘粒数大于 350 粒/米^3（0.35 粒/升）到小于或等于 3500 粒/米^3（3.5 粒/升）；大于或等于 5 微米的尘粒数为 0。
>
> ② 千级净化指大于或等于 0.5 微米的尘粒数大于 3500 粒/米^3（3.5 粒/升）到小于或等于 35000 粒/米^3（35 粒/升）；大于或等于 5 微米的尘粒数小于或等于 300 粒/米^3（0.3 粒/升）。
>
> ③ 万级净化指大于或等于 0.5 微米的尘粒数大于 35000 粒/米^3（35 粒/升）到小于或等于 350000 粒/米^3（350 粒/升）；大于或等于 5 微米的尘粒数大于 300 粒/米^3（0.3 粒/升）到小于或等于 3000 粒/米^3（3 粒/升）。

6. 接种工具

接种工具（图 2-11）主要是用于菌种分离和菌种的移接，包括接种铲、接种针、接种环、接种钩、接种勺、接种刀、接种棒、镊子及液体菌种专用的接种枪等。

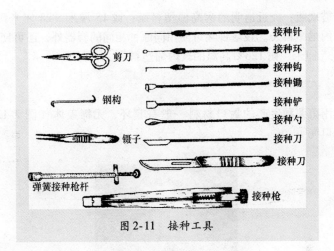

图 2-11　接种工具

四　培养设备

培养设备主要包括恒温培养箱、培养架和培养室等，液体菌种还需要摇床和发酵罐等设备。

1. 恒温培养箱

主要用来培养试管斜面母种和原种的专用电器设备。

2. 培养室及培养架

一般栽培和制种规模比较大时采用培养室培养菌种。培养室面积一般在 20～50 米²，采用温度控制仪或空调等控制温度，同时安装换气扇，以保持培养室内空气清新。

培养室内一般设置培养架，架宽 45 厘米左右，上下层之间距离 55 厘米左右，培养架一般设 4～6 层，架与架之间的距离为 60 厘米。

五　培养料的分装容器

1. 母种培养基的分装容器

母种培养基的分装主要用玻璃试管、漏斗、玻璃分液漏斗、烧杯、玻璃棒等。试管规格以外径（毫米）× 长度（毫米）表示，在食用菌生产中使用 18×180、20×200 的试管。

2. 原种及栽培种的分装容器

原种及栽培种生产主要用塑料瓶、玻璃瓶、塑料袋等容器。原种一般采用容积为 850 毫升以下，耐 126℃ 高温的无色或近无色的、瓶口直径 ≤4

厘米的玻璃瓶；或近透明的耐高温塑料瓶；或15厘米×28厘米耐126℃高温聚丙烯塑料袋。栽培种除可使用同原种相同的容器外，还可使用≤17厘米×35厘米、耐126℃高温的聚丙烯塑料袋。

六　封口材料

食用菌菌种生产的封口材料一般有套环、无棉盖体（图2-12）、棉花、扎口绳等。

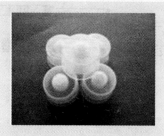

图2-12　无棉盖体

七　生产环境调控设备

食用菌菌种生产环境调控设备有制冷压缩机、制冷机组、冷风机、空调机、加湿器等设备。

八　菌种保藏设备

菌种保藏设备有低温冰箱、超低温冰箱和液氮冰箱，生产上一般采用低温冰箱保藏，其他两种设备一般用于科研院所菌种的长期保藏。

九　液体菌种生产设备

1. 液体菌种培养器

液体菌种培养器主要由罐体、空气过滤器、电子控制柜等几部分组成（图2-13）。罐体部分包括各种阀门、压力表、安全阀、加热棒、视镜等；空气过滤器包括空气压缩机、滤壳、滤芯、压力表等几部分；电子控制柜主要是电路控制系统，该系统采用微机控制，主要是对灭菌时间、灭菌温度、培养状态及培养时间加以控制。

2. 摇床

在食用菌生产中，也可使用简易摇床生产少量液体菌种（图2-14）。

　　液体菌种是采用生物培养（发酵）设备，通过液体深层培养（液体发酵）的方式生产食用菌菌球，作为食用菌栽培的种子。液体菌种是用液体培养基在发酵罐中通过深层培养技术生产的液体食用菌菌种，具有试管、谷粒、木屑、棉壳、枝条等固体菌种不可比拟的物理性状和优势。

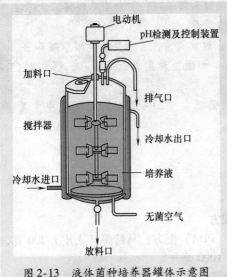

图 2-13　液体菌种培养器罐体示意图

图 2-14　摇床

第三节　固体菌种制作关键技术

 关键知识点：

　　（1）原料及基质配方　在棉籽壳、玉米芯等传统基质的利用基础上，创新开发新型菌种基质，如甘蔗渣、木糖醇渣、中药渣等，以降低成本、提高效率。

　　（2）培养料选用　要考虑培养基主料的颗粒度（一般为 0.5~2 毫米），防止泥土等杂物混入，使用新鲜、优质的营养辅料，把握好碳氮比的平衡，防止腐烂及虫、鼠害，正确使用 pH 调节剂（石灰、碳酸钙）。

　　（3）拌料　在原料场附近设置搅拌机，作业场所需保持清洁；搅拌机使用前后要清洗，日常管理要彻底；确保拌料时间充足且拌料均匀，防止酸败；严格遵守营养成分的正（准）确混合比例；注意加水方法，确保加水均匀；确保合适的含水量。

（4）防止培养基酸败 缩短湿料的搅拌时间（干拌充分），搅拌时的加水方法也很重要；严格遵守及时灭菌原则；剩余培养料第二天禁止使用；作业结束后，机器必须清洁消毒。

（5）灭菌要彻底 但也要防止过度灭菌，否则会减少培养基养分。

（6）严格遵守无菌操作规范 加强接种室周边的管理，强化对接种人员的指导。

（7）偏低温发菌 菌种应在偏低温（20～22℃）的环境中发菌，防止高温烧菌。

 一 母种生产

1. 母种培养基配方

（1）常用的斜面母种培养基配方

1）马铃薯葡萄糖琼脂培养基（PDA）配方：马铃薯（去皮）200克，葡萄糖20克，琼脂18～20克，水1000毫升。

2）马铃薯葡萄糖蛋白胨琼脂培养基配方：马铃薯（去皮）200克，蛋白胨10克，葡萄糖20克，琼脂20克，水1000毫升。

3）马铃薯综合培养基配方：马铃薯（去皮）200克，磷酸二氢钾3克，维生素B_1 2～4片，葡萄糖20克，硫酸镁1.5克，琼脂20克，水1000毫升。

（2）木腐菌种培养基

1）麦芽浸膏10克，酵母浸膏0.5克，硫酸镁0.5克，硝酸钙0.5克，蛋白胨1.5克，麦芽糖5克，磷酸二氢钾0.25克，琼脂20克，水1000毫升。

2）酵母浸膏15克，磷酸二氢钾1克，硫酸钠2克，蔗糖10～40克，麦芽浸膏10克，氯化钾0.5克，硫酸镁0.05克，硫酸铁0.01克，琼脂15～25克，水1000毫升。

（3）保藏菌种培养基

1）玉米粉50克，葡萄糖10克，酵母膏10克，琼脂15克，水1000毫升。

2）蛋白胨10克，葡萄糖1克，酵母膏5克，琼脂20克，水1000毫升。

3）硫酸镁0.5克，磷酸氢二钾1克，葡萄糖20克，磷酸二氢钾0.5

克，蛋白胨 2 克，琼脂 15 克，水 1000 毫升。

> **提示**　保藏培养基比生产培养基营养物质贫乏，菌种的菌丝生长较慢，老化也慢。

2. 母种培养基的配制

（1）**材料准备**　选取无芽、无变色的马铃薯，洗净去皮，称取 200 克，切成 1 厘米见方的小块，再称取好其他材料。酵母粉用少量温水溶化。

（2）**热浸提**　将切好的马铃薯小块放入 1000 毫升水中，煮沸后转用文火再煮 30 分钟。

（3）**过滤**　煮 30 分钟后用 4 层纱布过滤（图 2-15）。

（4）**琼脂熔化**　将琼脂粉事先溶于少量温水中，然后倒入培养基浸出液中。煮琼脂时要多搅拌，直至完全熔化。

图 2-15　过滤

（5）**定容**　琼脂完全熔化后，将各种材料全部加入液体中，加水定容至 1000 毫升，搅拌均匀。

（6）**分装**　选用洁净、完整、无损的玻璃试管，进行分装。一般培养基装量为试管长度的 1/5 ~ 1/4。

> **注意**　要避免培养基残留在近试管口的壁上，以免日后污染。如试管壁上沾有培养基，待冷却后用小手指把培养基推至离管口 4 ~ 5 厘米处（图 2-16），然后再塞棉塞。

图 2-16　去除试管口的培养基

分装完毕后，塞上棉塞（选用干净的梳棉制作），棉塞长度为 3~3.5 厘米，塞入管内 1.5~2 厘米，外露部分 1.5 厘米左右，松紧适度，以手提外露棉塞试管不脱落为度。然后将 7 支捆成一捆，用双层牛皮纸将试管口一端包好扎紧（图 2-17）。

（7）**灭菌** 灭菌前，先向锅内加足水分，然后将包扎好的试管直立放入灭菌锅套桶中，盖上锅盖，对角拧紧螺钉（图 2-18），关闭放气阀，开始加热。严格按照灭菌锅使用说明进行操作，在 0.15 兆帕压力下保持 30 分钟。

图 2-17　扎捆

图 2-18　拧紧锅盖

（8）**摆斜面** 待压力自然降压至 0 兆帕时，打开放气阀放掉余气，然后打开锅盖，自然降温 20~40 分钟再摆放斜面。斜面长度以斜面顶端距离棉塞 40~50 毫米为好。

提示 如果立即摆放斜面，由于温差过大，试管内易产生过多的冷凝水（图 2-19）。斜面摆放好后，在培养基凝固前，不宜再行搬动。为防止斜面凝固过快、在斜面上方形成冷凝水，可在摆好的试管上覆盖一层棉被，这在低温季节尤其重要。大量冷凝水的产生会降低培养基的含水量，菌种容易产生气生菌丝和老化，也容易感染杂菌。

图 2-19　斜面上方产生冷凝水

(9) 无菌检查 随机抽取 3%～5% 的试管，置于 28℃ 恒温培养箱中，48 小时后检查，无任何微生物长出的为灭菌合格，即可使用。

3. 母种接种

(1) 接种前准备

1）接种前，必须彻底清理打扫接种室（箱），经喷雾及熏蒸消毒，使其成为无菌状态。工作人员穿好工作服，戴好口罩和工作帽。

2）清洗干净接种工具，一般为金属的针、刀、耙、铲、钩。

3）用肥皂水洗手，擦干后再用 70%～75% 酒精棉球擦拭双手、菌种试管及一切接种用具。

4）可事先在试管上贴上标签，注明菌名、接种日期等。

5）将接种所需物品移入超净工作台（接种箱），检查是否齐全，按工作顺序放好，并用 5% 石炭酸（苯酚）溶液重点在工作台下方附近的地面上喷雾消毒，打开紫外线灯照射灭菌 30 分钟（图 2-20）。

(2) 接种

1）关闭紫外灯（如需开日光灯，需间隔 20 分钟以上才可打开，防止杂菌复活），接种人员用 75% 酒精喷洒双手（图 2-21）和母种外壁，并点燃酒精灯，其火焰周围 10 厘米区域均为无菌区，在该区域接种可以避免杂菌污染。

图 2-20 紫外灯消毒

图 2-21 接种人员双手消毒

2）将菌种和斜面培养基的两支试管用大拇指和其他四指握在左手中，使中指位于两试管之间的部分，斜面向上并使其处于水平位置，先将棉塞用右手拧转松动，以利于接种时拔出。

> **提示** 拔棉塞时要旋转拔出，缓缓使劲，否则会造成空气剧烈振动，导致外界空气进入试管。

3）右手拿接种钩，在火焰上方将工具灼烧灭菌，凡在接种时进入试管的部分，都要用火灼烧灭菌，操作时要将试管口靠近酒精灯火焰。

4）用右手的小拇指、无名指和中指同时拔掉两支试管的棉塞，并用手指夹紧，用火焰灼烧管口，灼烧时应不断转动试管口，以完全杀灭试管口可能沾染上的杂菌（图2-22）。

5）将烧过并经冷却后的接种钩伸入菌种管内，去除上部老化、干瘪的菌丝块，然后取 0.5 厘米见方的菌块，迅速将接种钩抽出试管，注意接种钩不要碰到管壁。

图2-22　灼烧管口

6）在火焰旁迅速将接种钩伸进待接种试管，将挑取的菌块放在斜面培养基的中央。注意，不要把培养基划破，也不要让菌种沾在管壁上。

7）抽出接种钩，灼烧管口和棉塞，并在火焰旁将棉塞塞上。每接 3~5 支试管，要将接种钩在火焰上再次灼烧灭菌，以防大面积污染。

4. 培养

(1) 恒温培养　接种完毕，将接好的试管菌种放入 22~24℃恒温培养箱中培养。

(2) 污染检查　接种后 2 天内要检查 1 次接种后杂菌污染情况，如在试管斜面培养基上发现绿色、黄色、黑色等颜色的斑点，而不是白色、整齐一致的斑点和块状杂菌，应立即剔除。以后每 2 天检查 1 次。挑选出菌丝生长致密、洁白、健壮，无任何杂菌感染的试管菌种，放于 2~4℃的冰箱中保存。

二　原种、栽培种生产

1. 常见培养基及制作

(1) 以棉籽壳为主料培养基

1）棉籽壳培养基配方。

①棉籽壳99%，石膏1%，含水量60%±2%。

②棉籽壳84%~89%，麦麸 10%~15%，石膏1%，含水量60%±2%。

③ 棉籽壳 54%~69%，玉米芯 20%~30%，麦麸 10%~15%，石膏 1%，含水量 60%±2%。

④ 棉籽壳 54%~69%，阔叶木屑 20%~30%，麦麸 10%~15%，石膏 1%，含水量 60%±2%。

2）棉籽壳培养基制作。先按配方比例计算出所需要的各原料的量，称取原料，再加入适量的水。适宜含水量的简便检验方法是，用手抓一把加水拌匀后的培养料紧握，当指缝间有水但不滴下时，料内的含水量为适度。

（2）以木屑为主料培养基

1）木屑培养基配方。

① 阔叶树木屑 78%，麸皮或米糠 20%，蔗糖 1%，石膏 1%，含水量 58%±2%。

② 阔叶树木屑 63%，棉籽壳 15%，麸皮 20%，蔗糖 1%，石膏 1%，含水量 58%±2%。

③ 阔叶树木屑 63%，玉米芯粉 15%，麸皮 20%，蔗糖 1%，石膏 1%，含水量 58%±2%。

2）木屑培养基制作。同棉籽壳培养基。

（3）以麦粒为主料培养基

1）麦粒培养基配方。小麦 93%，杂木屑 5%，石灰或石膏粉 2%。

2）麦粒培养基制作。小麦过筛，除去杂物，再放入石灰水中浸泡，使其吸足水分，捞出后放入锅中用水煮透。趁热摊开，凉至麦粒表面无水膜，加入石膏拌匀，然后装瓶、灭菌。

> **提示**　谷粒培养基制作的要点是"煮透、晾干"。煮透是指掰开小麦粒，内部无白心、用牙咬不粘牙、吸足水分；且熟而不烂，无开花现象（彩图5）；晾干是指加入石膏前用手抓一把麦粒，翻手小麦粒不粘手、自动下落。

（4）木块木条培养基

1）木块木条培养基配方。

① 木条培养基。木条 85%，木屑培养基 15%。常用于塑料袋制栽培种，故通常称为木签菌种（彩图6、彩图7）。

② 楔形和圆柱形木块培养基。木块 84%，阔叶树木屑 13%，麸皮或米糠 3%，蔗糖 0.1%，石膏粉 0.1%。

③ 枝条培养基。枝条 80%，麸皮或米糠 20%，石膏粉 0.1%。

2）木块木条培养基制作。

① 木条培养基制作。先将木条在0.1%多菌灵液中浸0.5小时，捞起稍沥水后即放入木屑培养基中翻拌，使其均匀地粘上一些木屑培养基后即可装瓶（袋）。装瓶（袋）时，尖头要朝下，最后在上面铺约1.5厘米厚的木屑培养基即可。

② 楔形和圆柱形木块培养基制作。先将木块浸泡12小时，将木屑按常规木屑培养料的制作法调配好，然后将木块倒入木屑培养基中拌匀、装瓶（袋），最后再在木块面上盖一薄层木屑培养基按平即可。

③ 枝条培养基制作。选1～2年生、粗8～12毫米的板栗、麻栎和梧桐等适生树种的枝条，先劈成两半，再剪成约35毫米长、一头尖一头平的小段，投入40～50℃的营养液中浸1小时，捞出沥去多余水分，与麸皮或米糠混匀，再用滤出的营养液调节含水量后加入石膏粉拌匀，即可装瓶、灭菌。其中，营养液配方为蔗糖1%，磷酸二氢钾0.1%，硫酸镁0.1%，混匀后溶于水即可。

2. 培养基灭菌

（1）高压灭菌 木屑培养基和草料培养基在0.12兆帕条件下灭菌1.5小时，或在0.14～0.15兆帕条件下灭菌1小时；谷粒培养基、粪草培养基和种木培养基在0.14～0.15兆帕条件下灭菌2.5小时。装容量较大时，灭菌时间要适当延长（图2-23）。

图2-23 高压灭菌

注意 灭菌完毕后，应自然降压至0，不应强制降压。

（2）常压灭菌 常压灭菌是采用常压灭菌锅进行蒸汽灭菌的方法。锅内的水保持沸腾状态时，蒸汽温度一般可达100～108℃，灭菌时间以袋内温度达到100℃以上开始计时。常压灭菌要在3小时之内使灭菌室温度达到100℃，在100℃下保持10～12小时，然后停火闷锅8～10小时再出锅。母种培养基、原种培养基、谷粒培养基、粪草培养基和种木培养基，应高压灭菌，不应常压灭菌。常压灭菌操作要点是"攻头、控中、保尾"。"攻头"是指灭菌袋装锅后3小时内锅内温度达到100℃；"控中"是指灭菌途中不能停火；"保尾"是指灭菌8～10小时后，停火闷5～6小时。

1）迅速装料，及时进灶。如不能及时装料和进灶灭菌，料中存在的酵母菌、细菌、真菌等竞争性杂菌遇适宜条件就会迅速增殖。尤其是高温季节，如果装料时间过长，酵母菌、细菌等将基质分解，容易引起培养料的酸败，造成灭菌不彻底。

2）菌种袋应分层放置。菌种袋堆叠过高，不仅难以透气，并且受热后的塑料袋相互挤压会粘连在一起，形成蒸汽无法穿透的"死角"。为了使锅内蒸汽充分流畅，菌种袋常采用顺码式堆放，每放4层便放置一层架隔开，或直接放入周转筐中灭菌。

4. 小窍门　如果常压灭菌出现成批量灭菌不彻底的问题，可在常压灭菌锅四角用不同颜色的绳子系袋，哪种绳子标记的菌袋污染较多，对应的那个方位就是灭菌"死角"。灭菌"死角"可少放菌袋或不放菌袋。

常压灭菌时最好建灭菌池（图2-24）和利用塑料筐的方式进行灭菌，尽量减少人和菌袋的接触，以降低破袋率和污染率，提高装锅、卸锅、接种等程序的工作效率。常压灭菌时，尽量避免装袋后再装入大编织袋进行灭菌（图2-25），这种灭菌方式对装锅的要求较高（避免塌陷）、工作效率较低、破袋率较高。

图2-24　常压灭菌池（一）

图2-25　常压灭菌池（二）

3）加足水量，旺火升温，高温足时。在常压灭菌过程中，如果锅内很长时间达不到100℃，培养基的温度处于耐高温微生物的适温范围内，这些微生物就会在此时间内迅速增殖，严重的会造成培养料酸败。因此，在常压灭菌中，用旺火攻头，使灭菌灶内温度在3小时内达到100℃，是取得彻底灭菌效果的因素之一。

提示 蒸汽的热量首先被灶顶及四壁吸收，然后逐渐向中、下部传导，被料袋吸收。在一般火势下，要经过4~6小时才能透入料袋中心，使袋中温度接近100℃。所以，整个灭菌过程中要始终保持旺火加热，最好在4~6小时内要上大气。其间要注意补水，防止烧干锅，但不可加冷水，一次补水不宜过多，应少量多次，一般每小时加水1次，不可停火。

4）灭菌时间达到后，停止加热，利用余热再封闭8~10小时。待料温降至80℃以下时，移入冷却室内冷却；趁热再进行下一锅菌袋的灭菌。

小窍门 灭菌后马上搬入冷却室（无菌室），在冷却过程中要保持搬运路经清洁，要急速冷却（常压灭菌法尤为重要），冷却室内外要保持清洁。冷却过程中，应防止空气倒吸引起污染，并要确保菌种瓶盖（棉塞）的密封性和过滤效果，灭菌锅温度在80℃以上时出锅，出锅时应避免经过作业场所。

采用棉塞封口的，要趁热在灭菌锅内烘干棉塞，待棉塞干后趁热出锅，不可强行开锅冷却，以免因迅速冷却而使冷空气进入菌种袋内污染杂菌。趁热出锅，放置在冷却室或接种室内，冷却至28℃左右再接种。

常压灭菌常会出现第一锅灭菌不彻底的情况，主要原因是装锅时锅体凉、升温慢。针对这种情况，可提前对空锅进行一次灭菌，然后再正常进行菌袋灭菌即可。

3. 接种

（1）接种场所

1）接种车间。一般是在食用菌工厂化生产的接种室配备菇房空间电场空气净化与消毒机，配合超净工作台进行接种。

2）接种室。一般接种室面积以6米^{2}为宜，长3米、宽2米、高2~3米，安装空调设备。室内墙壁及地面要平整、光滑，接种室门通常采用左右移动的推拉门，以减少空气振动。接种室的窗户要采用双层玻璃，窗内设黑色布帘，使得门窗关闭后能与外界空气隔绝，便于消毒。

提示 接种室应设在灭菌室和菌种培养室之间，以便培养基灭菌后可迅速移入接种室，接种后即可移入培养室，避免在长距离搬运过程中造成人力和时间的浪费，并招致污染；接种室内应保持一定的正压状态，且新风的引入必须经过高效过滤，室内保持万级净化，接种区保持百级净化。

3）塑料袋接种帐。用木条或铁丝做成框并用铁丝固定，再将薄膜焊成蚊帐状，然后罩在框架上，地面的薄膜用木条压住，即可代替接种室使用。接种帐的容量大小可根据生产需要确定（图2-26）。一般每次可接种500～2000瓶（袋）。

4）接种箱。

（2）消毒 把菌种瓶（袋）、灭菌后的培养基及接种工具放入接种场

图 2-26 塑料袋接种帐

所，然后进行消毒。先用3%的煤酚皂液或5%石炭酸水溶液喷雾消毒或使用气雾消毒剂熏蒸消毒30分钟，使空气中的微生物沉降，然后打开紫外线灯照射30分钟后接种。操作者进入接种室时，要穿工作服、鞋套、戴上帽子和口罩；操作前，双手要用75%酒精棉球擦洗消毒，动作要轻缓，尽量减少空气流动。

（3）接种

1）原种接种。

① 接种前，先准备好清洁无菌的接种室及待接种的母种菌种、原种培养基和接种工具等，接种人员要穿上工作服。在试管母种接入原种瓶时，瓶装培养基温度要降到28℃以下方可接种。

② 点燃酒精灯，各种接种工具要先经火焰灼烧灭菌。

③ 在酒精灯上方10厘米无菌区轻轻拔下棉塞，立即将试管口倾斜，用酒精灯火焰封锁，防止杂菌侵入管内，用消毒过的接种钩伸入菌种试管，在试管壁上稍停留片刻使之冷却，以免烫死菌种，按无菌操作要求将试管斜面菌种横向切割6～8块。

④ 在酒精灯上方无菌区内，将待接菌瓶封口打开，用接种钩取分割好的菌块，轻轻放入原种瓶内，立即封好口，一般每支母种可接5～6瓶原种。

2）栽培种接种。

① 接种前检查原种棉塞和瓶口的菌膜上是否染有杂菌，污染杂菌的应弃之不用。

② 打开原种封口，灼烧瓶口和接种工具，剥去原种表面的菌皮和老化菌种。

③ 如果双人接种，一人负责拿菌种瓶，用接种钩接种，另一人负责打开栽培种的瓶口或袋口，然后封好口。

④ 接种的菌种不可扒得太碎，最好呈蚕豆粒或核桃粒大小，以利于发菌。

⑤ 接种后迅速封好瓶口。一瓶谷粒种接种不应超过 50 瓶（袋），木屑种、草料种不应超过 35 瓶（袋）。

⑥ 接种结束后应及时将台面、地面收拾干净，并用 5% 石炭酸水溶液喷雾消毒，关闭室门。

提示 要强化接种室（预备室）内的管理，彻底除尘、灭菌，保证接种器具的性能良好，接种室内要维持低温、低湿度。

4. 培养

（1）培养室消毒 接种后的菌瓶（袋）在进入培养室前，培养室要进行消毒灭菌。

（2）菌种培养 在原种和栽培种培养初期，要将温度控制在 25 ~ 28℃之间。在培养中后期，将温度调低 2 ~ 3℃。因为菌丝生长旺盛时，新陈代谢放出热量，瓶（袋）内温度要比室温高出 2 ~ 3℃，如果温度设置得过高，会导致菌丝生长纤弱、老化。在菌种培养 25 ~ 30 天后，要采取降温措施，减缓菌丝的生长速度，从而使菌丝整齐、健壮。一般 30 ~ 40 天，菌丝可吃透培养料，然后把温度稍微降低一些，缓冲培养 7 ~ 10 天，使菌种进一步成熟。

（3）污染检查 接种后 7 ~ 10 天内，每隔 2 ~ 3 天就要逐瓶检查 1 次，发现杂菌应立即挑出，拿出培养室，妥善处理，以防引起大面积污染。如在培养料深部出现杂菌菌落，说明灭菌不彻底；而在培养料表面出现杂菌，则说明在接种过程中某一环节没有达到无菌操作要求。

小窍门 无菌四原则：

① 不产生杂菌（不造菌），清理残料、木质、纸类等杂菌可能繁殖的物料。

② 不聚集杂菌（不集菌），无菌室表面及墙角要做得平滑、易清扫。

③ 不带入杂菌，专用的着装、工具严格消毒后带入并密封。

④ 清除杂菌（除菌），采用高效过滤器、杀菌剂、臭氧等进行消毒。

第四节 液体菌种制作关键技术

 关键知识点：

    液体菌种发酵罐的选择最好是同行业中使用最多的、技术参数和售后服务最好的，不要贪图便宜；生产技术人员责任心强、技术经验丰富、相对固定、定期进修学习；试管种要提纯复壮，挑选菌丝生长一致性和活性最好的试管种接种到摇瓶中；发酵罐培养基最好直接应用同种类食用菌成熟的培养基配方；标准的原料、标准的配比和标准的生产工艺是合格生产出液体菌种的基础。

    近年来，采用深层培养工艺制备食用菌液体菌种用于生产成为研发热点，涌现出了许多液体发酵设备生产厂家，液体菌种已在平菇、真姬菇、双孢蘑菇、毛木耳、香菇、黑木耳、金针菇、灰树花等食用菌生产中有所采用。液体菌种对于降低生产成本、缩短生产周期、提高菌种质量具有显著效果。目前，日本和韩国在食用菌工厂化生产中已普遍采用了液体菌种。

一 液体菌种的特点

1. 优点

（1）制种速度快，可缩短栽培周期   在液体培养罐内的菌丝体细胞始终处于温度、氧气、碳氮比、酸碱度等适宜的条件下，菌丝分裂迅速，菌体细胞是以几何数字的倍数加速增殖，在短时间内就能获得大量菌球（即菌丝体），一般5~6天完成一个培养周期。将液体菌种接种到培养基上，菌种均匀分布在培养基中，发菌速度大大加快，并且出菇集中，减少潮次，周期缩短，栽培的用工、能耗、场地等成本都大大降低。

（2）菌龄一致、活力强   液体培养罐内营养充足，环境没有波动，生长代谢的废气能及时排除，始终能使菌体处于旺盛生长状态，因此菌丝活力强，菌球菌龄一致。

（3）减少接种后的杂菌污染   由于液体具有流动性，接入后易分散，萌发点多，萌发快，在适宜条件下，接种后3天左右菌丝就会布满接种面，使栽培污染得到有效控制。

（4）液体菌种成本低　一般每罐菌种成本在 10 元左右，接种 4000 ~ 5000 袋，每袋菌种的成本不超过 3 厘钱（1 厘 = 0.1 分）。

2. 缺点

（1）储存时间短　一般条件下，液体菌种制成后即应投入栽培生产，不宜存放，即使在 2 ~ 4℃条件下，储存时间也不要超过一周。

（2）适用对象窄　液体菌种适应于连续生产，尤其规模化、工厂化生产；我国的食用菌种植者多为散户，投资水平和技术水平等条件先天不足，这就决定了固体菌种在我国适应广，液体菌种适应范围窄。

（3）设施、技术要求高　液体菌种需要专门的液体菌种培养器，并且对操作技术要求极高，一旦污杂，则整批全部污染，必须放罐、排空后进行清洗和空罐灭菌，然后方可进行下一批生产。

（4）应用范围窄　由于其液体中速效营养成分较高，生料或发酵料中病原较多，故播后极易污染杂菌，所以，液体菌种只适于熟料栽培。

二　液体菌种的生产

1. 液体菌种生产环境

（1）生产场所　液体菌种生产场所应距工矿业的"三废"及微生物、烟尘和粉尘等污染源 500 米以上。交通方便，水源和电源充足，有硬质且排水良好的道路。

（2）液体菌种生产车间　地面应能防水、防腐蚀、防渗漏、防滑，易清洗，应有 1.0% ~ 1.5% 的排水坡度和良好的排水系统，排水沟必须是圆弧式的明沟。墙壁和天花板应能防潮、防霉、防水且易清洗。

（3）液体菌种接种间　应设置缓冲间，设置与职工人数相适应的更衣室。车间入口处设置洗手、消毒和干手设施。接种车间设封闭式废物桶，安装排气管道或者排风设备，门窗应设置防蚊蝇纱网。

2. 生产设施设备

（1）生产设施　配料间、发菌间、冷却间、接种间、培养室、检测室规模要配套，布局合理，要有调温设施。

（2）生产设备　液体菌种培养器（图 2-27、图 2-28）、液体菌种接种器、高压蒸汽灭菌锅、蒸汽锅炉、超净工作台、接种箱、恒温摇床、恒温培养箱、冰箱、显微镜、磁力搅拌机、磅秤、天平、酸度计等。

其中，液体菌种培养器、高压灭菌锅和蒸汽锅炉应使用经政府有关部门检验合格，符合国家压力容器标准的产品。

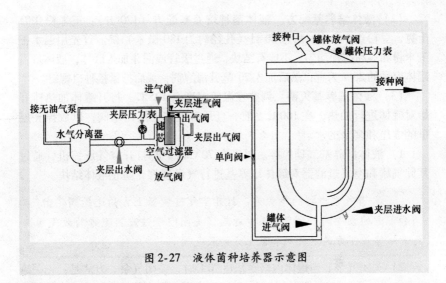

图 2-27 液体菌种培养器示意图

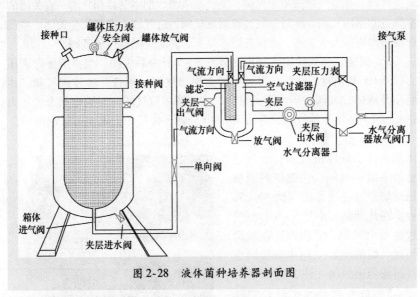

图 2-28 液体菌种培养器剖面图

3. 液体培养基制作

(1) 罐体夹层加水 首先对液体菌种培养器夹层加水,方法是用硅胶软管连接水管和罐体下部的加水口,同时打开夹层放水阀进行加水,水量加至放水阀开始出水即可。

（2）液体培养基配方 液体菌种培养基配方（120升）：玉米粉0.75千克，豆粉0.5千克，均过80目（孔径约为180微米）筛。首先用温水把玉米粉和豆粉搅拌均匀，不能有结块，通过吸管或漏斗加入罐体，液体量占罐体容量的80%为宜；然后加入20毫升消泡剂，最后拧紧接种口螺钉。

（3）液体培养基灭菌 调整控温箱温度至125℃，打开罐体加热棒开始对罐体进行加热，在100℃之前一直开启罐体夹层出水阀，以放掉夹层里的虚压和多余的水。

1）液体培养基气动搅拌。温度在70℃以下时打开空气压缩机，通过其储气罐和空气过滤器对罐体培养基进行气动搅拌，防止液体结块。

> **提示** 开气泵搅拌的步骤为：打开空气过滤器上方的进气阀、出气阀和下方的放气阀，打开气泵电源后，关闭空气过滤器下方的放气阀，打开罐体最下方的进气阀和最上方的放气阀。

2）关闭气泵。当罐体内培养基达70℃时，关闭气泵。方法是：先关罐底进气阀、开空气过滤器放气阀、关气泵电源。把主管接到之前一直关闭的空气过滤器出气阀，此时空气过滤器放气阀、进气阀、出气阀全关闭。空气过滤器内可加入少量水，水位在滤芯以下，同时关闭罐体放气阀。

3）灭菌。当夹层出水阀出热蒸汽3～5分钟后关闭。当夹层压力表压力达0.05兆帕时，打开空气过滤器夹层出气阀，再打开罐体进气阀，然后小开罐体放气阀。当主管烫手后，关闭罐体放气阀。当罐体压力表压力达到0.15兆帕开始计时，保持30～40分钟，保持压力期间可以温调压。

4）降温。调温至25℃，关闭加热棒、罐底进气阀、空气过滤器夹层出气阀。用燃烧的酒精棉球烧空气过滤器出气阀40～50秒，在此期间可小开5～6秒空气过滤器出气阀，放蒸汽。在酒精棉球火焰的保护下把主管接回空气过滤器出气阀（图2-29）。

图2-29 主管接空气过滤器出气阀

5）放夹层热水。打开空气过滤器出气阀和空气过滤器进气阀，小开罐体放气阀，通过夹层进水阀把夹层热水放掉，直至夹层压力表压力为0。

（4）冷却 打开夹层放水阀，夹层进水阀通过硅胶软管接入水管，进行冷却。当罐体压力表压力降至 0.05 兆帕时，打开气泵以防止罐体在冷却过程中产生负压造成污染，并使下部冷水向上冷却较快。

> **提示** 开气泵顺序依次为：打开空气过滤器下部放气阀，开空气过滤器上方出气阀，开气泵、关空气过滤器放气阀、开罐体进气阀，通过罐体放气阀调节罐体压力在 0 以上直至罐体温度降至 28℃ 以下，等待接种。

4. 接种

（1）固体专用种

1）培养基配方。液体菌种的固体专用种培养基配方一般为（120升）：过 40 目（孔径约为 380 微米）筛的木屑 500 克、麸皮 100 克、石膏10 克，料水比为 1∶1.2。原料混合均匀后装入 500 毫升三角瓶内，高压灭菌后接入母种，在洁净环境中培养至菌丝长满培养基。

2）制备无菌水。1000 毫升的三角瓶加入 500～600 毫升自来水，用手提式高压灭菌锅在 121℃、0.12 兆帕条件下保持 30 分钟即可制备无菌水。冷却后等待接入固体专用种。

3）固体专用种并瓶。

① 接种用具。酒精灯、75% 酒精、尖嘴镊子、接种工具、棉球。

② 消毒。旋转固体专用种的三角瓶壁用酒精灯火焰均匀地进行消毒后，连同接种工具和无菌水放入接种箱或超净工作台中进行消毒。

③ 并瓶。消毒 20 分钟后进行接种。用 75% 酒精棉球擦手，用酒精灯火焰对接种工具进行灼烧灭菌。用灭菌后的接种工具在酒精灯火焰下去掉三角瓶固体专用种的表层部分。把菌种中下部分搅碎后在酒精灯火焰保护下分 3～4 次加入无菌水中（图 2-30），然后用手腕摇动三角瓶，使菌种和无菌水充分接触，静置 10 分钟后接入罐体。

（2）摇瓶菌种

1）容器。使用无色或近无色三角瓶，可用棉塞（梳棉或化纤棉）、硅胶塞、专用封口透气膜封口。

2）培养基配方。以配制 1000毫升培养基计，马铃薯 200 克（煮汁）、葡萄糖 20 克、蛋白胨 20克、酵母粉 2 克、磷酸二氢钾 1克、硫酸镁 0.5 克，pH 自然。

图 2-30 固体专用种并瓶

3）培养基配制。选取无青皮、未发芽的新鲜马铃薯洗净、去皮、去芽眼，切成2厘米见方的块状，加水煮沸，文火维持30分钟，用预湿的4层纱布过滤。再加入其余的原料，溶解后定容。将培养基分到摇瓶中，装液量为摇瓶容量的2/5~3/5，在摇瓶中放1粒转子，瓶塞封口，并用硫酸纸或牛皮纸包扎。

4）灭菌。将分装好的摇瓶放入高压蒸汽灭菌锅内进行灭菌，压力升到0.05兆帕时打开放气阀排除冷空气，如此重复1次。压力升至0.12兆帕、温度为121℃时，维持30~40分钟。

5）接种培养。待培养基冷却后置于消过毒的净化工作台上，用经火焰消毒并冷却后的接种针挑取5~6块（3~5）毫米见方的母种块，迅速转接于待接种摇瓶培养基内。接种结束后封口，放入25℃恒温箱中静置培养1天，然后置于磁力搅拌器或恒温摇床上培养，温度控制在25~28℃，以140~160转/分钟的转速培养6~7天（彩图8）。

（3）固体专用种或者摇瓶菌种接入罐体

1）制作火焰圈。用带有手柄的内径略大于接种口的铁丝圈缠绕纱布，蘸上95%酒精。

2）接种。打开罐体放气阀使压力降至0，把火焰圈套在接种口上，点燃火焰圈后关闭放气阀。打开接种口，然后快、稳、轻地接入菌种，然后拧紧接种口的螺钉（图2-31）。

5. 液体菌种培养

通过气泵充气和调整放气阀调节罐体压力表压力在0.02~0.03兆帕、温度控制在24~26℃条件下进行液体菌种培养，5~6天即可达到培养指标。

6. 液体菌种检测

接种后第4天进行检测，首先用酒精火焰球灼烧取样阀30~40秒后，弃掉最初流出的少量液体菌种，然后用酒精火焰封口直

图2-31　菌种接入罐体

接放入经灭菌的三角瓶中，塞紧棉塞，取样后用酒精火焰把取样阀烧干，以免杂菌进入造成污染。

将样品带入接种箱分别接到试管斜面或培养皿的培养基上，放入28℃恒温培养2~5天，采用显微镜和感官观察菌丝生长状况和有无杂菌

污染。若无细菌、霉菌等杂菌菌落生长，则表明该样品无杂菌污染。应在罐培结束前完成。

小窍门 由于有的单位条件有限，可采取感官——"看、旋、嗅"的步骤进行检测。

1）"看"。将样品静置桌面上观察，一看菌液颜色和透明度，正常发酵的菌液清澈透明，染菌的则浑浊不透明。二看菌丝形态和大小，正常的菌丝体大小一致，菌丝粗壮，线条分明，而染菌后，菌丝纤细，轮廓不清。三看 pH 指示剂是否变色，在培养液中加入甲基红或复合指示剂，经 3~5 天颜色改变，说明培养液 pH 为 4 左右，到了发酵终点；如 24 小时内即变色，说明因杂菌快速生长而使培养液酸度剧变。四看有无酵母线，如果在培养液与空气交界处有灰条状附着物，说明为酵母菌污染所致，此称为酵母线。

2）"旋"。手提样品瓶轻轻旋转一下，观其菌丝体的特点。菌丝的悬浮力好，放置 5 分钟后不沉淀，说明菌丝活力好；若迅速漂浮或沉淀，说明菌丝已老化或死亡。再观其菌丝形态，大小不一、毛刺明显，表明供氧不足；如果菌球缩小且光滑，或菌丝纤细并有自溶现象，说明污染了杂菌。

3）"嗅"。在旋转样品后，打开瓶盖嗅气体，培养好的优质液体菌种均有芳香气味，而染杂菌的培养液则散发出酸、甜、霉、臭等各种气味。污染杂菌的主要原因包括菌种不纯、培养料灭菌不彻底、并瓶与接种操作不规范。

7. 优质液体菌种指标

（1）感官指标 液体菌种感官指标见表 2-1。

表 2-1　液体菌种感官指标

项　目	感　官　指　标
菌液色泽	球状菌丝体呈白色，菌液呈棕色
菌液形态	菌液稍黏稠，有大量片状或球状菌丝体悬浮、固形物体积≥80%，菌丝球直径为 2~3 毫米、分布均匀、不上浮、不下沉、不迅速分层，菌球间液体不浑浊
菌液气味	具有液体培养时特有的香气，无异味，如酸味、臭味等，培养器排气口气味正常，无明显改变

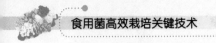

（2）理化指标 液体菌种理化指标见表2-2。

表2-2 液体菌种理化指标

项　　目	理化指标
pH	5.5~6.0
菌丝湿重/（克/升）	≥80
菌丝干重率（%）	2~3
菌丝湿重/（克/毫升）	0.1~0.15
显微镜下菌丝形态和杂菌鉴别	可见液体培养的特有菌丝形态，球状和丛状菌丝体大量分布，菌丝粗壮，菌丝内原生质分布均匀、染色剂着色深。无霉菌菌丝、酵母菌和细菌菌体
留存样品无菌检查	有食用菌菌丝生长，划痕处无霉菌、酵母菌、细菌菌落生长

三　放罐接种

1. 液体菌种接种器消毒

液体接种器需经高压灭菌后使用。

2. 接种

将待接种的栽培袋（瓶）通过输送带送至无菌接种区。在接种区用接种器将液体菌种注入，每个接种点注入15~30毫升。

> **提示** 液体菌种接种到菌包后的前3天，菌包的培养温度为24℃，以便菌种萌发；萌发后培养温度为20~22℃，以便培养强壮菌丝、减少杂菌污染；菌袋培养温度应尽量恒温。

四　储藏

液体菌种生产好后，应立即进入菌种生产或栽培袋接种使用，若因某些原因不能立即使用时，则需降温保压处理。在培养器内通入无菌空气，保持罐压在0.02~0.04兆帕的条件下，液温6~10℃可保存3天，11~15℃可保存2天。

五　液体菌种应用前景

液体菌种接入固体培养基时，具有流动性、易分散、萌发快、发菌点多等特点，较好地解决了接种过程中萌发慢、易污染的问题，可进行工厂化生产。液体菌种不分级别，既可以用来做母种生产原种，还可以作为栽培种直接用于栽培生产。

液体菌种的应用，对于食用菌行业从传统生产的烦琐复杂、周期长、成本高、凭经验、拼劳力、手工作坊式向自动化、标准化、规模化生产转变，以及整个食用菌产业升级具有重大意义。

第五节 菌种生产中的注意事项及常见问题

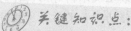

菌种生产过程中主要防止病虫为害，主要措施有防止菌种带菌、选用纯菌种，灭菌彻底、均匀、周到，严格执行无菌操作，避免培养料过湿等；还要通过日常清洗、维持环境的清洁和卫生，来预防累积污染。

接种室所有灰尘尽可能地打扫干净，有条件的最好用吸尘器，不留死角。菌室通风干燥后密闭，用两种杀菌剂交替熏蒸和喷洒，以全面彻底地消毒灭菌。这非常重要，必须消毒灭菌。用灭虫（螨）、灭鼠药剂喷洒或者熏蒸，尤其是木质结构的发酵室更应该注意防虫、灭鼠。

发菌期间要保持发菌室上下温度均衡、通风良好、干燥、氧气充足，避免菌室缺氧，切勿高温伤热，能低温不高温，发现杂菌要及时挑出并重新灭菌接菌。每天检查发菌室，使温度保持在25℃左右，防止菌袋发热烧菌。避免菌袋吐黄水；在发菌室里不同的角落蹲下，打开打火机看火焰，以检查发菌室是否缺氧。

一 母种制作和使用中的异常情况及原因分析

1. 母种培养基凝固不良

母种制作过程中培养基灭菌后凝固不良，甚至不凝固。可以按照以下步骤分析原因：

1）先检查培养基组分中琼脂的用量和质量。

2）如果琼脂没有问题，再用 pH 试纸检测培养基的酸碱度，看培养基是否过酸，一般 pH 低于4.8时凝固不良；当需要较酸的培养基时，可以适当增加琼脂的用量。

3）灭菌时间过长，一般在0.15兆帕超过1小时后易凝固不良。

> **提示** 如果以上都正常，我们还要考虑称量工具是否准确，有些小市场出售的称量工具不是很准确，因此建议到正规厂家或专业商店购买称量工具。

2. 母种不萌发

母种接种后，接种物一直不萌发，其原因可能有以下几种：

1）菌种在0℃甚至以下保藏，菌丝已冻死或失去活力。

> **提示** 检测菌种活力的具体方法是：如果原来的母种试管内还留有菌丝，再转接几支试管并培养观察，最好使用和上次不同时间制作的培养基。如果还是不萌发，表明母种已经丧失活力。如果第二次接种物成活了，就表明第一次培养基有问题。

2）菌龄过老，生活力衰弱。

3）接种操作时，母种块被接种铲、酒精灯火焰烫死了。

4）母种块没有贴紧原种培养基，菌丝萌发后缺乏营养死亡。

5）接种块太薄、太小，干燥而死。

6）母种培养基过干，菌丝无法活化、无法吃料生长。

3. 发菌不良

母种发菌不良的表现多种多样，常见的有生长缓慢、生长过快，但菌丝稀疏、生长不均匀、菌丝不饱满、色泽灰暗等。

母种发菌不良的主要原因有：培养基是否干缩，菌丝是否老化，品种是否退化等；培养温度是否适宜；棉塞是否过紧；空气中是否有有毒气体。培养基不适、菌种过老、品种退化、培养温度过高或过低、棉塞过紧导致透气不良、接种箱中或培养环境中残留甲醛过多都会造成菌种生长缓慢，菌丝稀疏纤弱等发菌不良现象的发生。

4. 杂菌污染

在正常情况下，母种杂菌污染的概率在2%以下。但有时会造成大量杂菌污染的情况，其原因如下：

1）培养基灭菌不彻底。灭菌不彻底的原因除灭菌的各个环节不规范外，还包括高压灭菌锅不合格。

2）接种时感染杂菌。其原因有接种箱或超净工作台灭菌不彻底（含气雾消毒剂不合格、紫外线灯老化）、接种时操作不规范等。

3）菌种自身带有杂菌。启用保藏的一级种，应认真检查是否有污染现象。如斜面上呈现明显的黑色、绿色、黄色等菌落，则说明已遭霉菌污染；将斜面放在向光处，从培养基背面观察，如果在气生菌丝下面有黄褐色圆点或不规则斑块，说明已遭细菌污染，被污染的菌种绝不能用于扩大生产。

5. 母种制作及使用过程中应注意的事项

1）培养基的使用。制成的母种培养基，在使用前应做无菌检查，一般将其置在24℃左右的恒温箱内培养48小时，证明无菌后方可使用。制备好的培养基，应及时用完，不宜久存，以免降低其营养价值或其成分发生变化。

2）出菇鉴定。投入生产的母种，不论是自己分离的菌种或由外地引入的菌种，均应做出菇鉴定，全面考核其生产性状、遗传性状和经济性状后，方能用于生产。母种选择不慎，将会对生产造成不可估量的损失。

3）母种保藏。已经选定的优良母种，在保藏过程中要避免过多转管。转管时所造成的机械损伤，以及培养条件变化所造成的不良影响，均会削弱菌丝生活力，甚至导致遗传性状的变化，使出菇率降低，甚至造成菌丝的"不孕性"而丧失形成子实体的能力。因此，引进或育成的菌种在第一次转管时，可较多数量扩转，并以不同方法保藏，用时从中取一管大量繁殖作为生产母种用。一般认为保藏的母种经3~4次代传，就必须用分离方法进行复壮。

4）建立菌种档案。母种制备过程中，一定要严格遵守无菌操作规程，并标好标签，注明菌种名称（或编号）、接种日期和转管次数，尤其在同一时间接种不同的菌种时，要严防混杂。母种保藏应指定专人负责，并建立"菌种档案"，详细记载菌种名称、菌株代号、菌种来源、转管时间和次数，以及在生产上的使用情况。

5）防止误用菌种。从冰箱取出保藏的母种，要认真检查贴在试管上的标签或标记，切勿使用没有标记或判断不准的菌种，以防误用菌种而造成更大的损失。

6）母种选择。保藏的母种菌龄不一致，要选菌龄较小的母种进行接种；切勿使用培养基已经干缩或开始干缩的母种，否则会影响菌种成活或导致生产性状的退化。

7）菌种扩大。保藏时间较长的菌种，菌龄较老的菌种或对其存活有怀疑时，可以先接若干管，在新斜面上长满后，用经过活化的斜面再进行扩大培养。

8）防止污染。在接种前，应认真地检查保藏母种是否有污染现象。若斜面上有明显绿、黄、黑色菌落，则说明其已遭受霉菌污染；管口内的棉塞，由于吸潮生霉，只要有轻微振动，分生孢子就很容易溅落到已经长好的斜面上，在低温保藏条件下受到抑制，并且很难被发现；将斜面放在向光处，从培养基背面观察，若在气生菌丝下面有黄褐色圆形或不定形斑块，则是混有细菌的表现。已经污染的母种不能用于扩大培养。

9）活化培养。在冰箱中长期保藏的菌种，自冰箱取出后，应放在恒温箱中活化培养，并逐步提高培养温度，活化培养时间一般为 2~3 天。如在冰箱中保藏时间超过 3 个月，最好转管培养一次再用，以提高接种成功率和萌发速度。

> **注意** 保藏的菌种，在任何情况下都不可全部用完，以免菌种失传，对生产造成影响。

10）菌种保藏。认真安排好菌种生产计划，菌丝在斜面上长满后应立即用于原种生产，这样能加快菌种定植速度。如不能及时使用，应在斜面长满后，及时用玻璃纸或硫酸纸包好，置于低温避光处保藏。

二 原种、栽培种制作和使用中的异常情况及原因分析

1. 接种物萌发不正常

原种、栽培种接种物萌发不正常的主要表现为两种情况：一是不萌发或萌发缓慢；二是萌发出的菌丝纤细无力，扩展缓慢。其发生原因的分析思路为：培养温度→培养基含水量→培养基原料质量→灭菌过程及效果→母种。对于接种物不萌发，或萌发缓慢，或扩展缓慢来说，以下几个方面的因素必有其一，甚至可能是多因素共同影响。

（1）培养温度过高 培养温度过高会造成接种物不萌发、萌发迟缓、生长迟缓。

（2）含水量过低 尽管拌料时加水量充足，但由于拌料不均匀，就会造成培养基含水量的差异，含水量过低的菌种瓶（袋）内接种物常干枯而死。

（3）培养基原料霉变 正处霉变期的原料中含有大量有害物质，这些物质耐热性极强，在高温下不易分解变性，甚至在高压高温灭菌后仍保留毒性，造成接种后菌种不萌发。具体确定方法是将培养基和接种块取出，分别置于 PDA 培养基斜面上，于适宜温度下培养，若不见任何杂菌长出，而接种块萌发、生长，即可确定为这一因素。

（4）灭菌不彻底 多数情况下无肉眼可见的菌落，有时在含水量过大的瓶（袋）壁上或在培养基的颗粒间可见到灰白色的菌膜。多数食用

菌在有细菌存在的基质中不能萌发和正常生长。具体检查方法是，在无菌条件下取出菌种和培养料，接种于 PDA 培养基斜面上，于适温条件下培养，24～28 小时后检查，若灭菌不彻底会在接种物和培养料周围有细菌菌落长出。

（5）母种菌龄过长 菌种生产者应使用菌龄适当的母种，多种食用菌母种使用最佳菌龄都在长满斜面后 1～5 天，栽培种生产使用原种的最佳菌龄是在长满瓶（袋）14 天之内。在计划周密的情况下，母种和原种生产、原种和栽培种的生产紧密衔接是完全可行的。若母种长满斜面后一周内不能使用，则要及早置于 4～6℃下保存。

2. 发菌不良

原种、栽培种的发菌不良有生长缓慢，或生长过快但菌丝纤细稀疏、生长不均匀、不饱满、色泽灰暗等。造成发菌不良的原因主要有以下几种：

（1）培养基酸碱度不适 用于制作原种、栽培种的培养料 pH 过高或过低。我们可将发菌不良的菌种瓶（袋）的培养基挖出，用 pH 试纸测试。

（2）原料中混有有害物质 多数食用菌原种、栽培种培养基原料主料是阔叶木屑、棉籽壳、玉米粉、豆秸粉等，但若混有如松、杉、柏、樟、桉等树种的木屑或原料有过霉变，都会影响菌种的发菌。

（3）灭菌不彻底 培养基中有肉眼看不见的细菌，会严重影响食用菌菌种菌丝的生长。有的食用菌虽然培养料中残存有细菌，但仍能生长。如平菇菌种外观异常，表现为菌丝纤细稀疏、干瘪不饱满、色泽灰暗，长满基质后菌丝逐渐变得浓密，如果不慎将后期菌丝变浓密的菌种用来扩大栽培种，将导致批量的污染发生。

（4）水分含量不当 培养料水分含量过多或少都会导致发菌不良，特别是含水量过大时，培养料氧气含量明显减少，将严重影响菌种的生长。在这种情况下，往往长至瓶（袋）中下部后，菌丝生长变缓，甚至不再生长。

（5）培养室环境不适 在培养室温度、空气相对湿度过高，培养密度大的情况下，环境的空气流通交换不够，影响菌种氧气的供给，导致菌种缺氧而生长受阻。这种情况下，菌种外观色泽灰暗、干瘪无力。

（6）虫害 菌种有的区域菌丝稀疏或者没有（彩图9）。

3. 杂菌污染

在正常情况下，原种、栽培种或栽培袋的污染率在 5% 以下，而各个环节和操作规范者，常只有1%～2%。如果超出这一范围，则应该认真查找原因并采取相应措施予以控制。

（1）灭菌不彻底 灭菌不彻底导致污染发生的特点是污染率高、发生早，污染出现的部位不规则，培养物的上、中、下各部均出现杂菌。这种污染常在培养3～5天后即可出现。影响灭菌效果的主要有以下几个因素：

1）培养基的原料性质。常用的培养基灭菌时间关系是木屑＜草料＜木塞＜粪草＜谷粒。从培养基原料的营养成分上说，糖、脂肪和蛋白质含量越高，传热性越差，对微生物有一定的保护作用，灭菌时间需相对要长。因此，添加麦麸、米糠较多的培养基所需灭菌时间长；从培养基的自然微生物基数上看，微生物基数越高，灭菌需时越长，因此培养基在加水配备均匀后，要及时灭菌，以免其中的微生物大量繁殖而影响灭菌效果。

2）培养基的含水量和均匀度。水的热传导性能较木屑、粪草、谷粒等固体培养基要强得多，如果培养基配制时预湿均匀、吸透水、含水量适宜，灭菌过程中达到灭菌温度的需时就短，灭菌就容易彻底。相反，若培养基中夹杂有未浸入水分的"干料"，俗称"夹生"，蒸汽不易穿透干燥处，就达不到彻底灭菌的效果。

> **提示** 在培养基配制过程中，要使水浸透料，木塞谷粒、粪草应充分预湿、浸透或捣碎，以免"夹生"。

3）容器。玻璃瓶较塑料袋热传导慢，在使用相同培养基、相同灭菌方法时，瓶装培养基灭菌时间要较塑料袋装培养基稍长。

4）灭菌方法。相比较而言，高压灭菌可用于各种培养基的灭菌，关键是把冷空气排净；常压灭菌砌灶锅小、水少、蒸汽不足、火力不足、一次灭菌过多，是常压灭菌不彻底的主要原因，并且对于灭菌难度较大的粪草种和谷粒种达不到完全灭菌效果。

5）灭菌容量。以蒸汽锅炉送入蒸汽的高压灭菌锅，要注意锅炉汽化量与锅体容积相匹配，自带蒸汽发生器的高压灭菌锅，以每次容量200～500瓶（750毫升）为宜。常压灭菌灶以每次容量不超过1000瓶（750毫升）为宜，这样可使培养基升温快而均匀，培养基中自然微生物繁殖时间短，灭菌效果更好。灭菌时间应随容量的增大而延长。

6）堆放方式。锅内被灭菌物品的堆放形式对灭菌效果影响显著，如以塑料袋为容器时，受热后变软，若装料不紧、叠压堆放，就极易把升温前留有的间隙充满，不利于蒸汽的流通和升温，影响灭菌效果。塑料袋摆放时，应以叠放 3 ~ 4 层为度，不可无限叠压；锅大时要使用搁板或铁筐。

（2）封盖不严 主要出现在用罐头瓶作为容器的菌种中，在用塑料袋作为容器的折角处也有出现。聚丙烯塑料经高温灭菌后比较脆，搬运过程中遇到摩擦，紧贴瓶口处或有折角处极易磨破，形成肉眼不易看到的沙眼，造成局部污染。

（3）接种物带杂 如果接种物本身就已被污染，扩大到新的培养基上必然会出现成批量的污染，如一支污染过的母种会造成扩接的 4 ~ 6 瓶原种全部污染，一瓶污染过的原种会造成扩大的 30 ~ 50 瓶栽培种的污染。这种污染的特点是杂菌从菌种块上长出，污染的杂菌种类比较一致，且出现早，接种 3 ~ 5 天内就可用肉眼鉴别。

> **提示** 这类污染只有通过种源的质量保证才能控制，因此要在生长过程中跟踪检查作为种源使用的母种和原种，及时剔除污染个体，在其下一级菌种生产的接种前再次检查，严把质量关。

（4）设备设施过于简陋引起灭菌后无菌状态的改变 本来经灭菌的种瓶、种袋已经达到了无菌状态，但由于灭菌后的冷却和接种环境达不到高度洁净无菌，特别是简易菌种场和自制菌种的菇农，达不到流水线作业、专场专用，生产设备和生产环节分散，又往往忽略场地的环境卫生，忽视冷却场地的洁净度，使本已无菌的种瓶、种袋在冷却过程中被污染。

> **提示** 在冷却过程中，随着温度的降低，瓶内、袋内气压降低，冷却室如果灰尘过多，杂菌孢子基数过大，杂菌孢子就很自然地落到了种瓶或种袋的表面，而且随其内外气压的动态平衡向瓶内或袋内移动，当棉塞受潮后就更容易先在棉塞上定植，接种操作时碰触、沉落进入瓶内或袋内。瓶袋外附有较多的灰尘和杂菌孢子时，成为接种操作污染的污染源。因此，我们提倡专业生产、规模生产和规范生产。

（5）接种操作污染 接种操作造成污染的特点是分散出现在接种口处，比接种物带菌和灭菌不彻底造成的污染发生稍晚，一般接种后 7 天左右出现。要避免或减少接种操作的污染需格外注意以下技术环节：

1）不使棉塞打湿。灭菌摆放时，切勿使棉塞贴触锅壁。当棉塞向上摆放时，要用牛皮纸包扎。灭菌结束时，要自然冷却，不可强制冷却。当冷却至一定程度后再小开锅门，让锅内的余热把棉塞上的水汽蒸发。不可一次打开锅门，否则棉塞极易潮湿。

2）洁净冷却。在规范化的菌种场中，冷却室是高度无菌的，空气中不能有可见的尘土，灭菌后的种瓶、种袋不能直接放在有尘土的地面上冷却。最好在冷却场所地面上铺一层灭过菌的麻袋、布垫或用高锰酸钾、石灰水浸泡过的塑料薄膜。冷却室使用前，可用紫外线灯和喷雾相结合的方式进行空气消毒。

3）接种室和接种箱使用前必须严格消毒。接种室墙壁要光滑、地面要洁净、封闭要严密，接种前一天将被接种物、菌种、工具等经处理后放入，先用来苏儿喷雾、再进行气雾消毒；接种箱要达到密闭条件，处理干净后，将处理后的被接种物、菌种、工具等放入，接种前30~50分钟用气雾消毒、臭氧发生器消毒等方法进行消毒。

4）操作人员需在缓冲间穿戴专用衣帽。接种人员的专用衣帽要定期洗涤，不可置于接种室之外，要保持高度清洁。接种人员进入接种室前要认真洗手，操作前要用消毒剂对双手进行消毒。

5）接种过程要严格执行无菌操作。尽量少走动、少搬动、不说话，尽量小动作、快动作，以减少空气振动和流动，减少污染。

6）在火焰上方接种。实际上，无菌室内绝对无菌的区域只有酒精灯火焰周围很小的范围内。因此，接种操作，包括开盖、取种、接种、盖盖，都应在这个绝对无菌的小区域内完成，不可偏离。接种人员要密切配合。

7）拔出棉塞使缓劲。拔棉塞时，不可用力直线上拔，而应旋转式缓劲拔出，以避免造成瓶内负压，外界空气突然进入而带入杂菌。

8）湿塞换干塞。灭菌前，可将一些备用棉塞用塑料袋包好，放入灭菌锅内同菌袋（瓶）一同灭菌，当接种发现菌种瓶棉塞被蒸汽打湿时，换上这些新棉塞。

9）接种前做好一切准备工作。接种一旦开始，就要批量批次完成，中途不间断，一气呵成。

10）少量多次。每次接种室消毒处理后接种量不宜过大，接种室以一次200瓶以内、接种箱以一次100瓶以内效果为佳。

11）未经灭菌的物品切勿进入无菌的瓶内或袋内。接种操作时，接种钩、镊子等工具一旦触碰了非无菌物品，如试管外壁、种瓶外壁、操作台面等，就不可再直接用来取种、接种，需重新进行火焰灼烧灭菌。掉在地上的棉塞、瓶盖切勿使用。

(6) 培养环境不洁及高湿 培养环境不洁及高湿引起污染的特点是，接种后污染率很低，随着培养时间的延长，污染率逐渐增高。这种污染较大量发生在接种10天以后，甚至培养基表面都已长满菌丝后贴瓶壁处陆续出现污染菌落。这种污染多发生在湿度高、灰尘多、洁净度不高的培养室中。

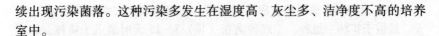

小窍门　杂菌污染的判断：同一灭菌批次的栽培瓶（袋）全部污染杂菌，原因是灭菌不彻底或者高温烧菌；同一灭菌批次的栽培瓶（袋）部分集中发生杂菌污染，原因是灭菌锅内有死角，温度分布不均匀，部分灭菌不彻底；以每瓶原种为单位，所接瓶子发生连续污染，原因是原种带杂菌；随机零星污染杂菌，原因是栽培瓶在冷却过程中吸入了冷空气，或者接种、培养时感染了杂菌。

4. 原种、栽培种制作的注意事项

（1）培养基含水量　食用菌菌丝体的生长发育与培养基含水量有关，只有含水量适宜，菌丝生长才旺盛健壮。通常要求培养基含水量在60%～65%之间，即手紧握培养料，以手指缝中有水外渗1～2滴为宜，没有水渗为过干，有水滴连续淌下为过湿，过干或过湿均对菌丝生长不利。

（2）培养基的pH　一般食用菌正常生长发育需要一定范围的pH，木腐菌要求偏酸性，即pH为4～6；粪草菌要求中性或偏碱性，即pH为7.0～7.2。由于灭菌常使培养基的pH下降0.2～0.4，因此，灭菌前的pH应比指定的数值略高些。若培养料的酸碱度不合要求，可用1%过磷酸钙澄清液或1%石灰水上清液进行调节。

（3）装瓶（袋）的要求　若培养料装得过松，虽然菌丝蔓延快，但多细长无力、稀疏、长势衰弱；若装得过紧，则培养基通气不良，菌丝发育困难。一般来说，原种的培养料要紧一些、浅一些，略占瓶深的3/4即可；栽培种的培养料要松一些、深一些，可装至瓶颈以下。

提示　装瓶后，插入捣木（或接种棒），直达瓶底或培养料的4/5处。打孔具有增加瓶内氧气、利于菌丝沿着洞穴向下蔓延和便于固定菌种块等作用。

（4）装好的培养基应及时灭菌　培养基装完瓶（袋）后应立即灭菌，特别是在高温季节。严禁培养基放置过夜，以免由于微生物的作用而导致培养基酸败，危害菌丝生长。

（5）严格检查所使用菌种的纯度和生活力　检查菌种内或棉塞上有无霉菌及杂菌侵入所形成的拮抗线、湿斑，有明显杂菌侵染或有怀疑的菌种、培养基开始干缩或在瓶壁上有大量黄褐色分泌物的菌种、培养基内菌丝生长稀疏的菌种、没有标签的可疑菌种，均不能用于菌种生产。

（6）菌种长满菌瓶后，应及时使用　一般来说，二级种满瓶后 7~8 天，最适于扩转三级种，三级种满瓶（袋）7~15 天时最适于接种。如不及时使用，应将其放在凉爽、干燥、清洁的室内避光保藏。在 10℃ 以下低温保藏时，二级种不能超过 3 个月，三级种不能超过 2 个月。在室温下要缩短保藏时间。

5. 菌种杂菌污染的综合控制

1）从有信誉的科研机构和专业机构引进优良、可靠的母种，做到种源清楚、性状明确、种质优良，最好先做出菇试验，做到使用一代、试验一代、储存一代。

2）按照菌种生产各环节的要求，合理、科学地规划和设计厂区布局，配置专业设施、设备，提高专业化、标准化、规范化的生产水平。

3）严格按照菌种生产的技术规程进行选料、配料、分装、灭菌、冷却、接种、培养和质量检测。

4）严格挑选用于扩大生产的菌种，任何疑点都不可姑息，确保接种物的纯度。

5）提高从业人员的专业素质，规范操作；生产场地要定期清洁、消毒，保持大环境清洁。

6）专业菌种场要建立技术管理规章制度，确保技术准确到位，保证生产。

第三章 平 菇

第一节 概　述

⏱ **关键知识点：**

　　以往采用熟料栽培生产平菇，不但能防止杂菌生长，而且能防止虫害的发生，对污染过的原料、高营养原料、难以分解利用的原料都比较适用，但随着成本压力增大及环保政策日益严格，熟料生产将受到极大的限制。采用发酵料、半发酵料栽培平菇可以平衡原料灭菌和成本控制两方面的问题，在保证生产成功率、保证产量的基础上降低成本，达到效益最大化。

　　当前，绝大多数平菇生产基地以鲜菇销售为主，经营方式单一，收益水平受市场行情影响较大。今后有条件的企业、合作社应发挥创造性，积极开发菇产品，开展平菇产品的深加工，提高产品附加值；同时可以在平菇种植基地发展观光、采摘等，进行宣传推广，实现多元化发展。平菇品种繁多，要获得高产量，选准当家品种很重要。菇农首先要根据市场需要选择品种，不要一味追求栽培稀特品种，避免和市场脱节。其次，栽培品种的生长环境要与栽培地的气候条件相符，这是实现高产和高效栽培的关键。

一　形态特征

　　平菇由菌丝体（营养器官）和子实体（生殖器官）两部分组成。

1. 菌丝体

　　平菇菌丝体呈白色，茸毛状，多分枝，有横隔，是平菇的营养器官。在 PDA 培养基上，双核菌丝初为匍匐生长，后气生菌丝生长旺盛，爬壁力强。双核菌丝生长速度快，在正常温度下 7 天左右可长满试管斜面（培养皿平板）。

2. 子实体

子实体是平菇的繁殖器官，即可食用部分。其形态因品种不同而各有特色，但子实体结构均由菇柄、菇盖组成（彩图 10）。平菇子实体颜色有白色、灰色、棕色、红色和黑色等，其颜色深浅与发育程度、光照强弱（光照强，颜色深；光照弱，颜色浅）及气温高低（温度高，颜色浅；温度低，颜色深）相关。

二 品种类型

根据平菇色泽的不同，可以分为黑平菇（彩图 11）、灰平菇（彩图 12）、白平菇（彩图 13）、红平菇（彩图 14）、黄平菇（彩图 15）；根据出菇温度不同，又可分为低温型、中温型和高温型平菇（彩图 16）。

第二节　平菇高效栽培关键技术

关键知识点：

平菇一年四季均可栽培，目前以冬季栽培最为普遍，最低价格往往也出现在元旦前后，菇农可进行夏季、秋季栽培，以获得较高效益。

平菇的栽培原料建议选用棉籽壳、玉米芯、杂木屑、棉渣、豆秸等多种主料，可达到营养全面、原料孔隙度适中、发菌快、污染率低的效果。

平菇要在暗光、偏低温环境下恒温发菌，子实体分化阶段要进行变温刺激。平菇理想的栽培场所应结构合理，利于调节温度、湿度、气体、光照，应灵活选择栽培场所，尽量不在防空洞、土洞等恒温场所栽培，以免引起不必要的麻烦。

在冬季出菇管理过程中不要喷"关门水"、喷与棚气温差别过大的水，以免引起死菇。

一 栽培季节

平菇有不同的温型，适宜一年四季栽培。根据平菇的市场需求，一般以夏季、秋季、冬季生产为主；春季一般生产较少，因为随着气温的逐步升高和其他蔬菜的大量上市，价格会较低。

二　栽培原料

用于平菇栽培的原料比较广泛，传统的栽培主料有棉籽壳、玉米芯、木屑、废棉等，辅料有麦麸、米糠、石灰粉等。

注意

① 削绒次数越多，棉籽残留棉绒就越少，这种棉籽称"光籽"；反之，残留棉绒多的称"毛籽"。光籽产的棉壳大多是小（少）绒壳或"铁壳"，铁壳、棉仁粉少的棉壳纤维素含量少，适用于栽培木腐菌（平菇、香菇等）；绒多、棉仁粉多的棉壳纤维素含量多，适用于栽培草腐菌（双孢蘑菇、草菇等）。

② 玉米芯要粉碎成花生粒大小，并采用发酵料栽培。

③ 要选用阔叶树的木屑，松、柏、杉的木屑由于含松脂、精油、醇、醚等杀菌剂，一般不能直接用于食用菌的栽培。

④ 废棉的主要成分是棉短绒纤维，吸水力强，料水比可提高到1:（1.5～1.6），春、秋季气温高，料水比可低一些；冬季栽培可适当提高料水比例，但应灵活掌握，切勿过高，这是废棉种菇成败的关键。

⑤ 为节约原料成本，可利用木糖渣、酒糟、中药渣、蔗糖渣等原料栽培平菇。要用石灰调整原料的 pH 至 9～10，栽培方式一般采用熟料栽培。

三　栽培场所

本着经济、方便、有效的原则，平菇栽培可采用阳畦、塑料棚（图3-1）、半地下式温室、浅沟式冬暖式日光温室及简易日光温室栽培。

生产中较常见的为简易半地下菇棚（图3-2、图3-3），建棚时应注意

图3-1　塑料菇棚

图3-2　简易半地下菇棚骨架（一）

以下3个方面：一是菇棚场地的土质必须是黏土或壤土，以黏土为最好，砂壤土不适于建造半地下菇棚；二是菇棚四周必须挖排水沟，以防夏季积水灌入棚内；三是菇棚宽度不可过大，以免造成坍塌。

夏季高温栽培平菇时，可在林间建设简易菇棚（图3-4）。

图3-3　简易半地下菇棚骨架（二）

图3-4　林间菇棚

四　参考配方

1）棉籽壳92%，豆饼1%，麸皮5%，过磷酸钙1%，石膏1%。

2）棉籽壳90%，麸皮5%，草木灰3%，过磷酸钙1%，石膏1%。

3）棉籽壳45%，玉米芯45%，过磷酸钙1%，米糠7%，石膏2%。

4）玉米芯55%，豆秸粉40%，过磷酸钙3%，石膏2%。

5）玉米芯70%，棉籽壳25%，过磷酸钙3%，石膏2%。

6）阔木屑70%，麦麸27%，过磷酸钙1%，石膏1%，蔗糖1%。

平菇栽培料的配方，各地要因地制宜，尽可能使用本地原料，以降低生产成本。在高温期，平菇栽培要减少配方中麦麸、玉米面、米糠等的用量；石灰的用量要适当增加，以提高培养料的pH；培养料的含水量一般要偏少些。

五　拌料

将麸皮、石膏粉、石灰粉依次撒在棉籽壳堆上混拌均匀（棉籽壳需提前预湿），接着加入所需的水，使含水量达到60%左右。拌料力求"三均匀"，即主料与辅料混合均匀、水分均匀、酸碱度均匀。

检测含水量的简易方法：手掌用力握料，指缝间有水但不滴下，掌中料能成团，即含水量合适；若水珠成串滴下，则表明太湿。一般宁干勿湿。含水量太大不但会导致发菌慢，而且易污染杂菌。

六 培养料处理及接种

1. 生料栽培

按照配方，将各种培养料加水搅拌均匀后直接装袋、接种，秋冬季可采用（25～30）厘米×（45～50）厘米的聚乙烯塑料菌袋，夏季可采用（18～20）厘米×（40～45）厘米的聚乙烯塑料菌袋。其优点是原料不需任何处理，操作简单易行，缺点是菌种用量大（尤其是高温季节，用量在15%左右）。装袋一般采用"4层菌种3层料"的方式（图3-5）。

图3-5 4层菌种3层料的装袋方式

> 提示 这种栽培方式最大的优点是不需设备，技术简单，省工省力；但也存在基质中杂菌多、易污染、发菌期易"烧菌"等弊端。由于多数食用菌的菌丝在培养基中存在其他微生物干扰的情况下难以生长，所以生料栽培仅限于菌丝生长力强的平菇、草菇和大球盖菇等为数不多的食用菌。

2. 发酵料栽培

将拌好的料堆成底宽2米、高1米、长度不限的长形堆。起堆要松，要将培养料抖松后上堆，表面稍压平后，在料堆上每隔0.5米即从上到下打直径为5～10厘米的透气孔（图3-6），呈"品"字形均匀分布，以改善料堆的透气性。待温度自然上升至60℃以上后，保持24小时，然后进行第1次翻堆。翻堆时，要把表层及边缘料翻到中间，中间料翻到表面，稍压平，插入温度计；再升温到60℃以上，保持24小时，然后进行第2次翻堆；如此进行3～5次翻堆，即可进行装袋接种（图3-7）。

生料栽培和发酵料栽培都需要有氧发菌，可以采用微气孔发菌（装袋后，用细铁丝在每层菌种上打6～8个微孔，见图3-8）和菌袋打孔发菌（用直径3厘米左右的木棒在料中央打1个孔，贯穿两头，见图3-9）两种方式。

图3-6　建堆发酵

图3-7　装袋接种

图3-8　扎微孔

图3-9　用木棒打孔

提示　发酵处理可以杀死培养料中多数有害微生物和害虫，同时将培养料进行软化和营养转化，形成了适于食用菌生长的选择性培养基。另外，由于接种是在培养料发酵后才进行的，所以降低了因培养料温度过高而导致的"烧菌"现象，比生料栽培有了较大进步。发酵料栽培具有不需设备、技术简单、成功率高的优点，但与生料栽培相比，需要投入更多的劳动进行翻堆处理，而且发酵过程中难免发生干物质的损耗。发酵料栽培可以应用于上述三种生料栽培的食用菌，还可用于双孢蘑菇、巴西蘑菇、大肥菇和鸡腿菇的栽培。

3. **熟料栽培**

熟料栽培平菇一般在高温季节或者采用特殊原料（如木屑、酒糟、木糖醇渣、食品工业废渣、污染料、菌糠等）时采用，装袋后的培养料进行常压灭菌后接种、发菌。灭菌时为了提高灭菌效果和降低污染率，最好用塑料筐或小铁筐盛菌袋进行灭菌（图3-10），灭菌原则是"攻头、保尾、控中间"，即在 3 ~ 4 小时内使锅中下部温度快速上升至 100℃，维持 8 ~ 10 小时，快结束时，大火猛攻一阵，再焖 5 ~ 6 小时出锅（图 3-11）。把灭菌后的栽培袋搬到冷却室或接种室内，晾干料袋表面的水分。

图 3-10　菌袋装入小铁筐进行灭菌

图 3-11　常压菌袋灭菌

待袋料内温度降至 30℃ 时方可接种，接种前，先按常规消毒方法将塑料接种帐灭菌成为无菌室（图 3-12），待气味散尽后再进行接种（图 3-13）。

图 3-12　塑料灭菌帐消毒灭菌

图 3-13　平菇熟料栽培接种

提示　熟料栽培方式应用最广，稳定性最高，适用于绝大多数食用菌。不过，熟料栽培需要投入大量资金购置灭菌设备和接种设备，而且对栽培技术要求较高。熟料栽培根据选用的栽培容器可以分为袋栽和瓶栽，前者多用于季节性栽培，也可用于工厂化栽培，后者多用于工厂化栽培；塑料袋栽培根据选用的塑料袋规格和装料高度，可以分为半袋栽培、短袋栽培和长袋栽培。半袋栽培多用于金针菇、茶树菇等以菌柄为主要食用部位的食用菌品种，长袋栽培主要应用于香菇、银耳等食用菌。当然，这种划分是相对的，是根据不同食用菌的生物学特性和栽培管理习惯进行划分的。如木耳在东北多采用短袋地栽，在中原地区多采用中长袋吊袋栽培，而在南方多采用长袋栽培；香菇在我国多采用长袋栽培，而在日本多采用短袋的"太空包"栽培。

在 7～8 月高温、高湿季节栽培平菇，最适合采用熟料栽培。

七　发菌管理

将菌袋移入发菌场地前，要对发菌场地进行处理，以防止杂菌污染、害虫危害。对于室外发菌场所（图 3-14），在整平地面后，应撒施石灰粉或喷洒石灰浆进行杀菌驱虫；对于室内（大棚）发菌场所（图 3-15），则可采用气雾消毒剂、撒施石灰、喷施高效氯氰菊酯的方法杀菌、驱虫。

图 3-14　平菇室外发菌

平菇发菌期适宜菌丝生长的料温在 26℃ 左右，最高不超过 32℃，最低不低于 15℃。若料温长时间高于 35℃，便会造成"烧菌"，即菌袋内的菌丝因高温而被烧坏。菌袋上下左右垛间应多放几支温度计，不仅要看房内或棚内温度，还要看菌袋垛间温度。气温高时应倒垛，菌袋呈"井"字形排放（图 3-16），并降低菌袋层数。

图 3-15　平菇室内发菌

图 3-16　高温期菌袋排放

提示 结合环境调控，及时进行料袋翻堆和杂菌感染检查。翻堆检查时，上下内外的料袋交换位置，使培养料发菌一致，便于管理。

八 出菇期管理

1. 出菇方式

（1）立式出菇 采用叠放 5~6 层菌袋的出菇方式，可以提高土地利用率。

提示 采用此方式出菇时，应尽量采用割口或解口的方式（图 3-17），不要用挽口的方式，否则袋口料面易干燥，不利于转茬菇的生长（图 3-18）。

图 3-17 平菇割口出菇

图 3-18 平菇挽口出菇

（2）覆土出菇 在栽培棚内，每隔 50 厘米挖宽 100~120 厘米、深 40 厘米的畦沟，灌足底水，待水渗干后撒一层石灰粉，把菌袋全部脱去，卧排在畦内，菌袋间留 2~3 厘米空隙，用营养土填实（图 3-19），上覆 3 厘米左右的菜田土；然后往畦内灌水，等水渗下后用干土弥严土缝，防止缝间或底部出菇。

图 3-19 平菇覆土栽培

覆土栽培只在菇潮间期进行灌水，其余时间不喷水、不灌水，这样菇体较干净（图 3-20），商品性状好。

（3）泥墙式栽培 菌墙由菌袋和肥土（或营养土）交叠堆成，能方便进行水分管理，扩大出菇空间。先将出菇场地整平，将菌袋底部塑料袋剥去，露出尾端的菌块，以尾端向内，平行排列在土埂上。袋与袋之间留 2~3 厘米空隙，每排完一层菌袋，铺盖一层肥土或营养土，厚 2~4 厘米（土少易烧垛，见图 3-21），最顶层的覆土层要厚，并在菌墙中心线上留一条浅沟，用于补充水分和施用营养液，以保持菌墙覆土经常呈湿润状态，用来平衡培养料内的水分和营养。

图 3-20　平菇覆土出菇

图 3-21　泥墙式栽培（层与层、袋与袋间土太少，易烧垛）

提示　一个菌墙一天内垒 2~3 层，第二天泥墙沉降后再垒，以防倒墙；上下层菌袋的摆放呈"品"字形（图 3-22），不能对齐排放（图 3-23），以扩大出菇面积，保持朵型。

图 3-22　泥墙式栽培
（上下菌袋呈"品"字形）

图 3-23　泥墙式栽培（上下菌袋呈对齐方式）

2. 出菇管理

菌丝长满袋后，经过一段时间，袋内会出现大量黄褐色水珠，这是出菇的前兆，这时即可适时转入出菇管理阶段，即子实体形成阶段，是获得高产的关键期，环境调控主要有一拉（温差）、三增（湿、光、气）、一防（不出菇或死菇）等要点。

（1）拉大温差、刺激出菇　平菇是变温结实，加大温差刺激有利于出菇。利用早晚气温低时加大通风量，降低温度，拉大昼夜温差至 8~10℃，以刺激出菇。低温季节，白天注意增温保湿，夜间加强通风降温；

气温高于 20℃时，可采用加强通风和进行喷水降温的方法，以拉大温差，刺激出菇。

（2）加强湿度调节　出菇场所要经常喷水，使空气相对湿度保持在 85%～95%。料面出现菇蕾后，要特别注意喷水，向空间、地面喷雾增湿，切勿向菇蕾上直接喷水；只有当菇蕾分化出菌盖和菌柄时，才可少喷、细喷、勤喷雾状水。

（3）加强通风换气　若出菇场所氧气不足，平菇菌柄会变长、变粗，形成菜花状菇、大脚菇等畸形菇。低温季节，一般在午后进行通风换气，1 天 1 次，每次 30 分钟左右；气温高时，通风换气多在早、晚进行，每天 2～3 次，每次 20～30 分钟，切忌高湿、不透气的环境。通风换气必须缓慢进行，避免让风直接吹到菇体上，以免菇体失水，边缘卷曲而外翻。

（4）增强光照　散射光可诱导早出菇、多出菇，黑暗则不出菇；若光照不足，则出菇少、柄长、盖小、色浅、畸形。一般以保持菇棚内有"三分阳七分阴"的光照度为宜，但不能有直射光，以免晒死菇体。

提示　出菇棚内，菌袋应按成熟度分开堆放，以便使出菇整齐一致，有利于同步管理。珊瑚期（图 3-24）以前，严禁向子实体喷水，尤其是冬季，否则易造成死菇；必须喷水时，要把喷头朝上，使水在空中形成雾状自由落下；也可采取适当向菇棚内灌水的方式增湿，以防死菇。

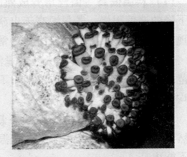

图 3-24　处于珊瑚期的平菇

九　采收

当菇盖充分展开，颜色由深逐渐变浅，下凹部分呈白色，毛状物开始出现，孢子尚未反射时，即可采收，装筐运输。

提示　叶片宽度为 3～5 厘米时即可采摘（图 3-25），此时菇体形状最好，市场售价最高。也可增加采菇潮数，可达 6～8 潮，总产量会有所提高；保持适度光照、适度低温、加强通风，菇形会变好，商品性变好，售价也会提高。

图 3-25　处于适宜采收期的平菇

十　出菇期常见问题及防止

1. 不出菇原因

平菇栽培过程中，发菌成熟的菌袋（菇床）迟迟不出菇，或采过 1～2 潮菇的菌袋（菇床）不再正常出菇的现象较为常见，其原因有以下几种：

（1）料温偏高　菌丝培养成熟的菌袋，若无较低温度的影响，其料温下降的速度很慢。若料温高于出菇适宜温度范围，则原基不易发生，这种现象在低温型品种的秋栽中最为常见。

（2）环境不适　菌袋所处环境温度，高于或低于所栽品种的出菇温度范围，都会出现不出菇或转潮后不再正常出菇的现象。前者春、夏、秋季均会发生，后者多出现在冬季。

（3）积温不足　在低温环境下栽培时，菌丝长期处于缓慢生长状态，虽然发菌时间较长，但由于有效积温不足，菌丝生理成熟度不够，因此迟迟不能出菇。

（4）水分不足　发菌期由于通风次数过多，覆盖不严或土壤吸湿等，会造成培养料含水量下降，或菌袋表面失水偏干；此外，产菇期菇体大量消耗培养料的水分后，水分补充少，也会造成不出菇或转潮后不能正常出菇的现象。

（5）菌丝徒长　培养料含水量过高，菌袋表面湿度饱和，干湿差变化小，会造成菌丝徒长，在菌袋表面形成厚厚的菌皮。

（6）病虫害影响　杂菌污染菌袋后，不但会与平菇菌丝争夺养分，还会分泌有害物质，抑制平菇菌丝的正常生长；害虫侵入菌袋后，会大量咬食平菇菌丝，造成平菇菌丝断裂失水死亡。在病虫危害严重的菌袋中，平菇菌丝的正常生理代谢和物质转换受到破坏，进而造成不出菇，这种现

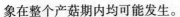

象在整个产菇期内均可能发生。

(7) 通风不良 菇房通风不良，供氧差，袋内二氧化碳浓度过高，光线太弱，均不利于出菇，这种现象在地下菇场较为常见。

2. 死菇原因及防止措施

(1) 培养料含水量不适 平菇的生长发育需要较多的水，对空气相对湿度要求也较高，不同季节、不同时期需水量不同。平菇子实体内的水分大部分来自于培养料，若培养料水分不足，则营养供给发生困难，子实体生长不粗壮，菌片薄、弹性小，会使幼小菇蕾失水死亡。

1）适当提高培养料含水量。由于冬季气温低，用于栽培平菇的培养料含水量可适当提高至65%，标准是用手抓紧拌料均匀后的培养料，水能滴下，但不成线。

2）采用适当的出菇方式。平菇在原基期和出菇期间，应采用剪袋口或解口但不撑开的出菇方式，否则袋口会因失水过多而出菇过少或死菇。

(2) 用种不当 菌种过老或用种量过大，在菌丝尚未长满或长透培养料时便在菌种部位出现大量幼蕾，但因培养料内菌丝尚未达到生理成熟，长成幼菇时得不到充足的养分供应而萎缩死亡。

提示 应尽量选用长满菌袋10天左右菌龄的菌种进行栽培，此时菌种回丝期已过，生活力最为旺盛。冬季采用大袋栽培平菇的用种量一般为10%~12%（4层菌种3层料），采用中袋栽培两头接种时，用种量一般为8%~10%；夏季栽培时，菌种用量可加大至15%。

(3) 非定点出菇 目前，栽培平菇一般采用4层菌种3层料的大袋栽培（25厘米×55厘米）方式，发菌一般采用在菌种层微孔发菌的方式。采用大袋栽培时，原基分化期会在微孔处形成菇蕾，但大部分会死亡；即使不死亡，其商品性也很低。

小窍门

1）选用两头打透眼的方式发菌。用25厘米×55厘米规格的大袋栽培平菇时，装袋、播种、扎口后采用大拇指粗、顶端尖的木棍从袋的一头捅至另一头（避开扎口部位）进行发菌；出菇时，菇蕾大都集中在透眼处，并且菇柄短。也可采用两头接种的17厘米×45厘米规格的中袋栽培。

2）菌袋两端划口。采用大袋微气孔发菌时，在平菇菌丝封住菌袋两端并生长4~5厘米时，可在菌袋两端的袋面上用小刀划几个小口，菌丝很快便会封住划口。这种做法一来可以促进菌丝的生长，二来出菇时首先在划口处形成菇蕾（可不解口出菇），进而有效防止菌袋周身出菇。

（4）**装袋不紧** 冬季栽培平菇时，菇农一般采用生料或发酵料栽培，如果装袋不紧，再加上翻堆检查对栽培袋的触动，就会造成菌袋和培养料局部分离。如果在平菇子实体生长期分离的部位长出菇蕾，但由于不是定点出菇部位，氧气不足，就会造成菇蕾死亡。

平菇装袋时要求培养料外紧内松，光滑、饱满、充实，不可出现褶皱或者疙瘩，否则会发菌不良，出菇时也会在褶皱处出现菇蕾，消耗养分、感染杂菌。

（5）**菇蕾过密** 冷暖交替季节的温度很适合平菇子实体原基形成期的要求，但温差长期适宜，会导致形成过多的菇蕾，从而使培养料养分供应分散，不能集结利用。其症状为子实体紧密丛生，成堆集结，但不能发育成商品菇。

若因菇蕾过密而发生死菇，可采取以下措施防治：选用低温对子实体形成相对不敏感的品种；加强平菇生长期的温度和湿度管理，防止温度周期性波动，尤其是秋、冬冷暖交替变化的季节；发病初期提高管理温度，或打重水，控制病害发展。

（6）**冬季喷水过勤、通气不良** 冬季，菇农在平菇出菇期喷水过勤并注重保持菇房温度，喷水后环境过于密闭，尤其是喷"关门水"导致菇蕾、幼菇长时间处于低温、高湿、高二氧化碳浓度的环境下，影响菇体的正常蒸腾作用，致使菇蕾、幼菇水肿死亡。其显著特点是先出现部分菇体畸形，进而发黄死亡。

> **注意** 冬季由于气温低，菇体蒸腾作用小而需水少，可在出菇期采用隔行向地面灌水的方式增加空气湿度。必须喷水时，要在喷水后及时通风至菇体上的水膜消失。

（7）**农药危害** 原基发生前，菌袋或菇场内喷洒了平菇极为敏感的敌敌畏等农药，或菇场中含有浓度过高的农药气味，造成子实体死亡或呈不规则的团块组织。其症状是菌盖停止生长，边缘部分产生一条蓝中带黑色的边，向上翻卷。

> **注意** 出菇期间不允许使用农药，转潮期间可采用2%甲醛液或1:500倍多菌灵进行杀菌，采用高效氯氰菊酯烟剂防治害虫。但要避免长菇环境残留农药气味，一般于用药后16小时进行通风、降湿干燥处理，提高菌袋的透气性，延缓转潮菇的发生速度。

第四章 香 菇

 关键知识点：

香菇品种的驯化培育已经取得巨大成功，已经培育并大量种植的有高温型、中温型、低温型品种，不同品种能在不同温度下出菇，加上不同地域、不同海拔的错季种植，已基本形成了鲜菇周年化供应。香菇的"原料—种植—收购—加工—销售"全产业链进行"产业化整合营销"是进一步提高香菇产业经济效益的关键。

栽培香菇的木屑材质要求为硬质阔叶树种，一般要求加工成小木片或粗大的锯末状，也可使用普通的细碎木屑；材质优先选择野生树种，如柞木、桦木等，以及我国盛产的苹果树、梨树、板栗树、核桃树等树种的剪枝、淘汰树等。

香菇 [*Lentinus edodes*（Berk.）Sing] 为担子菌纲伞菌目口蘑科香菇属，是一种大型的食用菌，原产于亚洲，在世界菇类产量中居第二位，仅次于双孢蘑菇。中国的浙江省龙泉、景宁、庆元三地交界地带是世界最早人工栽培香菇的地区，其香菇人工栽培技术史称"砍花法"，据传最早发明这项技术的是南宋龙泉县龙溪乡龙岩村人（今浙江庆元人）吴三公，真名吴煜（1130—1208）。中国是世界上公认的栽培香菇最早、产量最高、优质花菇种类最多、栽培形式多样、生产成本较低的国家。

一 生物学特性

1. 生态习性

冬、春季群生、散生或单生于阔叶树倒木上。

2. 形态特征

(1) 菌丝体 菌丝洁白、舒展、均匀，生长边缘整齐，不易产生菌被。在高温条件下，培养基表面易出现分泌物，这些分泌物常由无色透明逐渐变为黄色至褐色，其色泽的深浅与品种有关。

> **提示** 香菇菌种在有光和低温刺激下，常在表面或贴壁处生出菌丝聚集的头状物，这是早熟品种和易出菇的标志。

(2) 子实体 香菇子实体单生、丛生或群生，子实体体形中等至稍大（彩图17）。菌盖直径5～12厘米，有时可达20厘米，幼时为半球形，之后体形扁平至稍扁平，表面呈菱色、浅褐色、深褐色至深肉桂色，中部往往有深色鳞片，而边缘常有污白色毛状或絮状鳞片。

3. 生长发育条件

(1) 营养条件 香菇发育所需的营养物质可分为碳源、氮源、无机盐及生长素等物质。

1）碳源。香菇菌丝能利用广泛的碳源，包括木屑、棉籽壳、甘蔗渣、棉柴秆、玉米芯、野草（类芦、芦苇、芒萁、班茅、五节芒等）等。

2）氮源。香菇菌丝能利用有机氮和铵态氮，不能利用硝态氮和亚硝态氮。在香菇菌丝营养生长阶段，碳源和氮源的比例以（25～40）:1为好，高氮会抑制香菇原基分化；在生殖生长阶段，要求吸收较多的碳，最适合碳氮比是73:1。

3）矿质元素。除了镁、硫、磷、钾之外，铁、锌、锰同时存在能促进香菇菌丝的生长，并有相辅相成的效果。钙和硼会抑制香菇菌丝生长。

4）维生素类。香菇菌丝生长必须吸收维生素B_1，其他维生素则不需要。适合香菇生长的维生素B_1的含量大约是每升培养基100微升。在段木栽培中，香菇菌丝分泌的多种酶类能分解木质素、纤维素、淀粉等大分子，从菇木的韧皮部和木质部吸收碳源、氮源和矿质元素等。

(2) 环境条件

1）温度。香菇菌丝发育的适宜温度范围为5～32℃，最适温度是24～27℃，在10℃以下或32℃以上均生长不良，35℃停止生长，38℃以上死亡。

香菇原基在8～21℃之间均可分化，但在10～12℃分化最好；子实体在5～24℃范围内均可发育，但从原基发育到子实体的温度以8～18℃最为适宜。

> **提示** 菌龄在90天以下的为中高温品种，菌龄在100天以上的为中低温品种。香菇子实体分化需要一定的有效积温（从接种之日算起，经发菌、转色过程累积的有效温度），若有效积温不足，第一批很容易产生大量的畸形菇。随着菌龄的增长，子实体畸形率下降，不需要用药剂防治。有效积温＝（发菌、转色期菌袋日平均温度－5℃）×（发菌、转色天数），日平均气温与有效积温间的关系见表4-1。

表4-1　日平均气温与有效积温的关系　　　（单位：℃）

日平均气温	日均有效积温	日平均气温	日均有效积温
≤5	0	26	15
7.5	2.5	27	10
8	3	28.5	2.5
20	15	29	0
25	20	32	0

早熟型品种（菌龄为60~70天），有效积温为800~1300℃；中熟型品种（菌龄为80~120天），有效积温为1400~2000℃；晚熟型品种（菌龄为120~150天），有效积温为2000~2500℃。

2）水分和相对湿度。在木屑培养基中，菌丝的最适含水量是在60%~65%之间（因木屑结构质量不同而异）；子实体生长阶段的木屑含水量需要在50%~80%之间。菌丝生长阶段，空气相对湿度一般为60%左右，而子实体生长阶段空气相对湿度应为85%~90%。

3）空气。香菇是好气型菌类，在菇场菇房及塑料棚、地下工程内栽培香菇时，应保证空气流通顺畅。

4）光照。香菇在菌丝生长阶段完全不需要光线，菌丝在明亮的光线下会形成茶褐色的菌膜和瘤状突起，随着光照的增加，菌丝生长速度会下降；相反，在黑暗的条件下，菌丝生长最快。在生殖生长阶段，香菇菌棒需要光线的刺激，在完全黑暗的条件下，香菇培养基表面不转色；子实体发育的最适光照度为300~800勒，在1000~1300勒光照度下，花菇发育良好，1500勒以上白色纹理增深；在花菇生长的后期，光照度可增加到2000勒，干燥条件下，裂纹会更深、更白。

5）酸碱度。适于香菇菌丝生长的培养基质的pH是5~6。pH 3.5~4.5适于香菇原基的形成和子实体的发育。

二 栽培原料

1. 主料

（1）木屑类 以硬质阔叶木为主，可利用木厂产生的锯末，也可利用经过粉碎的树木枝条。收集的木屑中常夹杂有松树、杉树、樟树等的木屑，应经过堆积发酵后再使用才能获得高产。粉碎木屑和收集的木屑均用孔径为4毫米的筛网过筛，粗细程度以0.8毫米以下颗粒占20%，0.8～1.69毫米颗粒占60%，1.70毫米以上的颗粒占20%为宜。

> **提示** 各地可利用本地的丰富资源进行木屑加工，如桃木屑、苹果木屑、梨木屑、沙棘木屑、金银花木屑等，进而打造具有本地特色的香菇品牌。

（2）秸秆类

1）棉柴秆。经晒干粉碎后备用。

2）甘蔗渣。要求新鲜，干燥后呈白色或黄白色，有糖的芳香味。凡是没有充分晒干、结块、发黑、有霉味的均不能用。带皮的粗渣要粉碎过筛。

> **提示** 由于甘蔗渣中的木质素较低，因此以甘蔗渣为主料时，应加入30%的木屑。

3）玉米芯。使用前将玉米芯晒干，粉碎成大米粒大小的颗粒（图4-1），不必粉碎成粉状，以免影响通气造成发菌不良。

图4-1 粉碎的玉米芯

2. 辅料

（1）麸皮 麸皮用量占培养基的20%左右。麸皮要求新鲜时（加工后不超过3个月）使用，用不霉变的麸皮为栽培原料，香菇产量高。

（2）米糠 从营养成分来看，米糠的蛋白质和脂肪含量均高于麸皮，在培养基中使用可代替麸皮，要求新鲜、不霉、不含砻糠（砻糠营养成分低）。若设计配方用麸皮20%，可减去1/3的麸皮，并用1/3的米糠代替，对香菇后期的增产效果非常明显。

(3) 石膏 即硫酸钙，在培养基中石膏用量为 1% ~ 2%，可调节 pH，具有不使碱性偏高的作用，还可以给香菇提供钙、硫等元素。选用石膏时，要求过 100 目筛（孔径为 0.15 毫米）。

> **注意** 香菇栽培要严格把好栽培原料的质量关，一是麸皮要新鲜，不能使用霉变、掺假掺杂的麸皮。二是应选用合格的农用石膏粉，色泽灰暗和粉红、无光泽的石膏粉纯度较低，不能使用。三是选用壳斗科的栲树、白栎、麻栎，以及桦木科的亮叶桦、赤杨等树种的木屑。有些阔叶树，如樟科的樟木、楠木、山苍子树和安息香科等树种，因含有芳香性杀菌物质，因此不能使用。而所有针叶树，如松树、杉树、柏树等的木屑都含松节油、醇、醚等物质，也不能使用。还要讲究木屑的粗细搭配使用，确保培养基既有透气性，又易于成块，同时刺状木屑要少，避免刺破菌袋。

3. 其他材料

(1) 栽培袋 目前，栽培香菇采用聚丙烯（PP）塑料袋、低压聚乙烯（HDPE）塑料袋为主要容器。

(2) 栽培袋的规格及质量

1）聚丙烯塑料袋。其常用规格为筒径平扁，双层宽度为 12 厘米、15 厘米、17 厘米、25 厘米，厚度为 0.04 毫米、0.05 毫米，主要在气温 15℃以上时使用，用于原种、栽培种和小袋栽培。

2）低压聚乙烯塑料袋。其常用规格为筒径平扁，双层宽度为 15 厘米、17 厘米、25 厘米，厚度为 0.04 毫米、0.05 毫米、0.06 毫米，装袋灭菌 1.2 千克/厘米^2 保持 4 小时不熔化变形。

以上两种塑料薄膜袋均要求厚薄均匀，筒径平扁，宽度一致，料面密度好，观察无针孔，无凹凸不平，装填培养料时不变形，耐拉强度高，在额定的温度下灭菌不变形。

第二节 香菇高效栽培关键技术

关键要点：

拌料要先干拌均匀后，再加水搅拌，使各种原料混合均匀。同时，在拌料时应使培养料均匀地吃透水分，木屑不能有"干心"，否则易导致培养料灭菌不彻底，从而易发生霉菌。

菇棚发菌时可用培养架发菌，以防止菌棒堆积烧菌。发菌期间，对病虫害应尽量以农业防治和物理防治为主，比如设立隔离区、防虫网来预防虫害，撒播石灰粉防治杂菌病害以及部分害虫等，最大限度地减少化学方法的使用，杜绝使用甲醛熏蒸、多菌灵拌料等传统化学方法，以实现产出无毒无残、高品质香菇的目的。病害防控的原则是"早发现、早治疗"，菌棒腐烂病一旦大规模发生，降温除湿是防治的关键措施。早期在接种穴零星发病时，可以用石灰水涂抹；早期在菌棒向下的一面零星发病时，也可以用石灰水冲洗。

一 栽培场所

香菇可在林下（图4-2）、温室（图4-3）、塑料大棚（图4-4）等地栽培，也可进行半地下栽培（图4-5）。

图4-2 香菇林下栽培

图4-3 香菇温室栽培

图4-4 香菇大棚栽培

图4-5 香菇半地下栽培

二　参考配方

1）阔叶树木屑79%，麸皮20%，石膏1%。
2）阔叶树木屑64%，麸皮15%，棉籽壳20%，石膏1%。
3）阔叶树木屑78%，麸皮14%，米糠7%，石膏1%。
4）阔叶树木屑60%，甘蔗渣19%，麸皮20%，石膏1%。

注意 氮的比例高时，一般会出现转色难、出菇时间推迟的情况，即使长出子实体，其表面色浅；氮源不足时，菌丝生长不旺盛，菌丝培养时间短，总产量降低。

三　培养料配制

（1）过筛 先将原料过筛，剔除针棒和有棱角的硬物，以防刺破塑料袋。

（2）混合 手工拌料时，应事先清理好拌料场，将1/3的木屑堆成山形，再堆一层木屑、一层麸皮、一层石膏，共分5次上堆，并翻拌3遍，使培养料混合均匀。

（3）搅拌 将山形干料堆从顶部向四周摊开并加入清水，用铁锹翻动，再用扫帚将湿团打碎，使水分被材料吸收，并湿拌3遍。

（4）拌料后再堆成山形 30分钟后检查含水量，用手握法比较方便，用手用力握，若指缝间有水迹，则含水量在60%左右。

（5）pH测定 香菇培养基的pH为5.5~6为宜，测定时，取广谱pH试纸条1小段插入培养料堆中，1分钟后取出对照色板，从而查出相应的pH。如果太酸，可用石灰调节。

注意

①拌料和装袋场地最好是水泥地，并有1%的坡度，以便洗刷水自然流掉。每天作业后，用清水冲洗，并将剩余的培养料清扫干净不再使用，以免余料中的微生物进入新拌的培养料中，加快培养料酸败的速度，增加污染机会。

②培养料要边拌料、边装袋、边灭菌，从拌料到灭菌不得超过4小时。在装锅灭菌时，要猛火提温，使培养料尽快进入无菌状态。

③当培养料偏干、颗粒偏细、酸性强时，水分可调节得偏多一些；若培养料含水量较多、颗粒粗硬、吸水性差，水分应调得少一些。

④晴天时，如果装袋时间长，可以调水偏多一些或是中间再调一次；阴天时，空气相对湿度大，水分不易蒸发，调水可偏少一些。

⑤甘蔗渣、玉米芯、棉籽壳等原料质地松、颗粒大、易吸水，应适当增加调水量。

⑥拌料要求各种原料要先干拌，再湿拌，做到"三匀"，即主料和辅料拌均匀，水和培养料拌均匀，pH拌均匀。

⑦温度偏高时，拌料装袋时间不能太长，要求组织人力争分夺秒地抢时间完成，以防培养料酸败、营养减少。

⑧在配制培养料时，为避免污染，在选用好的原料的基础上，拌料还应选择在晴天上午，装袋则应争取在气温较低的上午完成并进入无菌工序，减少杂菌污染的机会。

四　袋式栽培

1. 栽培季节

香菇袋式栽培的季节安排应根据菌种的特性和当地的气候因素进行，我国北方一般选择秋季栽培和越夏栽培。秋季栽培一般在8月即可制袋，10月下旬至第二年4月出菇；越夏栽培一般在2月制袋，5~10月出菇。

2. 栽培袋选择

秋季栽培一般采用大袋，大袋规格为17厘米×65厘米，可装干料1.75千克；越夏栽培可采用小袋，小袋规格为17厘米×33厘米，可装干料0.5千克。

3. 装袋

用人工或拌料机把原辅材料、料水拌匀后即可装袋（图4-6）。装袋要做到上部紧，下部松；料面平整，无散料；袋面光滑，无褶。

图4-6　装袋

提示

①不宜装得过松或过紧，过紧易破裂；若过松，培养基与薄膜之间有空隙，易造成断袋感染杂菌，一般每袋装干料1.75千克为宜。

②装袋后马上进行扎口，将料袋口朝上，用线绳在紧贴培养料处扎紧，反折后再扎一次，也可用扎口机扎口（图4-7）。

图4-7 扎口机

4. 灭菌

栽培袋可放入专用筐内，以免灭菌时栽培袋相互堆积，造成灭菌不彻底；然后要及时灭菌，不能放置过夜，灭菌可采用高压蒸汽灭菌或常压蒸汽灭菌。

5. 接种与培养

（1）接种 接种室要求干净、密闭性好，接种前每立方米用17毫升36%的甲醛和14克高锰酸钾熏蒸10小时，应将接种需要的菌种、接种工具、鞋、料袋等放入接种室内一起消毒，或用烟雾剂对空间消毒和对接种箱消毒。接种应在料袋降温到28℃后马上进行，并选择在低温时间内快速完成，动作要快，1000袋力求在3～4小时内完成。如图4-8所示，接种时三人一组，一人负责搬料筒并排放到操作台上，另一人消毒扎口（即将料袋接种处擦上75%酒精），用锥形棒打穴，每筒在同一面上打穴3个（图4-9），每穴深度为2～3厘米；第三人负责接种，即将菌种掰成长锥形，将其快速填入穴孔中；菌种要填满并高出料筒（图4-10），然后迅速套袋（图4-11）。接种时应注意，菌种瓶和工具以及用具要用浓度为75%的酒精消毒，以减少污染。菌袋要轻拿轻放，以减少破损。

（2）培养 在菌袋进入培养室前，要对培养室进行消毒灭菌，提前3天可采用气雾熏蒸和药剂喷洒，分3次进行。接种后，菌袋以"井"字形排列摆放（彩图18），每层4袋，叠放8～10层。每堆间留一条工作道，摆放结束后应通风3～4小时排湿，并调控温度处于22～25℃之间，10天内每天通风调控温度，不要搬动菌筒，促使菌丝定植并快速生长。

图 4-8 大棚接种

图 4-9 打孔

图 4-10 接种

图 4-11 套袋

当接种口菌丝长到 2 厘米左右时，便可进行第一次翻堆，每层 3 筒，高 8 层为宜；播种口朝向侧边不要受压，各堆之间留工作道，一是工作方便，二是通风散热。第二次翻堆菌丝长至 4 厘米，将堆高降为 6 层，排 3 筒，堆堆连成行，行行有通道，这样更有利于通风散热。第三次翻堆在菌丝基本上长满 1/2 筒时进行，主要是检查杂菌，若有污染要及时清除。第四次翻堆是全部长满菌丝，每层两筒，高度为 3~4 层，并给予一定的光照刺激，以利于转色。

图 4-12 车间内摆放

　　菌棒培养方式可以是车间内摆放（图 4-12）、筐式集中发菌（图 4-13）、架式集中发菌（图 4-14）。

图 4-13 筐式集中发菌

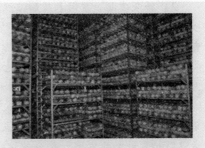
图 4-14 架式集中发菌

（3）刺孔增氧 接种穴菌丝直径长至 6～10 厘米时，要进行刺孔增氧。第一次刺孔与第二次翻堆同时进行。首先将菌筒上的胶布揭去，距菌丝尖端 2 厘米处每穴各刺 3～4 个孔（图 4-15），孔深比菌丝稍浅一点，不要刺到未发菌的培养料上，以防感染杂菌。刺孔后一是增加了氧气，二是激活了局部的菌丝，加快了菌丝的生长速度。第二次刺孔在菌丝长满袋后 10 天，每袋各刺 20～40 个孔，孔深 5 厘米左右；刺孔后 48 小时，菌丝呼吸明显加强，菌筒内渐渐排出热量，堆温逐渐升高 3～5℃，所以刺孔后培养室要通风降温，以防止温度超过 30℃（图 4-16），并同时增加光照促进转色。菌袋温度高时，不可进行刺孔增氧，否则会烧伤菌袋。

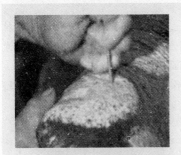
图 4-15 刺孔增氧

图 4-16 高温发菌的菌袋

提示 香菇菌袋成品率低的原因：

1）基质酸败。常因取料不好，如木屑或麦麸结团、霉烂、变质、质量差、营养成分低；有的因配料含水量过高，拌料、装袋时间过长，造成发酵酸败。

2）料袋破漏。常因木屑加工过程中混杂粗条，拌料、装料场地含砂粒等，而导致装袋时刺破料袋；袋头扎口不牢而漏气；灭菌卸袋检查不严，袋头纱线松脱没扎，气压膨胀破袋没贴封，引起杂菌侵染。

3）灭菌不彻底。目前，农村地区普遍采用大型常压灭菌灶，一次灭菌3000~4000袋，数量较多，体积较大，料袋排列紧密，互相挤压，缝隙不通，蒸汽无法上下循环运行，导致料袋受热不均匀和形成"死角"。有的灭菌灶结构不合理，从点火到100℃用时超过6小时，由于适温引起袋料加快发酵，养分破坏；有的中途停火，加冷水，导致突然降温；有的灭菌时间没达标就卸袋，这都造成灭菌不彻底。

4）菌种不纯。常因菌种老化、抗逆力弱、萌发率低、吃料困难而造成接种口容易感染；有的菌种本身带有杂菌，接种到袋内，杂菌会迅速萌发为害。

5）接种把关不严。常因接种箱（室）密封性不好，加之药物掺假或失效；有的接种人员手没消毒，杂菌带进无菌室内；有的菇农不用接种器，而是用手抓菌种接种；有的接种后没有清场，又没做到开窗通风换气，造成病从"口"入。

6）菌室环境不良。培养室不卫生，有的排袋场所简陋，空气不对流，室内二氧化碳浓度高；有的培养场地潮湿或雨水漏淋；有的翻堆检杂检出污染袋，没严格处理，到处乱扔。

7）菌袋管理失控。菌袋排放过高，袋温增高，致使菌丝受到挫伤，变黄、变红，严重的可致死；可用水帘降温（图4-17）。有的因光线太强，袋内水分蒸发，基质含水量下降。

8）检杂处理不认真。翻袋检查工作马虎，虽发现斑点感染或怀疑被虫鼠咬破，但不做处理，以至蔓延，因此检杂应认真（图4-18）。

图4-17　水帘对菌袋降温

图4-18　认真检杂

6. 排场

当菌筒在培养室内发菌 40～50 天时，营养生长已趋向高峰，菌丝内积累了丰富的养分，即可进入生殖生长阶段。这时每天给予 30 勒以上的光照，再培养 10～20 天，总培养时间达到 60～100 天，培养基与塑料筒交界间就开始形成间隙并逐渐形成菌膜，接着隆起有波皱柔软的瘤状物并开始分泌由黄色到褐色的色素，这时菌丝已基本成熟，隆起的瘤状物达到50% 时就可以脱去塑料袋进行排场。

图 4-19 搭架

脱袋后的香菇菌丝体，称为菌筒。菌筒不能平放在畦床上，而应采用竖立的斜堆法。因此，就必须在菇床上搭好排筒的架子（图 4-19）。架子的搭法是：先沿菇床的两边每隔2.5 米处打一根木桩，桩的直径为5～7 厘米，长 50 厘米，打入土中20 厘米。然后用木条或竹竿，顺着菇床架在木桩上形成两根平行杆。在杆上每隔 20 厘米处钉上一支铁钉，钉头露出木杆 2 厘米。最后靠钉头处，排放上直径为 2～3 厘米、长度比菇床宽 10 厘米的木条或竹竿作为横枕，供排放菇筒用。

搭架后，再在菇床两旁每隔 1.5 米处插上横跨床面的弓形竹片或木条（图 4-20），作为拱膜架，供罩盖塑料薄膜用（图 4-21）。

图 4-20 插弓形竹片

图 4-21 覆膜

菌筒脱去塑料袋时，应选择阴天（不下雨）、无干热风的天气进行，用小刀将塑料袋割破，在菌筒的两头各留一点薄膜作为"帽子"，以免排场时触地感染杂菌。排场时菌棒间距5厘米，与地面成70~80度的倾斜角。要求一边排场一边用塑料薄膜盖严畦床，排场后3~5天，不要掀起薄膜，以形成床畦内高湿的小气候，促进菌丝生长并形成一层薄菌膜。

> **注意** 香菇只有菌丝达到生理成熟，经转色后才能出菇。生理成熟的菌袋具备如下特征时即可进入转色期管理：
>
> ① 菌丝长满整个菌袋，培养基与菌袋交界处出现空隙。
>
> ② 菌袋四周菌丝体膨胀、皱褶、瘤状物占整个袋面的2/3，手握菌袋有弹性松软感，而不是很硬的感觉。
>
> ③ 袋内可见黄水，且水滴的颜色日益加深。
>
> ④ 个别菌袋开始出现褐色斑点或斑块。

7. 转色管理

（1）转色的作用 香菇菌丝袋满后，有部分菌袋形成瘤状突起（图4-22），表明菌丝将要进入转色期。转色的目的是在菌棒表面形成一层褐色菌皮，起到类似树皮的作用，能保护内部菌丝，防止断筒，提高香菇对不良环境和病虫害的抵抗力。

（2）转色管理 香菇菌棒排场后，由于光线的增强、氧气的充足、温湿差的增大，4~7天内菌棒表面会逐渐长出白色茸毛状菌丝并接着倒伏形成菌膜，同时开始转色。

图4-22 转色前期

① 温度调控。完全发满菌的菌袋，即可进行转色管理。自然温度最高在12℃以下时，按"井"字形排列，码高6~8层，每垛4~6排，上覆塑料膜但底边敞开，以利于通风，晚间加覆盖物保温，可按间隔1天掀开覆盖物1天的办法，加强对菌袋的刺激，迫使其表面的气生菌丝倒伏，加速转色；气温在13~20℃时，如果按"井"字形排列，则可码高6层，每垛3~4排（图4-23）；气温在21~25℃时，则应采取三角形排列法，码高4~6层，每垛2~4排；气温在26℃以上时，地面浇透水后，菌袋应斜立式、单层排列，上面架起一层覆盖物适当遮阴（图4-24）。

图4-23　气温低时转色

图4-24　气温高时转色

注意 转色期应秉持宁可低温延长转色时间，也不可高温烧菌的原则。

②湿度调控。自然气温在20℃以下时，基本不必管理，可任其自然生长；但当温度较高时，则应进行湿度调控，以防气温过高或菌袋失水过多，可向地面洒水或者往覆盖物上喷水。

小窍门 湿度管理的标准以转色后的菌袋失水比例为判定依据：转色完成后，一般菌袋的失水比例为20%左右（其中包括发菌期间的失水），或者说转色后的菌袋重量只有接种时的80%左右为宜。

③通风管理。通风一是可以排除二氧化碳，使菌丝吸收新鲜氧气，增强其活力；二是不断地通风可调控垛内温度使之均匀，并防止烧菌的发生；三是适当地通风可迫使菌袋表面的白色菌丝集体倒伏，向转色方向发展；四是通风可以调控垛内的水分及湿度，尤其在连续20℃以上高温时，通风更有其必要性。

小窍门 通过调整覆盖物来保持垛内的通风量；当转色进入一周左右时，可进行1~2次倒垛和菌袋换位排放，这时最好采取大通风措施，再配合较强的光照刺激，效果很好。

④光照管理。对于转色过程而言，光照的作用同样重要，如果没有相应的光照进入，菌袋的转色就无法正常进行。光照的管理很简单：揭开覆盖物进行倒垛，菌袋换位；大风天气时应将菌袋直接裸露任其风吹日晒等。即使日常的观察也有光照进入，所以，该项管理相对比较简单。

（3）转色的检验 完成正常转色的菌袋色泽为棕褐色，具有较强的

97

弹性，但原料的颗粒仍较清晰，只是色泽变化，手拍有类似空心木的响声，基质基本脱离塑料袋，割开塑料膜，菌柱表面手感粗糙、硬实、干燥、硬度明显增加，即为转色合格。但棕褐与白色相间或基本是白色，塑料袋与基料仍紧紧接触等表现的菌袋，为未转色或转色不成功，应根据情况予以继续转色处理，否则尽量不使其进入出菇阶段。

注意

① 菌袋发满菌丝后，室内气温低时，增加刺孔数量，使料温升高到 18～23℃。

② 转色期内若有棕色水珠产生，要及时刺孔排除。

③ 加强通风，勤翻堆，促进转色均匀一致。

（4）转色不正常的原因及防治措施

① 表现。转色不正常或一直不转色，菌袋表层为黄褐色或灰白色，夹杂白点（彩图19）。

② 原因。脱袋过早，菌丝未达到生理成熟，没有按照脱袋的标准综合掌握；菇棚或转色场所保湿条件差，偏干，再生菌丝长不出来；脱袋后连续数天高温，没及时喷水或未形成12℃以下低温。

③ 影响。多数出菇少，质量差，后期易染杂菌，易散团。

④ 防治措施。喷水保湿，连续2～3天，结合通风1次/天；罩严薄膜，并向空中和地面洒水、喷雾，提高空间湿度达85%；可将菌袋卧倒于地面，利用地温、地湿促使一面转色后，再翻另一面；如因低温造成的可引光增温，可利用中午高温时通风，也可人工加温；如因高温造成，那么在保证温度的前提下，可加强通风或喷冷水降温；气温低时采用不脱袋转色。

8. 催蕾

香菇菌棒转色后，给予一定的干湿差、温差和光照的刺激，迫使菌丝从营养生长转入生殖生长。将温度调控到15～17℃之间时，菌丝开始相互交织扭结，形成原基并长出第一批菇蕾即秋菇发生。

9. 出菇管理

香菇的出菇方式有斜枕出菇（图4-25）、层架平摆出菇（图4-26）、吊袋出菇（图4-27）

图4-25　斜枕出菇

图 4-26　层架平摆出菇

图 4-27　吊袋出菇

(1) 秋菇管理　秋季空气干燥气温逐渐下降，故管理以保湿、保温为主。菇畦内要求有 50 勒以上的光照，白天紧盖薄膜增温，早上 5：00～6：00 点之间掀开薄膜换气，并喷冷水降温形成温差和干湿差，有利于提高菌棒菌丝的活力和子实体的质量。当第一批菇长至 7～8 成熟时应及时采收。

> **提示**　现蕾后要早晚各喷 1 次水，每次 3～5 分钟（空间加湿，保原基、促进菇蕾生长发育），出菇期间保持棚内湿度为 85%～90%，否则原基会萎缩死亡。

采收后加强通风并减少湿度，养菌 5～7 天使菌棒干燥；7 天后采菇部位发白，说明菌丝内又积累了一定的养分；再在干湿交替的环境中培养 3～5 天，白天提高温度、湿度并盖严薄膜，早上揭开薄膜，创造较大的干湿差和温度差，促使第二批菇蕾形成。

> **提示**　有的第一批香菇会出现畸形较多的现象，主要原因是香菇菌丝的积温不够，随着时间的推移，畸形菇比例会下降。有的第一批香菇会出现子实体过多（图 4-28）但后期产量降低的现象，主要原因是脱袋、转色、排袋时受到的振动过大，因此操作时动作要轻，并且要及时采收。

(2) 冬菇管理　经过秋季出菇后，菌棒养分水分消耗很大，入冬后温度下降也很快，因此要做好保温喷水工作。一般不要揭膜通风，使畦内温度提高到 12～15℃（图 4-29），并且保持空气相对湿度在 80%～95% 之间，促使形成冬菇。由于冬菇生长在低温条件下，为了保温，每天换气应在中午进行，换气后再盖严薄膜保湿，畦床干燥时可喷轻水。菇体成熟后要及时采收，采收后可轻喷水 1 次再盖好薄膜，休养菌丝 20 天左右，当菌丝恢复后可再催蕾出菇。

图 4-28　香菇子实体过多

图 4-29　双膜方式生产香菇

（3）春菇管理

1）补水。经过秋冬季 2～3 批采收，菌棒含水量会随着出菇数量增加、管理期拉长、营养消耗而逐渐减少。至开春时，菌棒含水量仅为30%～35%，菌丝呈半休眠状态，故必须进行补水，才能满足原基形成时对水分的需求。春季气温稳定在 10℃ 以上就可以进行补水。

2）出菇。春季气压较低，为满足香菇发育对氧的需求，可将畦靠架上的竹片弯拱提高 0.3 米，阴雨天甚至可将膜罩全部打开，以加强通风。盖膜时应注意两旁或两头通风，不可盖严，天晴后马上打开。香菇每采收一批结束后，要让菌丝恢复 7～10 天，再按照上述方法补水、催蕾、出菇，周而复始。

（4）香菇菌棒补水

1）补水测定标准。当菌棒含水量比原来减少 1/3 时就说明失水了，应补水。发菌后的菌棒一般为 1.9～2.0 千克，而当其重量只有 1.3～1.4千克时，菌棒含水量减少了 30% 左右，此时就可补水。

> **注意** 应在菌棒失水 1/3 时注水（可采取注水前称重和出菇前菌棒重量相比较的方法），注水量"宁少勿多"，通过补水达到原重的95% 即可。严禁使用裸露的水坑水注水。在"桑拿天"能不注水则不注水，可采用喷淋降温补水法促进自然出菇，这是较为理想的越夏办法。

2）补水时期。补水早了易长畸形菇；补水过量会引起菌丝自溶或衰老；严重的还会解体，导致减产。

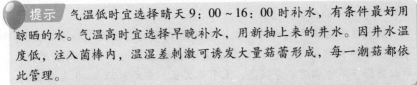

提示 气温低时宜选择晴天 9：00～16：00 时补水，有条件最好用晾晒的水。气温高时宜选择早晚补水，用新抽上来的井水。因井水温度低，注入菌棒内，温湿差刺激可诱发大量菇蕾形成，每一潮菇都依此管理。

3）补水补营养相结合。菌棒出过 3 潮菇以后，基内养分逐步分解消耗，出菇量相应减少，菇质也差。为此，当最后两次补水时，可在桶内加入尿素、过磷酸钙、生长素等营养物质。用量为 100 升水中加尿素 0.2%、过磷酸钙 0.3%、柠檬酸 20 毫克/千克，补充养分和调节酸碱度，这样可提前出菇 3～5 天，且出菇整齐，质量也好，可提高产量 20%～30%。

4）补水方法。香菇菌棒补水的方法很多，有直接浸泡法、捏棒喷水法、注射法、分流滴灌法等。近年来，大规模生产多采用补水器注水，该法简单、易行、效率高，不易烂棒。

①注水器补水法。菇畦中的菌棒就地不动，用直径为 2 厘米的塑料管沿着畦向安装，菇畦中间设总水管，总水管上分支出小水管，小水管长度在 50 厘米左右，上面安装 12 号针头控制水流。由总水管提供水源，另一端密封。装水容器高于菌棒 2 米左右，使水流有落差产生的压力。在注水时，菌棒中心用直径为 6 毫米的铁棒插 1 个孔，孔深约为菌棒高度的 3/4，不能插到底，以免注水流失，由于流量受到针头的控制，因此滴下的水菌棒既能吸收又不至于溢出（图 4-30）。补水后盖上薄膜，控制温度在 20～22℃ 之间，每天换气 1～2 次，每次 1 小

图 4-30　香菇菌袋补水

时，注水给菌棒提供了充足的水分，同时增加了干湿差和温度差。6 天后开始出现菇蕾而且菇潮明显，子实体分布均匀。当温度升到 23℃ 以上时，原基形成受到抑制，要在早上低温时喷冷水降温，刺激菌棒形成原基再出一批菇。由于温度的升高再加上菌棒养分也所剩无几，菌丝衰弱，并且无活力，这时菌棒栽培结束。

②浸水法。将菌棒用铁钉扎若干孔，码入水池（沟）中浸泡，至含水量达到要求后捞出。此为传统方法，浸水均匀透心，吸水快，出菇集中，但劳动强度大，菌棒易断裂或解体。

小窍门 颠倒菌棒增产：

规模生产菌棒多采用斜立在地上的地栽式出菇方式。补水后，水分会沿菌棒自然向下渗透，再加上菌棒直接接触地面，地面湿度大，所以菌棒下半部相对水分偏高，上半部偏低。在补水后 3～5 天菇蕾刚出现时将菌棒倒过来，上面挨地、下面朝上，这样水分会慢慢向下渗透，使菌棒周身水分均匀。颠倒时，如发现出菇少或不出菇的情况，可用手轻轻拍打两下或两袋相互撞击两下，通过人为振动来诱发原基形成。如果整个生产周期不颠倒，长达数月下部总是挨地、湿度大，菌棒下部便会滋生杂菌和病虫害。如果颠倒 2～3 次，可使菌棒周身出菇，利于养分充分释放出来。

10. 袋栽香菇烂菇的防治

袋栽香菇在子实体分化、现蕾时，常发生烂菇现象。其原因主要有：长菇期间连续降雨，特别是在高温高湿的环境下，菇房湿度过大，杂菌易侵入，造成烂菇；有的属病毒性病害，使菌丝退化，子实体腐烂；有时因管理不善，秋季喷水过多，湿度高达95%以上，加上菇床薄膜封盖通风不良，二氧化碳积累过多，就会造成菇蕾无法正常发育而霉烂。防止烂菇的主要措施有：

(1) 调节好出菇阶段所需的温度 出菇期菇床温度最好不超过23℃，子实体大量生长时控制在 10～18℃。若温度过高，可揭膜通风，也可向菇棚中喷水降低温度。每批菇蕾形成期间，若天气晴暖，则要在夜间打开薄膜，白天再覆盖，以扩大昼夜温差，这样既可以防止烂菇发生，又能刺激菇蕾产生。

(2) 控制好湿度 出菇阶段，菇床湿度宜在90%左右，菌棒含水量在60%左右，此时不必喷水；若超过这个标准，应及时通风，降低湿度，并且经常翻动覆盖在菌棒上的薄膜，以使空气通畅，抑制杂菌，避免烂菇现象发生。

(3) 经常检查出菇状况 一旦发现烂菇，应及时清除，并局部涂抹石灰水、克霉王或 0.1% 的新洁尔灭等。

五 越夏地栽

香菇越夏地栽于11月下旬至第二年3月制袋，第二年5～10月出菇。

1. 场地选择

在遮阴良好的林地或室外搭建菇棚，出菇场地要求地势平坦、水源充足、日照少、气温低、排灌方便、交通便利。地势较高的应做低畦,地势低洼的应做平畦或高畦。

2. 栽培袋规格

香菇越夏地栽可选择高密度聚乙烯袋,其规格为(15~17)厘米×(40~45)厘米。

3. 制袋

按选定的配方将培养料拌均匀,含水量为50%~55%。装袋机装料通常2~3人轮换操作,一人装料,一人装袋。操作时,一人将筒袋套入出料口,进料时一手托住袋底,另一只手用力抓住料口处的菌袋,慢慢地将其往后推,直至一个菌袋装满,然后将袋口用细绳扎紧。

4. 灭菌

一般常压灭菌,温度达到100℃保持12小时以上,停火,再焖6小时,然后移入接菌室。

5. 接种

料温降至30℃以下时消毒,一般用烟雾消毒剂消毒,保持6小时后开始接种,需进行无菌操作。

6. 菌丝培养

适合香菇菌丝生长的温度范围是4~35℃,最适宜的温度范围是22~25℃;菌丝长至料袋1/3时,逐渐加大通风量,每隔2天通1次风,每次1小时。适宜温度下,50~60天菌袋即可发好菌。

7. 建棚

对出菇场所进行除草、松土等工作后,用竹竿沿树行建宽2.5米、长20米左右的菇棚,用塑料布覆盖,在棚上方覆盖遮阳网予以遮光、降温(图4-31)。每棚平整2个菇畦,每畦宽0.8米,中间为宽60厘米的走道(图4-32)。

图4-31 建棚

图4-32 出菇畦

8. 转色脱袋覆土

菌丝满袋后，需加强通风使其尽快转色，需 30～40 天。当菌袋有 2/3 有瘤状物突起、颜色变为红褐色时，即可脱袋排场覆土。脱袋最好选择在阴天或气温相对较低的时候进行，排袋前浇 1 次水，然后洒上石灰粉消毒，再喷杀虫药杀虫；边脱袋边排，菌袋间隔 3 厘米。最后覆土，覆土厚度以盖住菌袋为宜（图 4-33）。浇 1 次重水，拱起竹拱，再盖上遮阳网或塑料薄膜。

图 4-33 脱袋排袋

9. 出菇管理

香菇越夏地栽管理的关键是降温、通风和喷水保湿这 3 项工作。

（1）催菇 为保护菌袋促进多产优质菇，这时应在畦面干裂处填充土壤（弥土缝，图 4-34），否则会出劣质菇或底部出菇破坏畦面（图 4-35）。菌袋排袋后，采用干湿交替和拉大温差的方法催蕾，或在菌筒面上浇水 2～3 次，即可产生大量的菇蕾，浇水后立即用土壤填实畦面上的缝隙。

图 4-34 弥土缝

图 4-35 菌棒底面出菇

提示 由于我国南北方土壤理化性质不同，北方土壤干涸后更易开裂。

（2）前期管理 地栽香菇第一批菇一般在 5 月至 6 月上旬，此期气温由低变高，夜间气温较低，昼夜温差大，对子实体分化有利。由于气温逐渐升高，应加强通风，把薄膜挂高，不让雨水淋到菌袋。

当第一批香菇采收结束之后，应及时清除残留的菇柄、死菇、烂菇，用土填实畦面上所有的缝隙并停止浇水，降低菇床湿度，让菌丝恢复生长，积累养分，待采菇穴处的菌丝已恢复浓白后，即可拉大昼夜温差、加强浇水，刺激下一批子实体的迅速形成（图4-36）。

图4-36 转茬香菇

（3）中期管理 这期间为6月下旬至8月中旬，为全年气温最高的季节，出菇较少。中期管理以降低菇床的温度为主，促进子实体的发生。一般会加大水的使用量，并加强通风，防止高温烧菌。

（4）后期管理 这期间为8月下旬至10月底，气温有所下降，菌袋经前期、中期出菇的营养消耗，菌丝不如前期生长得那么旺盛，因此这阶段的菌袋管理主要是注意防止烂筒和烂菇。

10. 采收

气温高时，香菇子实体生长很快，要及时采收，不要待菌盖边缘完全展开，以免影响商品价值。采收时，不要带起培养料，应捏住菇柄轻轻扭转采下，保护好小菇蕾，并将残留的菇柄清理干净。

第五章 金 针 菇

第一节 概 述

关键知识点:

根据栽培地区的农林副产物资源状况,利用玉米芯、木屑、蚕豆壳、荞麦壳、高粱壳、草粉等材料部分或全部替代棉籽壳,使用这些配比合理的原材料栽培金针菇,不仅产量高,而且生产成本明显降低,可显著提高金针菇的栽培效益。

金针菇菌丝体分解木材的能力较弱,因此在坚硬的树木砍伐后,未达到一定的腐朽程度是不会产生子实体的。坚硬的树木砍伐(木屑)露天堆放半年以上,才有利于金针菇生长。

金针菇 [*Flammulina velutipes*(Curtis ex Fr.) Sing] 属于担子菌纲伞菌目口蘑科金钱菌属。我国金针菇产业从 20 世纪 80 年代起步,近几年随着农业结构调整的深入推进,面积不断扩大,产量逐年增加,已成为农村经济最具活力的增长点。金针菇生产投资少,见效快,成本低,方法简便,经济效益高,适合农村基地化规模发展。

金针菇经历了栽培品种从黄色品系发展到白色品系,生产工艺从玻璃瓶栽发展到塑料袋栽,生产模式从家庭手工操作到工厂化的发展过程。我国金针菇工厂化生产经过近 20 年的探索,正在逐步走向成熟,各地涌现出了一批工厂化栽培白色金针菇的企业,主要分布在上海、福建、山东、北京、浙江、江苏等地。金针菇工厂化生产作为食用菌生产的一种新模式,在我国前景良好并且有巨大的发展空间。

形态特征

1. 菌丝体

母种菌丝浓密，有短茸毛状气生菌丝，低温保存时，在培养基表面易形成子实体。黄色品种常在培养后期出现黄褐色色素，使菌丝不再洁白而稍具污黄，同时培养基中也有褐色分泌物；浅黄色品种菌丝较白；白色品种的菌丝呈纯白色，且气生菌丝更旺盛。

2. 子实体

金针菇子实体丛生，由菌盖、菌褶、菌柄三部分组成（图5-1）。菌盖直径为 1～7 厘米，大的可达 10 厘米左右。幼时呈球形，最后边缘反卷成波状，菌盖表面有一层胶质物质，湿时有黏性，干燥时有光泽；菌肉呈白色，中央厚且呈浅黄或黄褐，边缘薄且呈浅黄色。菌褶呈白色或浅黄色，稍密。菌柄离生或弯生，长 5～

图 5-1　金针菇子实体

20 厘米，直径为 12～18 毫米，柄上部稍细，呈白色或浅黄色，基部呈暗褐色，初期菌柄内部实心，后期中空。

 生长发育条件

1. 营养条件

金针菇和其他生物一样，都要摄取一定的营养物质。在自然条件下，金针菇是一种腐生菌，需要通过酶的作用从天然培养料中吸收营养物。在人工栽培条件下，它要从基质中摄取碳源、氮源、无机盐和维生素营养，所以培养料的选择对产量和品质都有很大影响。

（1）碳源　在自然界中，金针菇能利用木材、棉籽壳、玉米芯中的单糖、纤维素、木质素等化合物。

（2）氮源　金针菇菌丝可利用多种氮源，其中以有机氮为最好。在生产栽培中，通常添加麦麸、米糠、玉米粉、棉籽粉、豆饼粉等以增补氮源。在营养生长阶段，碳氮比以 20∶1 为好；在生殖生长阶段，以（30～40）∶1 为宜。

（3）无机盐和维生素　金针菇需要一定量的无机盐类物质，特别是镁离子、磷酸根离子是金针菇子实体分化不可缺少的。金针菇是维生素

B_1 和 B_2 天然缺陷型，必须由外界添加才能良好生长，故习惯上在培养料中加点玉米粉、米糠等。

2. 环境条件

(1) 温度　金针菇属于低温型菌类，菌丝耐低温能力很强，在 -21℃ 时经过 138 天后仍能生存，但超过 34℃ 菌丝便会死掉。菌丝体生长的温度范围是 3~34℃，最适温度为 23℃ 左右；子实体分化要求的温度为 10~15℃，最适宜温度为 12~13℃；原基可在 10~20℃ 范围内生长，超过 23℃ 形成的原基会萎缩消失。子实体正常生长所需的温度为 5~20℃，最适温度为 8~12℃，子实体发生后在 4℃ 下以冷风短期抑制处理，可使金针菇发生整齐，菇形圆整。

(2) 湿度　金针菇菌丝生长阶段，要求培养料的含水量在 60%~68%。实践证明，根据培养料质地的不同，适当增加培养料的含水量能起到一定的增产作用。培养料水分如低于 50%，菌丝会生长稀疏、结构性不好；水分高于 75%，则通气不良、菌丝生长缓慢或停止生长。

子实体形成时培养料最适含水量为 65%，低于 50% 子实体不会形成。原基分化时空气相对湿度保持在 80%~85%；子实体发育阶段，要求较高的空气相对湿度，除依靠培养基的水分来满足菇体生长发育外，空气相对湿度应提高到 85%~95%。

(3) 空气　金针菇是好氧性真菌，必须有足够的氧供应才能正常生长，因此在菌丝体生长阶段和子实体发育阶段，要注意通风换气，保持空气新鲜。在菌丝体生长阶段，对氧的要求不严格，但在子实体形成阶段，需要有足够的氧，否则生长缓慢，菌柄纤细，不形成菌盖，长成针尖菇。金针菇的子实体对空气中的二氧化碳含量很敏感，当二氧化碳含量超过 1% 时，菌盖发育就会被抑制；超过 5% 时，便不能形成子实体。

> **提示**　适当提高二氧化碳含量至 3% 以内却会促进菌柄的伸长，而且菇的总重量会增加，菌盖生长却受到抑制，这样更能培养出高产优质的商品菇。据此特性，当金针菇的子实体从袋口长出原基时，可以适当减少通风量来增加二氧化碳浓度，从而抑制菌盖生长，促进菌柄的生长，培养出菌柄长而脆嫩、菌盖小、食用价值高的商品菇。

(4) 光线　金针菇基本上属于厌光性的菌类，菌丝在黑暗条件下生长正常，日光曝晒即会死亡。金针菇原基在黑暗条件下也能形成，菌柄在黑暗条件下也能生长。但是，光线对子实体的形成有促进作用，是子实体形成所必需的。

金针菇在较强的光线下菌柄短，菌盖开伞快，色泽深，不符合商品要求。为了得到优质商品菇，必须在暗室中栽培。

> **提示** 在光线微弱或黑暗条件下培植的金针菇，色泽变浅，呈黄白色至乳白色，同时还可以抑制菌柄基部茸毛的发生，配合适当提高二氧化碳浓度，可使菌柄伸长，菌盖小，商品价值高。

(5) 酸碱度 金针菇需要弱酸性的培养基，在 pH 为 3～8.4 范围内菌丝皆可生长。在菌丝体生长阶段，培养料的 pH 最适范围是 4～7。在一定的 pH 范围内，培养料偏碱性会延迟子实体的发生；在微酸性的培养料中，菌丝体生长旺盛。在 pH 为 5～6 时子实体产生得最多最快，培养料中的 pH 低于 3 或高于 8 时，菌丝会停止生长或不发生子实体。所以，栽培时一般是采用自然的 pH 值，但若在培养基中加入适量的磷酸根离子和硫酸镁，菌丝会生长得更旺盛。

第二节 金针菇高效栽培关键技术

 关键知识点：

人工栽培应以当地自然气温选择。南方以晚秋，北方以中秋季节接种，可以充分利用自然温度，发菌培养菌丝体。待菌丝生理成熟后，天气渐冷，气温下降，正是适合子实体生长发育的低温气候。

发霉变质的原料在使用过程中必须挑除；高温季节，拌料的时间不要过长，也不要堆料过久，否则培养料易发酸，应及时搅拌、装袋、灭菌。

金针菇具有边发菌边出菇的特性，因此在菌袋发至培养料的 2/3 时，如果市场行情较好，可排袋解口，提前出菇。

金针菇采收后的菌渣仍有很高的利用价值，其作为生产有机肥的原料完全可以达到要求。

一 栽培季节

利用自然季节栽培金针菇应安排在 9～11 月，栽培时间过早，气温高、杂菌污染率高；栽培时间过晚，气温低，发菌慢，影响产量，一般

4~5月结束出菇。

二 栽培场所

根据金针菇是低温品种且需要微弱光线的特性，可建地沟棚、大弓棚等；也可利用闲置的窑洞、塑料大棚、房屋、养鸡棚、蚕棚等，有林地条件的可建地沟棚。

三 参考配方

1）木屑70%、米糠或麦麸27%、蔗糖1%、石膏粉1.5%、石灰粉0.5%。

2）棉籽壳75%、米糠或麦麸22%、蔗糖1%、过磷酸钙1%、石膏粉1%。

3）玉米芯70%、米糠或麦麸25%、蔗糖1%、石膏粉2%、过磷酸钙1%、石灰粉1%。

4）甘蔗渣75%、米糠或麦麸20%、玉米粉3%、蔗糖1%、石膏粉1%。

注意 在配料时，注意以下4个方面：

① 不论是以棉籽壳、废棉、玉米芯、杂木屑为主料，还是以酒糟、蔗渣、谷壳等为栽培金针菇的主料，都要无霉变且应添加一定量的有机氮源物质，如米糠、麦麸、玉米粉等。

② 以酒糟、稻草、木屑、谷壳等为主料的，要对其进行一定的处理，如谷壳、稻草要进行浸泡软化处理，新鲜阔叶木屑要经过半年以上时间的日晒雨淋进行陈旧处理。

③ 培养料的水分含量均应在60%~65%，宜略偏干，但不能过干。

④ 玉米芯及豆秸需粉碎，粒度为2厘米左右。

四 装袋及灭菌

（1）装袋 培养料拌好后应立即装袋。栽培袋规格一般为17厘米×（30~33）厘米，如果用的不是成品袋，应提前把筒袋的一头扎好，使之不透气。装袋时边提袋边压实，扎口要系活扣，一般每袋可装干料0.30~0.35千克。装袋松紧适宜，过紧透气不良，影响菌丝生长；过松薄膜间有空隙，容易被杂菌污染。拌料装袋必须当天完成，以防酸败。

（2）灭菌 栽培袋装进灭菌灶后，要用猛火烧，使料温在4小时内达到100℃后稳火保持10~12小时。停火后焖8~10小时，然后卸出栽培袋，搬入棚内（冷却室或接种室）冷却。在搬运过程中要轻拿轻放，以免袋子扎孔、杂菌污染。如发现袋子破裂，要及时挑出。

五 地沟棚栽培

1. 地沟棚的建造

1）棚口上宽1.7米，底宽1.4米，下挖0.6米，上筑0.5米墙，长度一般为20米。取土筑墙时用棚内土，这样就自然形成了地沟。

2）建好地沟，插弓架，竹片3米长，间隔0.3～0.5米，然后再用细竹竿顺次将竹片连接起来（图5-2）。

3）棚顶先覆盖一层塑料薄膜，然后覆盖麦秸草或稻草，草的厚度以棚内无光线为准，然后再覆上一层薄膜以防雨雪；棚的两侧各留3～5个通风口，以备通风。棚与棚之间留好排水沟。

4）棚两头各做一个草门，草门不能透光。建好棚后，棚内基本处于黑暗状态（图5-3）。

图5-2 地沟棚的建造

图5-3 地沟棚外观

2. 消毒

在灭好菌的料袋进棚前2天，棚内需密闭进行消毒。

3. 接种

当料袋温度降至25℃以下时接种，接种前2小时需消毒，消毒前把菌种及接种工具放入棚内。

接种时一般3～4人一组，1人接种，2～3人扎口，每棚2～3组。接菌人员穿戴要干净卫生，手和工具要用75%的酒精擦拭消毒，接触菌种的工具要用酒精灯火焰灼烧冷却后使用。一般500克瓶装菌种接种25～30袋。

4. 发菌期管理

接种完毕后，在自然温度下发菌，一般棚内自然温度在 15~20℃，菌丝体生长适宜的温度为 3~34℃，最适温度在 23℃ 左右。正常情况下，30 天左右菌丝全部吃透料。若接种时间偏早、气温高，则要注意防止高温烧菌，将温度表放入袋与袋中间，若发现温度超过 28℃，应立即通风并翻袋；若接种时间晚，棚内温度低，则可采取将菌袋集中发菌，每天除去棚上麦草以利用阳光增温等措施。

5. 出菇期管理及采收

待菌丝吃透料的一半时即可排袋，4~5 天后解口，待菌丝发至料袋的 2/3 时撑口，盖上地膜并向棚内灌水，以增加湿度（图 5-4）。若棚内温度在 15℃ 以上，早晚需通风降温。正常情况下，每天早晚各通风 1 次，每次 20 分钟左右。根据金针菇的生长情况可适当增减通风时间。若菌柄细、菇盖小，为氧气不足所致，此时应适当延长通风时间；若菇盖大，菌柄短粗，要减少通风次数或不通风，直至长出适合市场需求的金针菇（图 5-5）。若温度适宜，开口后 7 天左右，袋口就会出现大量菇蕾，再过 7 天左右即可采收。金针菇子实体生长适宜的温度为 4~20℃，最适温度为 8~15℃。

图 5-4　地沟棚金针菇覆膜

图 5-5　大棚金针菇

一般在菇柄长 12~18 厘米，菇盖直径为 0.5~1.5 厘米时即可采收。金针菇生长过程中不需要喷水，只需在棚内灌水，保持棚内湿度即可。

6. 转茬管理

每采完一茬菇后，需加大通风量，向料面喷水两天，每天两次，然后倒出袋内过多的水分，并向棚内灌水，然后按正常管理，大约 10 天又会长出大批菇蕾。一般可采收 4~6 茬。

第三节 金针菇工厂化生产关键技术

关键知识点:

　　工厂化高效栽培原料的质量控制非常关键,不允许供应商在原材料中添加石灰、碳酸钙等物质;严禁原材料供应商对玉米芯进行熏蒸漂白;应与供应商签订合同,造成损失要求赔偿;严格执行原材料入库检测制度和原材料使用记录制度;建立供应商质量评价制度,以便拥有稳定的原料供应。在灭菌排气时切勿操之过急,要缓慢降低压力,以防塑料瓶盖向外膨胀或爆破。出锅后,在搬运过程中要注意保护塑料盖,勿使破裂。为了抑制原基分化以及菇蕾过早形成,培养室门窗应采取遮光措施,保持暗光条件,这样可以促进菌丝的繁殖生长,增加菌丝量。

　　近年来,金针菇工厂化生产(图5-6)在各地迅速发展,根据生产的先进程度可分为二类:一是机械化、自动化程度高,栽培条件完全可控;二是一定程度的机械化、自动化程度低,控制温度为主。目前,我国主要以第二类为主,其主要特征为:投资少(仅为前者的1/30~1/20)、见效快,且以人工管理为主要手段。

图5-6 金针菇工厂化生产

一 库房结构及制冷设备配置

　　(1) 库房结构　库房要求相对独立,各冷库排列于两侧,中间留出过道(图5-7),库门开于过道两侧,过道自然形成缓冲间,减小空气交换时外界与栽培冷库内的温差。菌丝培养库面积以60米^{2}为宜,出菇库面积以40米^{2}为宜,培养库与出菇库的数量比为2:1。

　　(2) 制冷设备配制　240米^{3}培养库,16米^{3}出菇库每库配备7.5千瓦制冷机、冷风机2台。

图5-7　金针菇工厂化生产菇房

二　主要生产设施

主要生产设施包括栽培架、锅炉、灭菌筐、常压灶、破碎机、拌料机、高压锅等。

(1) 栽培架　培养库栽培架8层，层间距40厘米；出菇库栽培架7层，层间距45厘米，第一层离地50厘米以上。

(2) 灭菌框、推车　灭菌框可装菌袋16袋，推车可装菌框10框。

(3) 常压灶、锅炉　常压灶由锅炉提供蒸汽，每灶可装菌筐250筐（即4000袋），锅炉规格在0.3吨以上为宜。

(4) 拌料机、破碎机　拌料机以每次150袋为宜，颗粒粗的培养料需预先用破碎机进行破碎。

三　制袋

栽培袋采用17.5厘米×40厘米×0.05厘米聚丙烯塑料袋，中间插入直径为2厘米的接种棒后，以套环和棉花塞封口，高压灭菌后接种。

四　接种

料温度降至30℃以下时接种，拔出接种棒，将菌种拨入孔中并盖满料面后封口，接种完成后及时搬入培养室。

五　菌丝培养、催蕾

培养室温度控制在24℃左右，暗光培养，菌丝生长后期每天适当进行通风。菌丝基本长满菌袋后进行催蕾；当培养库温度降至12~15℃时，每天适当开灯，约7天即可长出针尖菇（无菌盖），菌柄长至1～2厘米时转入抑制室管理。

六 抑制（再生法）

经14～18天的低温和光照刺激后，针尖菇可布满菌袋80%，长度3～4厘米，此时应开袋，拔去套环和棉花塞，割掉离料面1厘米以上的塑料袋膜（图5-8），移至出菇房的中间3层栽培架上。

图5-8 割袋

提示 开袋过早或过迟对再生菇的形成和品质都有较大影响：过早开袋针尖菇没有长齐，再生效果差；过迟开袋会消耗培养基内的大量养分，且在温度较高的情况下容易形成烂菇，不利于再生菇的形成。

七 出菇管理

出菇室温度控制在5～7℃，相对湿度在75%～80%。再生菇是第一批针尖菇倒伏后生长的，而针尖菇在制冷机组运转风力作用及相对较低的湿度下，开袋3天后倒伏，不具有继续生长的能力，但尚未完全枯萎，其根部在适宜条件下可分化出大量的原基，这时停止强制通风，增加湿度至85%～90%，创造有利于再生菇形成和生长的环境，可促进再生菇蕾形成。如果针状菇在袋内因透气性好已长出菌盖，则不容易倒伏生出再生菇，可人工剪去菌盖，加强通风，促进枯萎。再生菇蕾长至3～5厘米时，应及时套袋（图5-9）或套筒（图5-10），操作过早不利于培育壮苗，或抑制再生菇蕾形成；操作过迟容易导致菌盖开伞，降低商品性。

抑蕾结束后，子实体逐步进入快速生长期，应加强温、湿、氧、光等诸方面的综合管理。温度控制在 12 ~ 18℃，空气相对湿度控制在 80% ~ 90%。为了抑制菌盖生长，促进菌柄伸长，可适当提高袋内的二氧化碳浓度，一般每天通风 1 ~ 2 次，每次 20 ~ 30 分钟。光线主要是保持弱光。

图 5-9　套袋

图 5-10　套筒

八　采收

子实体长至 17 厘米左右，菌盖直径为 1 ~ 1.5 厘米时即可采收。根据市场要求进行分级包装，包装时切去菇根，用 2.5 千克装食品袋包装整齐，后装入泡沫箱中（图 5-11），移至保藏库（4 ~ 6℃）保鲜。

图 5-11　包装

九　易出现的问题

1. 出菇不整齐且量少，出菇有早有晚，大小不一

（1）主要原因　接种量过大或菌种块大；发菌温度偏低，特别是低于 15℃；菌袋膨胀。

（2）**解决方法**　接种量控制在3%左右，菌种块尺寸控制在1厘米左右；适温发菌，温度控制在20~22℃；采取搔菌措施，即当菌丝长满培养料时，用镊子和铁丝钩将表面老化的菌丝和接种块去掉，搔菌不能太重，否则会推迟出菇；将灭菌后膨胀的料袋重新装袋。

2. 产量低、品质差（商品率低）

1）当出菇室内通风不良、二氧化碳浓度过高时，便会出现子实体纤细、顶部纤细、中下部稍粗，而且东倒西歪的情况。若继续缺氧会停止生长，甚至死亡。

2）若出菇室内经常改变光线方向，则会出现子实体菌柄弯曲或扭曲，且子实体个体多，幼菇弱小且发育不良的情况。

3）子实体过早开伞，失去商品价值。造成这一情况的原因很多：温度、湿度、空气、光线管理不当和出现病虫害均会导致子实体过早开伞。

3. 不能出二茬菇或产量低，品质差

（1）**主要原因**　培养料营养及水分不足，或料面污染。

（2）**解决办法**　采收一潮菇后及时清理料面，避免污染；及时补肥，如1%葡萄糖水、煮菇水或0.3~0.5%尿素液；低价处理菌袋给菇农，让其分散出菇。

提示　要培养柄长、色正、盖小的优质金针菇，必须控制好温度、湿度、光照、二氧化碳含量这四因素之间的关系：温度控制在8~15℃；空气相对湿度控制在85%~90%；光照应为极弱光，光源位置不能改变，否则子实体会散乱；二氧化碳含量保持在0.11%~0.15%，可促使菌柄伸长，而超过1%会抑制菌盖发育，达到3%会抑制菌盖生长而不抑制菌柄生长，达到5%就不会形成子实体，一般可通过控制通风量来维持较高的二氧化碳含量。

第六章 黑 木 耳

黑木耳（*Auricularia auricula*）又称木耳、细木耳，为木耳目木耳科木耳属，是我国传统的出口农产品之一。我国地域广阔，林木资源丰富，大部分地区气候温和，雨量充沛，是世界上主要的黑木耳生产地，主要产区在黑龙江、吉林、辽宁、湖北、四川、贵州、河南、山东等地。

黑木耳质地细嫩、滑脆爽口、味美清新、营养丰富，是一种可食、可药、可补的黑色保健食品，备受世人喜爱，被称为"素中之荤、菜中之肉"。据分析，每 100 克干黑木耳中含蛋白质 10.6 克、氨基酸 11.4 克、脂肪 1.2 克、碳水化合物 65 克、纤维素 7 克，另外还有钙、磷、铁等矿物质元素和多种维生素。在灰分元素中，铁的含量比肉类高 100 倍，钙的含量是肉类的 30～70 倍，磷的含量是番茄、马铃薯的 4～7 倍，维生素 B_2 的含量是米、面和蔬菜的 10 倍。

黑木耳味甘性平，自古有"益气不饥、润肺补脑、轻身强志、活血养颜"等功效，并能防治痔疮、痢疾、高血压、血管硬化、贫血、冠心病、产后虚弱等病症，它还具有清肺、洗涤胃肠的作用，是矿山、纺织工人良好的保健食品。黑木耳多糖对癌细胞具有明显的抑制作用，并有增强人体生理活性的医疗保健功能。

> **提示** 新鲜黑木耳中含有一种化学名为"卟啉"的特殊物质。人吃了新鲜黑木耳后，经阳光照射会发生植物日光性皮炎，引起皮肤瘙痒，使皮肤暴露部分出现红肿、痒痛，产生皮疹、水疱、水肿。相比起来，干黑木耳更安全。干黑木耳是新鲜黑木耳经过曝晒处理形成的，在曝晒过程中大部分卟啉会被分解掉。食用前，干黑木耳又要用水浸泡，这会将剩余的毒素溶于水，使干黑木耳最终无毒。黑木耳用凉水（冬季可用温水）泡发，经过 3～4 小时的浸泡，水慢慢地渗透到黑木耳中，黑木耳又恢复到半透明状即为发好。这样泡发的黑木耳，不但数量增

多，而且质量好。夏季泡发黑木耳一次不可过多，泡发时间不宜过长，一般不要超过 8 小时，泡发时间过长会导致其含有的细菌远远多于原来的细菌数量；夏季温度高时，泡发时间还应该再缩短，因为夏季的气候环境更有利于细菌的繁殖和毒素的产生。

第一节 概 述

 关键知识点：

　　以袋料、全日光间歇迷雾栽培为主，多种方式共存临时覆盖才能真正发挥黑木耳的生物学潜能，实现了由东北推广至西北、华北、华东、华中、西南、华南的"北耳南扩"产业格局。采用小孔出耳法，产品呈现黑木耳固有的耳形特征，单片耳率提高至 70%。黑木耳的发展以机械化、标准化、规范化、设施化为趋势，以实现品种、基质、栽培技术配套为"良种良法"。

　　黑木耳培养料的粗料和细料比是 2∶1，培养料透气便可使出耳期不缺氧；并且装袋紧实，不易料袋分离。筋脉多的黑木耳品种比筋少、无筋的黑木耳品种抗杂性高、产量高。广大农户可根据黑木耳的生物学特性，真正认识黑木耳、理解黑木耳、尊重黑木耳、善待黑木耳，创造适合黑木耳生长的环境，从而种植出高产绿色的黑木耳产品。

一 形态特征

1. 菌丝体

　　菌丝洁白、粗壮；有气生菌丝，但短而稀疏。母种培养期间不产生色素，放置一段时间能分泌黄色至茶褐色色素，不同品种的色素的颜色和量不同；镜检有锁状联合，但不明显。

2. 子实体

　　黑木耳子实体的形状、大小、颜色随外界环境条件的变化而变化，其大小为 0.6 ~ 12 厘米，厚度为 1 ~ 2 毫米，呈红褐色，晒干后颜色更深（彩图 20）。子实体的颜色除与品种有关外，还与光线有关，因为子实体中色素的形成与转化会受到光的制约。

提示 黑木耳的子实体在新鲜时呈胶质状是它的一大特征，这种胶质物的产生有两种方式：一是通过菌丝瓦解，二是由菌丝体原生质直接分泌。黑木耳呈片状，有背腹两面，腹面（又称孕面）光滑、色深，成熟时表面密集排列着整齐的担子；背面称为不孕面，并长有许多茸毛，而茸毛的特征在木耳分类上极为重要。

二 生长发育条件

1. 营养条件

(1) 碳源 主要来源于各种有机物，如锯木屑、棉籽壳、玉米芯、稻草、巨菌草（图6-1）等。

图6-1 巨菌草

提示 木屑、玉米芯等大分子碳水化合物分解较慢，为促使接种后的菌丝体尽快恢复创伤，使其在菌丝生长初期也能充分吸收碳素，在拌料时可适当加入一些葡萄糖、蔗糖等容易吸收的碳源，作为菌丝生长初期的辅助碳源，既可促进菌丝的快速生长，又可诱导纤维素酶、半纤维素酶以及木质素酶等胞外酶的产生。但要注意，加入辅助碳源的含量不宜太高，一般糖的含量为 0.5% ~ 2%，否则可能导致质壁分离，引起细胞失水。

(2) 氮源 可利用的氮源主要有尿素、稻糠、麦麸等。碳和氮的比例一般为 20∶1，比例失调或氮源不足会影响黑木耳菌丝体的生长。

提示 若碳氮比过大，菌丝生长缓慢，则难以高产；若碳氮比过小，容易导致菌丝徒长而不易出耳。

(3) 无机盐 黑木耳生长还需要少量的钙、磷、铁、钾、镁等无机

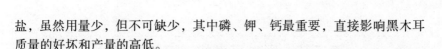

盐，虽然用量少，但不可缺少，其中磷、钾、钙最重要，直接影响黑木耳质量的好坏和产量的高低。

> **提示**　在生产中常添加石膏 1%～3%、过磷酸钙 1%～5%、生石灰 1%～2%、硫酸镁 0.5%～1%、草木灰等辅助物质以补充无机盐。

2. 环境条件

(1) 温度　黑木耳属于中温性真菌，具有耐寒怕热的特性。菌丝在 4～32℃之间均能生长，最适生长温度为 22～26℃；子实体在 15～32℃温度下能形成子实体，最适温度为 20～25℃。

> **注意**　在一定温度范围内，温度越低生长发育越慢，但健壮、生活力强，子实体色深、肉厚、产量高、质量好；反之，温度越高，生长发育越快，菌丝细弱，子实体色浅肉薄，产量低，并易产生流耳，感染杂菌。一般春秋两季温差大，气温在 10～25℃，比较适于黑木耳生长。

(2) 水分　黑木耳袋料栽培培养基含水量要求在 60%～65%；在子实体发育期，空气相对湿度要求 90%～95%；段木栽培中，木段含水量应在 35%以上。

(3) 光照　在菌丝培养阶段要求黑暗环境，光线过强容易提前现耳；子实体阶段在 400 勒以上的光照条件下，耳片呈黑色、健壮、肥厚。

> **提示**　在袋料栽培中，菌丝在黑暗中培养成熟后，从划口开始就应该给予光照刺激，以促进耳基早成。

(4) 空气　黑木耳属于好氧性真菌，在生长发育过程中需要充足的氧气。如二氧化碳积累过多，黑木耳不但生长发育受到抑制，而且易发生杂菌感染和子实体畸形，使栽培失败。

(5) 酸碱度　黑木耳菌丝体生长适宜的 pH 在 4～7 之间，其中以 pH 为 5.5～6.5 时酶活性为最强。

> **注意**　在袋料栽培中，培养基添加麦麸或米糠时，菌丝在生长发育中会产生足量有机酸使培养基酸化，这种酸化的环境非常适于霉菌生长，会导致菌袋污染率上升，需用石灰调节其 pH。另外也可从菌丝培养开始就进行抗碱性驯化，可提高菌丝对较高碱性培养基的适应能力，从而使霉菌受到抑制。

第二节　黑木耳高效栽培关键技术

⏱ **关键知识点：**

　　黑木耳养菌过程中严禁"高温伤菌"，高温伤菌后很可能全军覆灭、污染杂菌；发菌温度控制在 20～22℃（菌袋不污染杂菌可提高成功率，不容易出黄耳）；发菌期间的温度、湿度遵循"前高后低"的原则。各地可以枯草返青为时间参照，及时下地催芽，谨防下地过晚导致产量下降和病虫害肆虐。

　　菌丝长满袋就应该出耳，耳片厚不容易放射孢子"白粉"，多筋耳比无筋耳容易变黄。不要"困菌"（长满后放置一段时间，困菌易变黄耳）、冻菌（易出黄耳）。

　　黑木耳出耳期应采取干湿交替管理，要点是"干干湿湿、干湿交替、干就干透、湿就湿透、干湿分明"，气温较高时，在早晚气温为 25℃以下时浇水。耳芽软、没有弹性时要停止浇水，恢复浇水后的第一遍、第二遍水要少浇，让耳芽膨胀、堵上芽眼后再正常浇水，以防烂耳。

一　季节选择

　　黑木耳是一种中温型菌类，适于在春、夏、秋季栽培。在我国东北地区，全日光栽培一般分为春耳、秋耳和伏耳。春耳于 12 月至来年 1 月进行菌种培养，2 月菌种长好后，后熟 15～20 天，3 月初接种到栽培袋，4月中旬长满菌袋，经过后熟于 5 月初露地摆袋、开口催芽，6 月中旬采收第一潮木耳，以后每 15 天采一潮，共计采 3 潮；秋耳 4 月中旬制作菌种，6 月中旬接种到栽培袋，8 月初下地开口催芽，9 月下旬开始采收；伏耳介于春耳与秋耳之间，采收季节主要在高温高湿的伏季。秋耳质量最好，伏耳最差，春耳介于两者之间。其他地区一般采取"冬养菌、春出耳"的栽培模式。

　　在我国大部分地区，1 年可生产 2～3 批。一般春季 2～3 月生产栽培袋，4～5 月出耳，秋栽 8～9 月生产栽培袋，10～11 月出耳。由于我国南北方温度差异较大，因此各地必须根据当地气温选择黑木耳的适宜栽培季节。

二 栽培场所

可利用闲置的房屋、棚舍、山洞、窑洞、房屋夹道或塑料大棚，或在林荫地、甘蔗地挂袋出耳。要求周围环境清洁，光线充足，通风良好，保温保湿性能好，以满足黑木耳出耳期间对温度、湿度、空气和光照等环境条件的要求。

> **提示** 耳场不要选在石角坡上或山顶上，更不能选在浸水窝里，一定要做好防洪准备，以免产生重大损失（图6-2）。

1. 大田

整畦作床，挖宽1~1.5米、深20厘米、长度不限的浅地畦，畦间留0.6~0.8米宽的走道，摆袋出耳（图6-3）。

图6-2 黑木耳菌袋被水冲泡场景

图6-3 大田生产黑木耳

2. 林地

在成片林地内出耳，其空气新鲜、光照充足、通风良好，接近野生黑木耳生长的自然条件，产出的黑木耳耳片厚，颜色深，品质好，不易受霉菌浸染（图6-4）。

3. 阳畦

阳畦适用于在春季气温低、空气干燥时出耳（图6-5）。选择向阳、背风、地势高且平坦的地方，以坐北朝南的朝向建造地下式阳畦，畦深30~40厘米，宽1米，长3~5米。畦面用竹片搭弓形棚架，畦底至棚顶高度为60厘米，棚顶拉4行铁丝挂袋，棚上覆盖塑料薄膜保湿，塑料薄膜外面盖草帘遮阴。

> **提示** 畦框要坚实，框壁要铲平，防止塌陷。畦底要夯实，框壁最好抹上一薄层麦秸泥。

图6-4　林地生产黑木耳

图6-5　阳畦生产黑木耳

4. 其他场地

黑木耳还可在简易小拱棚、大棚、简易耳棚、光伏温室、双屋面光伏温室内栽培。

三　原材料准备及质量标准

1. 主要原料

（1）木屑　木屑以柞树、曲柳、榆树、桦树、椴树等硬杂木的屑为好，杨树木屑次之，要求无杂质、无霉变、以阔叶硬杂树为主。如果木屑过细，可适当添加农作物秸秆（粉碎）来调解粗细度。以颗粒状木屑80%加细木屑20%为宜。

> **提示**　新鲜木屑不易灭菌彻底，易造成隐性污染，同时可能含有影响黑木耳菌丝生长的活性物质，所以建议木屑放置1~2个月后再使用。

（2）农副产品　玉米芯、豆秸、巨菌草等也可替代木屑用于黑木耳的生产；玉米芯最好用当年的，添加量一般不高于培养料总量的30%。

2. 辅助原料

（1）麦麸、米糠　这是黑木耳栽培中的主要氮源，是最主要的辅料。要求新鲜无霉变，麦麸以大片的为好。

> **提示**　一般好的一麻袋米糠重60~75千克，否则就是里面掺杂了稻壳，购买时一定要注意鉴别。如果原料中杂物太多，会出现菌丝生长细弱无力、缓慢，生长期延长，划口后子实体迟迟不能形成等情况，导致耳芽形成后也很难长大。

（2）豆粉、豆粕 两者也是黑木耳栽培中氮源的主要提供者，可代替部分麦麸和米糠使用，添加量一般为2%～3%。

注意 豆粉、豆粕的粒度要尽量小，这样拌料时才能均匀一致。

（3）石灰、石膏 这是黑木耳栽培中钙离子的主要提供者，也是调节培养料酸碱度、维持酸碱平衡的调节剂，添加量一般为1%。

提示 石灰的添加量要依据原料的不同而适当调整，如利用木糖醇渣、中药渣等原料栽培时，要加大石灰的使用量，使培养料的pH在8.5～9.0。

3. 其他

（1）菌种 黑木耳菌种鉴定应从以下几个方面入手：

1）看菌丝。正在生长或已长好的菌丝洁白，短、密、粗、齐，全瓶（袋）发育均匀，上下一致（图6-6）。

2）看松紧度。菌种应该松紧适度，菌丝长满后不脱离袋（瓶）壁，在常温环境中上部空间有少量水珠；木屑菌种呈块状，不松散。

3）看水分。长满菌丝的菌种重量适宜，底部没有积水现象。

4）看颜色。凡菌丝出现红、黄、绿、黑、青等各种颜色，瓶（袋）壁会出现不同的菌丝组成大小分割区，并有明显的拮抗线（图6-7）；瓶（袋）内散发出酸、臭等异味，也是杂菌污染的表现，应立即淘汰。

5）看封口。封口无破损，棉塞（套环）不松动、不脱落、不污染。

（2）塑料袋 为保护生态环境，现在生产黑木耳一般用木屑、棉籽壳等原料袋式栽培。每个袋子重量在4克以上为好，太薄装袋灭菌后容易变形。

图6-6 黑木耳菌种

图6-7 不同菌种的拮抗线

四 参考配方

1）硬杂木屑 86.5%，麦麸 10%，豆饼粉 2%，生石灰 0.5%，石膏粉 1%。

2）硬杂木屑 64%，玉米芯 20%，麦麸 12%，豆饼粉 2%，石膏粉 1%，生石灰 1%（pH 调至 8~9 为准）。

3）玉米芯 48.5%，锯木屑 38%，麦麸 10%，豆饼粉 2%，生石灰 0.5%，石膏粉 1%。

4）豆秸 72%，玉米芯或锯木屑 17%，麦麸 10%，生石灰 0.5%，石膏粉 0.5%。

5）甘蔗渣 61%，木屑 20%，麦麸 15%，黄豆粉 3%，石膏粉 0.5%，生石灰 0.5%。

注意

① 配方中千万不要加入尿素和多菌灵，不仅不符合无公害栽培要求，也不利于黑木耳生长。

② 配方中麦麸含量不超过 15%，不能加入蔗糖，否则菌袋易感染霉菌。

五 拌料

木屑过筛，筛除掉较大的木块，可有效防治破袋的情况发生。拌料前，先将麦麸、石膏、石灰称好后放在一起，先干拌两遍，然后再放入木屑中搅拌 2 遍。将拌料水与木屑等原料混合翻拌 2 遍，要保证混拌均匀。后 2 遍翻拌时要注意调整混合料的水分，保证含水率在 62%~63% 之间，通过加生石灰调整 pH 在 6.0~7.0。含水量的鉴定方法是"手握成团、触之即散"。水分过大，菌丝不易长到底，容易发生黑曲霉蔓延；水分过小，菌丝生长速度慢，菌丝细弱，产量较低。由于原材料购买地不同，各地的木屑含水量也不一样，所以拌料时要灵活掌握。

拌料可以人工拌料，也可机械拌料。

提示 拌料要干拌均匀、湿拌均匀、含水量适宜、当天拌料当天用完。一般拌料机械的容量越大，拌料越匀。

六 菌袋制作

培养料拌匀后应及时装袋灭菌，不可堆放过夜，以免引起杂菌滋生增加灭菌难度，同时杂菌滋生可能产生有毒有害物质影响黑木耳菌丝生长。北方在冬季生产时，木屑、麦麸等原料可能会结冰从而造成含水量过高，可在培养料配制前单独放在室内过夜，待冰块融化后再混合配制。

栽培袋使用聚乙烯塑料袋，北方一般选用17厘米×（35～38）厘米的栽培袋，南方一般选用25厘米×55厘米的栽培袋。

1. 装袋

（1）装袋前的准备

1）塑料袋质量的检测。装袋前要检查塑料袋是否漏气，是否在运输途中已破损，破损漏气的不能用。装袋成功率、养菌期杂菌率及袋能否和料紧贴都与塑料袋的质量有关，要选用在高温环境中不变形、不收缩的低压聚乙烯折角塑料袋。

2）装袋工具。装袋目前分机械和手工两种方法。机械装袋用装袋机（图6-8、图6-9、图6-10），手工装袋要备好装袋用的工具（接种棒）和无棉盖体。

图6-8　立式打孔装袋机

图6-9　卧式打孔装袋机

3）装袋室的温度。装袋室的温度过低，塑料袋受冻变脆，易折裂造成破损和漏气，因此装袋室温度不应低于18℃。装袋前，可将袋在其他温度高的地方预热一下。千万不要将袋放在室外气温低的仓库里，否则生产时移到室内并在较短的时间内使用，袋脆易折裂，破损率高。

4）装袋场地和贮放工具检查。要在光滑干净的水泥地面上进行装袋。贮放工具应是可以直接放入灭菌锅的灭菌筐。灭菌筐分为塑料筐（图6-11）和钢筋铁筐，规格为长44厘米×宽33厘米×高22厘米，每筐放12袋。

图 6-10　拌料装袋流水线

图 6-11　塑料筐

（2）装袋方法

1）手工装袋。把塑料袋口张开，袋底平展，把培养料塞进袋内。料装至 1/3 处，把袋料提起，在地面小心振动几下，让料落实，将袋底四周压实，再装料至袋高的 2/3，然后双手捧住料袋，将料压紧，达到"四周紧、中间松"的程度。装袋要求上下松紧度一致，菌袋装料时以不变形、袋面无皱褶、光滑为标准，培养料要紧贴袋壁，不可留缝隙。装袋完后用小木棍在料中央自上而下打一个圆洞，圆洞长度为 3/5 ~ 4/5 培养料高度。打孔可增加透气性，有利于菌丝沿着洞穴向下蔓延，也便于固定菌种块，不至于因移动而影响成活；也可直接在袋内插入接种棒一起灭菌，接种时拔出。

图 6-12　黑木耳装袋窝口一体机

2）机械装袋。大规模生产装袋机与窝口机（图 6-12）同时使用，不但速度快，还可提高装袋质量，用薄袋生产的菌袋可使用卧式防爆装袋机，菌袋装得紧实又不至于破裂。装袋时培养料上下松紧一致，料装过少时剩余过长的塑料袋窝口时易曲折将培养料封死，接种后菌种接触不到培养料，造成菌种干涸而死，影响成品率。

> **提示**　当天装的菌袋当天灭菌，培养料的配量与灭菌设备的装量相衔接，做到当日配料、当日装完、当日灭菌，不能放置过夜，以免滋生杂菌。如果当天不能灭菌，应放置在阴凉通风处。

2. 封口

　　黑木耳栽培袋的封口方式多种多样，可用套颈圈、棉塞、无棉盖体等封口。目前多用接种棒及海绵（图6-13）的封口方式，该方式接种速度快，接种量大，菌丝定植快，生长均匀，菌龄一致。

　　接种棒有木质和塑料两种，塑料接种棒是空心的（图6-14），灭菌时袋中心易升温，与木质棒相比能缩短灭菌时间；塑料接种棒灭菌时不吸潮，灭菌后菌袋干爽，能够减少接种时的污染机会；塑料接种棒便于存放，还可配套无棉盖体使用。

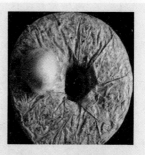

图6-13　海绵封口

　　将封好的菌袋放进搬运筐搬运，菌袋倒立摆放可避免袋口存水。目前也有了大盖的接种棒（图6-15），可免去翻袋的麻烦。

图6-14　塑料接种棒

图6-15　大盖接种棒（左）

七　灭菌

　　栽培袋可放入专用筐内，以免灭菌时栽培袋相互堆积，造成灭菌不彻底。然后要及时灭菌，不能放置过夜，灭菌可采用高压蒸汽灭菌或常压蒸汽灭菌。

1. 高压蒸汽灭菌法

　　高压蒸汽灭菌法是利用高压蒸汽锅产生的高温高压蒸汽进行灭菌的方法，是一种最有效的灭菌方法。高压蒸汽灭菌要在128℃、压力1.0～1.4兆帕下保持2.5小时。

注意 高压灭菌过程中应注意以下几点：

① 高压锅在使用前应先检查压力表、放气阀、胶圈是否正常，将锅门封严，并将所有的螺钉对角拧紧，然后通气升温。

② 灭菌锅内冷空气必须排尽。若灭菌锅内留有冷空气，当灭菌锅密闭加热时会造成锅内压力与温度不一致，产生假性蒸汽压，锅内温度低于蒸汽压表显示的相应温度，致使灭菌不能彻底。

在开始加热灭菌时，先关闭排气阀，当压力升到 0.5 兆帕时，打开排气阀，排出冷空气，让压力降到零；直至大量蒸汽排出时，再关闭排气阀升压到 1.2 兆帕，保持 2.5 小时。

③ 灭菌锅内栽培袋的摆放不要过于紧密，以保证蒸汽通畅，防止形成温度"死角"，无法彻底灭菌。

④ 灭菌结束应自然冷却。当压力降至 0.5 兆帕左右时，再打开排气阀放气，以免在减压过程中袋内外骤然产生压力差，把塑料袋弄破。

⑤ 防止棉塞打湿。灭菌时，棉塞上应盖上耐高温塑料，以免锅盖下面的冷凝水流到棉塞上。灭菌结束时，让锅内的余温烘烤一段时间再取出来。

2. 常压蒸汽灭菌

一般灭菌温度控制在 100～102℃，灭菌时间为 8～10 小时，也可根据培养料状态、培养料数量、批次、灭菌规模等因素适当延长灭菌时间。

(1) 常压灭菌锅 现在常压灭菌锅一般由蒸汽产生装置（图 6-16）和灭菌池或灭菌仓（图 6-17）组成，要求锅体内壁光滑，不要有蒸汽难以到达和流通的死角，以达到灭菌温度均一。拱形顶可使水沿锅壁下落，防止冷凝水直接下滴打湿棉塞，下设排气口以便于充分排净冷空气。蒸汽发生装置设加水口，便于灭菌过程中水分的补充。补水时应添加热水，且一次添加量不宜过多，以防造成灭菌锅内蒸汽供应的骤减。

图 6-16 蒸汽产生装置

图 6-17 灭菌仓

（2）常压锅灭菌过程 常压灭菌的原则是"攻头、保尾、控中间"，即在3~4小时内使锅中下部温度上升至100℃，然后维持6~8小时；停止供气，焖锅1~2小时，然后慢慢敞开塑料布，把灭菌后的栽培袋搬到冷却室内或接种室内，晾干料袋表面的水分，待袋内温度下降到30℃时接种。

> **注意** 常压灭菌在100℃下维持6~8小时，微生物就会全部杀死，灭菌时间延长虽然可提高灭菌成功率，但培养基中的维生素等营养成分会被破坏，导致成本提高；常压灭菌达到时间后，不能长时间焖锅，因为大量水蒸气会落到无棉盖体上，出锅时无棉盖体潮湿，易产生杂菌。

（3）灭菌效果的检查方法

1）灭菌彻底的培养基有特殊的清香味。

2）颜色变成深褐色。

（4）常压灭菌的注意事项

1）水的热导性能比棉籽壳、木屑、谷粒等固体培养基要强得多，因此配制培养基时一定要注意原料预湿均匀，含水量适中，并使其充分吸透水，这样有利于灭菌过程中的热量传递，可提高灭菌效率和质量。如果水分渗透不均匀，甚至培养基中夹杂有未浸水的"干料"，灭菌时蒸汽就不易穿透干燥处，达不到彻底灭菌的目的。

2）长时间灭菌时，营养成分会发生改变，一些营养物质还可能在长期的高温作用下分解，因此掌握培养料的合理配比和适度的灭菌时间很重要，既能有效杀灭杂菌，又能降低养分的过度降解。

3）原料中微生物基数不同，所需灭菌时长也不一样，基数越高，灭菌时间应越长。放置过久的陈旧原料因微生物存在时间长、基数大，所以灭菌时间应比新鲜原料长一些。另外，配制好的原料应及时灭菌，以免放置过久导致微生物大量繁殖。

4）灭菌升温至100℃的过程一般不能超过4小时，以防长期温度过高但又未达到灭菌温度，导致培养基中杂菌生长。长时间烧不开锅，锅内温度偏低，均会导致杂菌滋生，而滋生的杂菌所产生的代谢产物会使培养料酸败，不利于黑木耳菌丝存活，影响菌丝生长。

5）灭菌过程中，冷气的排放时间过短会使锅内死角处易残留冷空气，时间过长则会造成燃料浪费。可采用间歇排气方式，即温度达到100℃后排放冷空气5~7分钟，关闭放气口3~5分钟后，再缓慢打开放气口放气，反复2~3次，彻底排净锅内冷空气。这种暂时性关闭气口的方法可使锅内气体重新分配，从而促进冷空气下移，便于冷空气排出。

6）要防止烧干锅，在灭菌前锅内要加足水。在灭菌过程中，如果锅内水量不足，要及时从注水口注水。必须加热水，以保证原锅的温度；最好搭一个连体灶，谨防烧干锅。

7）为防止中途降温，中途不得停火，如果锅内的温度达不到100℃，在规定的时间内就达不到灭菌的目的。

八　冷却、接种

1. 冷却

黑木耳菌丝耐低温、不耐高温，因此灭菌完毕后不能马上接种，必须在料温降到30℃以下时才可接种，以免接种时烫伤或烫死菌丝。为达到冷却效果，提高接种的安全性，可在接种室外面设一个专门的冷却间，要求其内通风、洁净，面积视每次灭菌量而定。可将菌袋从灭菌锅中拿出后，在专门的冷却间中冷却，冷却至菌袋温度在28℃左右时接种。

> **注意** 也可以在消过毒的接种室或培养室里冷却。冷却室不应用化学药物熏蒸来达到无菌效果，因为按照标准化绿色生产、无公害生产要求，用药就有可能造成农药残留。冷却室可用紫外线灯或臭氧机灭菌。臭氧灭菌速度快，可以快速杀灭各种细菌、真菌。臭氧极不稳定，可自行分解成氧，不产生任何残留。

2. 接种

（1）接种场所

1）接种室。接种室要求背风、干燥、内壁光滑、易于清理消毒、温度可调、保温性能好。外设缓冲间，供工作人员换衣、穿戴鞋帽及洗手等。缓冲间和接种室的门均要用推拉门，以减少气流流动，接种室和缓冲间都要安装紫外线灯和照明灯。接种室内设普通接种操作台，台面高80厘米，宽70~80厘米，长度不限。接种室使用药物消毒，并用紫外线灯照射30分钟灭菌（图6-18）。

2）接种箱、超净工作台。生产规模较小时可使用接种箱或超净工作台。接种箱使用前一般要用药物消毒或经紫外线灯照射进行空气消毒；在生产中也可自制简易接种箱（图6-19）。超净工作台可以在局部营造高洁净度的工作空间，操作方便，但接种量较少，且价格昂贵，一般适用于科研领域。

图 6-18　接种车间

图 6-19　简易接种箱

（2）无菌接种　操作环境的洁净程度对接种的成功至关重要，是顺利接种的基本条件和保障。环境维护包括室内和室外。室外环境维护包括绿化减尘、防风防雨、定期清扫、灭虫和消毒；室内环境维护包括建筑物内经常性清扫、清洁、擦洗、消毒、除湿、污染物处理等。

1）接种前的准备。接种室（箱）应清扫、擦拭干净，可用 1%～2%来苏儿或苯酚溶液周密喷洒 1 遍，然后放入接种工具，并打开紫外线灯照射 0.5 小时，灭菌后 30 分钟使用；也可用 5% 甲醛溶液 + 1% 高锰酸钾进行熏蒸。

小窍门　接种前，接种用具要准备齐全，包括酒精灯、消毒瓶、酒精棉球、接种钩（铲、剪）、打火机、橡胶圈、记号笔等。要特别注意检查酒精灯和消毒瓶内酒精是否足量。操作人员要求着装整洁，最好有专门用于接种的衣服，防止身上的灰尘对接种造成影响；接种时，操作人员必须戴口罩和帽子，口、鼻的气息流动是造成污染的一个重要原因，戴口罩操作可有效减少污染。接种前要对接种环境进行空气降尘，可将清水或来苏儿装于塑料喷壶内，向空中喷雾降尘。在接种前对接种室进行消毒的过程中，应将菌种、待接菌袋和接种工具一起放入消毒。

2）无菌接种。无菌接种操作应注意酒精灯的正确使用。无菌操作都应在酒精灯火焰周围 2 厘米范围内快速完成。使用的酒精要求质量好、纯度高；酒精灯火焰要大；当使用接种箱接种时，应在接种箱上留 1～2 个可虑菌的通气孔，防止火焰长时间燃烧缺氧致使酒精灯自行熄灭。

接种时要严格按照无菌操作进行。接种量以全部封住栽培袋口的料面为度。接完种后把袋口盖紧，搬入培养室内进行养菌。

九　菌袋培养

培养室的环境要干燥、通风良好、周围洁净（图6-20）。在进袋前，应在培养室墙壁上及内部床架上粉刷生石灰，还应将地面清理干净。在进菌袋前还应进行一次彻底的消毒，一般关闭门窗熏蒸48小时，再通风空置48小时。如果培养室较潮，可用硫黄熏蒸。

接种后的菌袋进入培养室以后不能再用消毒药物进行熏蒸，日常可用3%的石炭酸或来苏儿溶液进行空气消毒。在室内多点设置温湿度计，并遮蔽光线使培养室处于黑暗条件下，以免光线刺激过早形成子实体。培养室湿度要保持在60%～70%，不得大于70%，否则容易产生杂菌，原则是"宁干勿湿"。

1. 菌袋培养方式

各地应根据当地自然气温达到10℃左右开始出耳，往前推30～40天养菌结束。养菌方式可分为室内养菌、室外养菌、工厂养菌等。

（1）冬季室内养菌　普通培养室应具备增温、保温、升温（有暖气、火炉等）、保湿、通风（风扇）等条件，用木材或钢材建养菌架，每层高40～45厘米（图6-21）。培养室在菌袋放入前应消毒处理，墙壁刷石灰消毒，地面清理干净，窗户用帘子遮挡光线，使培养室处于完全黑暗的条件下，避免光线射入抑制菌丝的生长或过早形成子实体。

图6-20　菌袋大棚培养

图6-21　室内养菌

室内挂干湿温度计，用以测定室内的空气温度和空气相对湿度。菌丝吃料1/3后，应及时通风，并把以前紧挨着摆放的菌袋拉开1厘米左右的距离，温度不超过25℃。因为袋内的菌丝生长，袋内和室内二氧化碳浓度的增加，袋内的温度往往比养菌室要高上几摄氏度，这叫"基内外温度差"。如果摸着菌袋感觉比手都热，就说明袋内温度已经超过了36℃，会出现"烧菌"现象。在这种超温环境下培养出的菌丝即便不死也会受伤，不等划口出耳，菌丝就会收缩发软吐黄水，不会长子实体，因此一定要引起高度重视。

注意 菌丝培养期间，有的菇农每3~5天就要喷1次药来消毒，这是不正确的。因为只要灭菌彻底、无菌接种、菌袋不破，一般是不会长杂菌的。反复用药只会杀伤菌丝，提高生产成本，也不符合无公害生产的要求。

（2）室外养菌 室外养菌首先考虑何时出耳，以及出耳时的温度是否适宜。一般春季出耳应在室内或室外搭棚养菌，气温回升后再将菌袋移到室外出耳。

室外养菌时间的安排很重要，在暑期伏天气温较低的东北地区，可考虑春天室外养菌。养菌时间的确定要考虑出耳时的温度，定好出耳时间后，往前推40~60天进行养菌。

提示 用于秋季出耳的养菌既可在室内也可在室外，但在室外要建好遮阴棚，以保证高温天气时棚内不超过28℃。春季室外养菌要采取盖塑料布的方式，或在塑料大棚内养菌，以提高温度，缩短养菌的时间。

1）场地。选择不积水、通风良好、清洁的位置，春季可选择向阳、光照好的地方，以利于增温；暑期可选择遮阴、通风的位置，或人工搭遮阴棚，以防高温。

2）做床。养菌床可直接用作出耳床。可选南北方向或顺坡方向，以利于排水。床的长度根据地形地势确定，宽度为1~1.5米，床与床之间的作业道宽50~60厘米，床比作业道高8~10厘米，以利于排水。

3）备草帘。根据床的宽度并结合出耳要求来决定草帘的宽度和长度。草帘要编得紧密，以起到遮阴、保湿作用。

4）垛袋。如果室外天气冷，已接种的菌袋应当在袋萌发定植后再挪到室外养菌。菌袋卧摆在床面上，顺着床的方向摆袋，袋可垛放成5层，两排墙之间留10厘米的距离，以利于通风换气，每亩（1亩≈667米²）可摆40000~60000袋。

提示 摆完袋后盖上草帘，草帘两边直接触地，彻底遮住光线。气温低时盖上塑料薄膜，若气温达到20℃或以上，则不用罩塑料布。为防止大风刮破塑料薄膜，塑料布的边缘要用土压严，上面用木板或砖块等重物压上。这一阶段往往外界气温较低，同时又是菌丝初长阶段，因此要注意提高温度。一般来说，在菌丝生长阶段的前15天，袋内的氧气能够满足菌丝生长的需要，不必大规模通风。床内应放温度计，定点定位检查，做好记录。室外养菌还要注意鼠害。

(3) 标准化培养室（厂）养菌 标准化养菌，要建造标准化培养室，培养室应建有温度、通风调控设施。为了搬运和检测菌种方便，可采用长44厘米、宽33厘米、高22厘米的塑料筐或钢筋筐盛放菌袋。接完种的菌袋先直接放入筐中，然后整筐移入培养室，垛放10～12层，减少杂菌感染的机会。筐能保护菌袋，更利于菌丝的生长（图6-22）。

标准化培养室温度控制应由高到低，第一周控制在26～28℃，第二周和第三周控制在22～26℃，第四周控制在18～22℃，存储时应控制在5℃左右。

图6-22 工厂化集中养菌

2. 菌袋培养总体要求

(1) 前期防低温 养菌初期的5～7天要保持培养室内温度为25～28℃，空气相对湿度在45%～60%。在菌袋上面长满菌丝前应小规模通风，促进菌丝定植吃料以占据绝对优势，使杂菌无法侵入。

(2) 中、后期防高温 当菌丝长到栽培袋的1/3时，要控制室温处于18～28℃。最高温度和最低温度测量以上数第二层和最下层为准，上下温差大时，要用换气扇通风降温。

(3) 适时通风 为保证发育过程中的空气清新，每次可以小规模通风20分钟左右。

(4) 避光养菌 防止提早出现耳基。在室内养菌40～50天后，当菌丝长到袋的4/5时，可以拿到室外准备出耳，同时创造低温条件（15～20℃）。菌丝在低温和光线刺激下，很易形成耳基。

注意 在灭菌、接种、养菌的过程中应注意，不能拎栽培袋的颈圈，因为一拎颈圈封口会变形，这时外界未经消毒灭菌的空气就会进入袋内，这样栽培袋就会感染杂菌。正确的操作方法是用手托住菌袋进行移动、接种或检查。

在养菌过程中，应及时挑出有杂菌污染的栽培袋，移到室外气温低、通风的地方放置，遮阴培养。春季养菌时，被发现的污染袋要放在房后阴凉、通风、干燥、闭光、清洁处隔离培养，黑木耳菌可以吃掉杂菌。若袋内培养料已变臭或感染了链孢霉，应深埋处理（彩图21），以免造成交叉感染。夏季养菌时，对发现的污染袋要再次灭菌后接种，以减少损失。

在温度控制过程中应充分考虑培养室不同空间位置的温度差异，可安装换气扇使整个培养室的温度均匀。同时应考虑室温和培养料内部温度的差异，应以培养料的内部温度作为控制参数。

3. 养菌过程中的截料现象及其预防

截料现象是指在培养过程中，菌丝长至培养基中部或中下部，而不再向下生长，其原因和预防方法如下。

（1）培养料灭菌不彻底 如果病原微生物，特别是细菌，没有被彻底杀灭，那么在接入菌种后，虽然初期不会影响黑木耳菌丝的正常萌发、吃料，但随着时间的延长，未被杀死的杂菌会开始大量繁殖，当黑木耳菌丝和大量繁殖的杂菌相遇时，菌丝就会停止生长，并在相遇的地方形成一道拮抗线。此时打破菌袋，未生长黑木耳菌丝的培养料会有一种酸臭的味道。

（2）菌丝培养温度过高 在黑木耳菌丝生长期间，若所处环境温度过高，就会造成菌丝生长缓慢，直至停止生长，在菌丝停止生长的地方会有一道黄印，打破菌袋，未生长菌丝的培养料味道正常。此时如降低培养温度，经过 1~2 天，菌丝便可重新恢复生长。

（3）通风不良 黑木耳是好氧型真菌，因此在养菌的过程中，需要有充足的氧气供应。如果培养期间菌袋摆放过密，当如果菌丝生长的生物量增多、通风不及时，就会造成氧气供应不足，菌丝生长缓慢，直至停止。此时加强通风、调整培养密度，菌丝可重新恢复生长。

（4）培养基含水量过高 培养基含水量应在65%~70%，当含水量偏大时，菌袋底部的水分含量会更高。当菌丝长到水分偏多的培养料部位时，生长就会缓慢，菌丝也会偏弱。

十 出耳管理

1. 搭设好耳床或耳棚

耳床的制作可根据地势和降雨量做成地上床或地下床,以地面平床(图6-23)形式较好。做好耳床后,床面要慢慢地浇重水1次,使床面吃足、吃透水分,再用500倍甲基托布津溶液喷洒消毒,同时将准备盖袋用的草帘子也用甲基托布津药液浸泡,然后拎出控干水分(图6-24)。在移入栽培袋前,也要对耳棚的地面(地面铺层煤渣和石灰最好)和草帘子等进行消毒。

图 6-23　地面平床

图 6-24　草帘浸泡、控干

提示 可在畦面铺带孔的地膜(图6-25),以免浇水、下雨、揭帘时耳片溅上泥沙。

图 6-25　带孔地膜

图 6-26　划 "V" 形口模具

在林地做耳床时,要对树林周围和地面进行杂草清除、杀虫、消毒处理,以免划口后害虫滋生,严重时甚至会造成绝产。

2. 催芽管理

(1) 菌袋划口

1）划"V"形口。用事先消毒好的刀片或模具（图6-26）在栽培袋上划"V"形口，"V"形口角度是45~60度，角的斜线长2~2.5厘米。斜线过长，培养基裸露面积大，外界水分更易深入袋内，给杂菌感染提供机会；斜线过短则易造成穴口小、子实体生长受到抑制，使产量降低。划口深浅是出耳早晚和耳根大小的关键。划口刺破培养料的深度一般为0.5~0.8厘米，有利于菌丝扭结形成原基。划口过浅，子实体长的朵小，袋内菌丝营养输送效率低，子实体生长缓慢。而且，耳根浅、子实体容易过早脱落；划口过深，子实体形成较晚，耳根过粗，延长原基形成时间。

规格为17厘米×33厘米的菌袋可以划口2~3层，每个袋划8~12个口，分3排，每排4个，呈品字形排列（图6-27）。划口时应注意以下几个部位不要划口：

① 没有木耳菌丝部位不划。

② 袋料分离严重处不划。

③ 菌丝细弱处不划。

④ 原基过多处不划。

> **提示** 划"V"形口的菌袋一般出菊花型木耳。

2）划"一"字形口。用灭过菌的刀片在袋的四周均匀地割6~8条"一"字形口（图6-28），以满足黑木耳对氧和水分的要求，有效地促进耳芽形成。"一"字形口宽0.2厘米、长5厘米，出耳口宜窄不宜宽。在湿度适宜的情况下，过宽的出耳口容易发生原基分化过多，造成出耳密度

图6-27 划"V"形口呈品字形排列

图6-28 划"一"字形口

大，耳片分化慢且大小不整齐，整朵采摘影响产量质量，如"采大留小"容易引起污染和烂耳。开口窄一些，不仅能保住料面湿度，还可在口间形成1行小耳，出耳密度适宜，耳片分化快。当耳片逐步展开向外延伸时，正好可以把"一"字形口的两侧塑料边压住，喷水时袋料之间不会积水，防止出耳期间的污染和烂耳发生，增加出耳次数，提高黑木耳的产量和质量。

> **提示** 划"一"字形出耳口的菌袋一般出单片黑木耳。

> **注意** 划"一"字形口，要选用原材料优质、袋薄且拉力强的聚乙烯菌袋，这样菌袋与菌丝亲和力好，袋料不易分离，可降低由袋料分离引起的乱现蕾、杂菌污染和病害发生，提高产量。菌袋拉力强，培养料才能装得紧，菌袋才不易破损。

3）割口。可采用专用的木耳菌袋小口打眼器进行打眼，打眼器规格一般为（18~19）个×（11~12）个，一般每袋打220个钉子眼。打眼器也有手动和自动（图6-29）之分。

> **提示** 不同的开口方式、开口数量及开口深度出的耳性状不同，具体见表6-1和表6-2。

表6-1　不同开口数量对黑木耳产量和性状的影响

开口个数/个	形　状	耳基大小	总产量/(克/袋)
12个"V"	散朵状	大	48.3
12个"\"	散朵状	大	51.4
120	片状	小	46.1
245	片状	小	50.3

注：采用小孔出耳比"V"形、"\"形出耳时间晚3~5天。

表6-2　120个口不同开口深度对黑木耳产量和耳基萌发的影响

开口深度/厘米	耳基萌发/天	总产量/(克/袋)
0.5	10	46.8
0.7	12	47.2

图 6-29　自动打眼器

图 6-30　室外集中催芽

（2）催芽方式　根据不同的气候条件，选择不同的催芽方式。

1）室外集中催芽。在气候干燥、气温低、风沙大的春季栽培黑木耳时，为使原基迅速形成，应采取室外集中催耳的方法，待耳芽形成之后再分床进行出耳管理。

做床前，应将周围污染源清理干净或远离污染源，要求床面平整，床长、宽因地制宜，去除杂草。一般床面宽为 1.2～1.5 米，床长不限，床高15～20 厘米，作业道宽 50 厘米左右。摆袋之前浇透水，然后在床面撒石灰或喷 500 倍甲基托布津稀释液。催芽时，床面上可以暂时不用铺塑料膜，直接将菌袋置于菌床上面，利用地面的潮度促进耳芽的形成（图 6-30）。

划口后，把菌袋集中摆放在菌床上，间隔 2～3 厘米，摆放一床空一床，以便催芽环节完成后分床摆放。盖上草帘；如果气温低，可先覆盖一层塑料薄膜，上面再盖草帘。地面、草帘的湿度可用于保持环境湿度；依靠草帘和塑料薄膜保温，可保证划口处菌丝不易干枯，尽快愈合扭结原基。在室外集中催芽的过程中，耳芽形成的条件及管理要点如下。

① 湿度。原基形成期需空气相对湿度 80% 以上，划口处一经风干后，再形成原基的能力较差。因此在原基形成期摆袋后要保持出耳床床面和草帘湿润，地面与草帘之间的空气相对湿度即可满足需要。保持床内的湿度要少喷水、勤喷水，一般用喷水带喷水每次不超过 5 分钟，每天喷 4～6遍，达到草帘的水分湿而不滴为宜（图 6-31）。在湿度较高的情况下，要将塑料薄膜掀开，在傍晚时再重新盖好。

② 温度。黑木耳出耳时适宜的温度范围是 10～25℃，原基形成和分化适宜的温度为 15～25℃，如耳床内长期处于 15℃ 以下温度，菌丝活力较差，原基形成自然缓慢。如遇温度偏低时，可罩大棚膜，利用光照增温（图 6-32），但要注意定时通风。要严格控制菌床内的温度不能过高，出

现高温应及时通风，发现菌袋出黄水或者遭霉菌污染要及时撤掉草帘，进行晒床。

图 6-31　室外集中催芽水分管理

图 6-32　室外集中催芽温度

③ 温差。黑木耳耳芽的形成需要一定的温差，即夜间温度与中午温度差距应大于 10℃ 左右，昼夜温差过小会造成原基形成过慢。用地下水或井水浇灌，由于水温较凉，可起到加大温差的效果。根据栽培地的温度情况，可通过盖或不盖草帘，或加盖塑料布等方法来增加温差。夜间掀开覆盖草帘，可充分利用北方昼夜温差大的特点，刺激原基形成。

④ 光线。适当的散射光可诱导原基形成，因而草帘不应过密，应以"三分阳七分阴"为宜，可视温度、湿度情况于早晚掀开草帘 30 ~ 60 分钟。

⑤ 通风。耳芽形成期间既怕不通风造成缺氧，又怕通风过大引起水分过度散失，应按照"保湿为主、通风为辅、湿长干短"原则进行通风。既要防止通风过大把划口处的菌丝吹干，造成出耳困难；又要防止菌床内高温、高湿造成菌袋伤热，造成划口处杂菌感染，出现流红水、霉菌感染等现象。

一般 15 ~ 20 天就可以形成耳芽原基。室外集中催芽主要是解决气候干燥、风沙大、原基形成缓慢、出耳不齐影响产量的问题。

> **⚠ 注意**　分床疏散管理的最佳时期是原基上分化出锯齿曲线耳芽时，此时，耳片生长需要较大的温差、干湿差和适当的散射光。分床时应在晨曦或夕阳中揭开窗帘，将袋疏散开，按常规出耳摆放。若分床过晚，会造成耳片粘连，严重时还会导致互相感染。

2）室外直接摆袋催芽。室外直接摆袋催芽适用于低洼地块或林间，按照室外集中催耳方法将耳床处理好，床面覆盖有带孔的塑料薄膜，也可用稻草、单层编织袋等覆盖，防止后期喷水时泥沙溅到耳片上。将长满菌丝且经过后熟的菌袋运到出耳场，划口后将菌袋均匀地摆放到菌床上，菌袋间隔 10 ~ 12 厘米。摆好后，菌床上盖草帘或遮阳网直接进行催耳。如果春季气温低、风大，可将菌床四周用塑料膜围住，再给整个菌床盖上草帘遮光。床内温度控制在 25℃ 以下，湿度控制在 70% ~ 85%，2 天后开始喷水，一般在早晚温度低时喷水，即上午 5：00 ~ 9：00，下午 5：00 ~ 7：00，每天喷水 5 ~ 10 分钟，雨天不喷水、中午高温时不喷水、阴天少喷水。15 ~ 25 天后，就会有耳基形成。耳基形成后，应将草帘和塑料薄膜撤掉，进行全光管理（图 6-33）。

图 6-33 黑木耳耳基形成后全光管理

注意 催芽期间应密切注意菌床的温湿度变化。如果温度超过 25℃，应及时撤掉塑料膜，掀开草帘通风降温。如果天气炎热，床内温度降不下来，即使菌袋没有出耳，也必须将草帘和塑料薄膜撤掉，进行全光管理。

3）室内集中催芽。为避免室外温度、湿度剧烈变化带来的影响，菌袋划口后可在室内或大棚中催芽。室内易于调节温度和湿度，从而能够提供较为稳定的催芽环境，菌丝在其中愈合快、出芽齐。因此，室内集中催芽比较适合春季温度低、风大干燥的地区。

室内催芽要求室内污染菌袋少，杂菌含量少，并且光照、通风条件好。催芽时，将划完口的菌袋松散地摆放在培养架上，划口后的菌袋中的菌丝体吸收大量氧气，新陈代谢快，菌丝生长旺盛，袋温升高。为了避免高温烧菌，排放菌袋时袋与袋之间应留 2 ~ 3 厘米的距离，以利于通风换气。如果室内温度过低，菌袋划口后先卧式堆码在地面上，一般堆 3 ~ 4 层，提高温度有利于划口处断裂菌丝的恢复，培养 4 ~ 5 天待菌丝封口后采取立式分散摆放，间距 2 ~ 3 厘米，如菌袋数量过多也可以双层立式摆放。其管理要点如下：

① 温度。划口后 4 ~ 5 天是菌丝恢复生长的阶段，室内温度应控制在 22 ~ 24℃，以促进菌丝体的恢复。5 天左右菌丝封口后，可将室内温度控

制在20℃以下，并加大昼夜温差，白天温度高时适当降温，夜间温度低时开窗降温刺激出耳。如果室内温度长时间过高，开门、开窗也降不下来，则不适合继续在室内催芽，应及时将菌袋转到室外。

② 湿度。通过地面洒水或使用加湿器等手段增加湿度。菌丝体恢复生长的阶段，划口处既不能风干也不能浇水，空气相对湿度控制在70%～75%，之后逐渐提高室内空气湿度至80%左右，可每天向地面洒水，向空间、四壁喷雾。具体操作方法是每天早、中、晚喷水3～5次，喷水前打开门窗通风30分钟，然后喷水喷雾，再关闭门窗保温保湿。菌丝愈合后有黑色耳线形成并封口后，可适当向菌袋喷雾增湿。

③ 光照。耳芽形成期间需要散射光，若光线不足影响原基的形成，会延迟出耳；但是较强的光线会引起菌袋周身出现原基，造成不定向出耳。如果大棚或室内光线过强，要适当遮挡门窗，或在菌袋上覆盖草帘、遮阳网等遮光。

④ 通风。室内空气新鲜可以促进菌丝的愈合和原基的分化，适当通风还可以调节室内的温度和湿度。室内温度、湿度过低时应以保温、保湿为主，少开门窗、减少通风；尤其是在划口后的菌丝愈合期，应防止过大的对流风造成划口处菌丝吊干。如果室内温度高于25℃，则可全天敞开门窗，让空气对流，防止烧菌。

室内催芽一般经过15～20天，划口处会形成原基，这时就可以摆放到出耳床上，进行出耳管理。

> **注意** 出袋前，室内要停止用水并打开门窗通风2～3天，使耳芽干缩与菌袋形成一个坚实的整体，再运往出耳场地进行出耳管理。

3. 分床

分床（图6-34）是将原来催芽时的1床菌袋分成2床菌袋进行出耳管理。一般要根据气温变化和菌袋耳芽形成情况来决定分床摆放的时间。

分床时间拖后容易导致木耳未出完就面临高温，感染杂菌机会增多，而且高温下生长的木耳薄而黄，品质不好。但分床也不可以过早，太早的话，室外气温低，耳芽生长缓慢，时间长了会增加感染杂菌

图6-34　分床

机会。

> 提示 要根据出牙情况选择分床时间，当催芽结束、划口处耳芽已
> 经隆起将划口处封住时，要及时分床，进入出耳管理阶段。若分床过
> 晚，因催芽时菌袋摆放较密会导致相邻袋之间的耳芽相互粘连，菌袋
> 再分开时会使一部分耳芽被粘到另一个菌袋的耳芽上，这不仅会使丢
> 失耳芽的菌袋出现缺芽孔，还会使粘连的耳芽随着浇水烂掉而给粘连
> 耳芽的菌袋也带来病害，所以观察耳芽隆起接近1厘米时就要及时分
> 床进行出耳管理。

4. 出耳方式

（1）吊袋栽培 将划口的菌袋用吊袋绳（图6-35）悬挂在出耳场地
中。挂袋时一定要控制挂袋密度，切忌超
量；要顺风向、有行列、分层次，一条绳
上可吊10袋左右，袋与袋之间互相错开，
上、下、前、后、左、右距离不小于10厘
米，每串间距20厘米，每行间距40厘米，
以便每个菌袋都能得到充足的光照、水分
和空气。此法的优点是省地（10000袋占
地140米^2，每平方米70袋左右）、易管
理（1人能管理8万~10万袋，采收需雇
人工）、烂耳少、病虫害轻、黑木耳杂
质少。

图6-35 黑木耳吊袋栽培

> 提示 如果选择大棚吊袋栽培，划口后的栽培袋就可吊袋，在棚
> 内催芽，但要防止"高温伤菌"现象的发生（棚内出现28℃以上
> 高温）。

（2）大田仿野生畦栽 这种出耳方式模拟自然条件下木耳的生长，
可充分利用地面的潮气，能够很好地协调湿度、通气和光照的关系，增加
袋栽木耳的成功率，产量高。此法不用搭建耳棚，可在房前屋后的空地上
制作耳床，地面摆袋出耳（图6-36）。这种方法的缺点是占地面积大（地
栽每平方米可摆袋20~25袋）、空间利用率低、费工，1人难以管理超过
5万袋；湿度大时易出现烂耳现象；杂质较多，晾干前通常需要清洗去杂
质；在连续阴雨天时管理较烦琐。

图 6-36　黑耳大田栽培

注意　菌袋摆放的行与列原则上按照"品"字形摆放，袋与袋间距 10 厘米左右，摆放时最好用一个与袋底同样大小的木槌先在地面砸一下，这样摆上去的菌袋比较平稳。

提示　大田栽培也可采用斜枕栽培（图 6-37）、架式栽培（图 6-38）等方式。

图 6-37　黑木耳斜枕栽培

图 6-38　黑木耳架式栽培

5. 浇水设施的安装

　　由于黑木耳地栽占地面积大，因此应采用合适的浇水设备，不但便于操作，降低劳动强度，而且浇水均一，潮度适宜。黑木耳栽培用水最好是新鲜的地下水或井水，也可用洁净、无污染的河水或自来水。浇水设施可以采用微喷管或喷头喷灌，二者需加一个加压泵，或者直接用潜水泵抽水浇灌。

提示 为减少水温和棚温的差异，可在棚内或棚外（图6-39）挖一蓄水池，作为喷水水源。

图 6-39 喷水用蓄水池

图 6-40 每床一根输水管

（1）微喷管 塑料管上面用激光打出密孔。当水流到管内，达到一定压力时，水就会从激光打孔处呈雾状喷出。输水管长度可随出耳菌床的长短而定，雾状水宽度覆盖最大可达 2 米，每个菌床可用一根输水管（图6-40）。如果采用定时器来自动控制水泵开关，使用效果较好，一方面可以免去夜间人工开关水泵，减少工作量；另一方面，夜间浇水可使木耳生长快且不易感染杂菌。

（2）旋转式喷头 需在各菌床间铺设塑料输水管道，在距地面30～50厘米高度安装喷头或靠耳床一侧架设喷水管和旋转喷头（图6-41），保证每个喷头可覆盖半径6～8米的范围，水在一定压力下经喷头呈扇形喷出。这种浇水方法水滴大，子实体吸水快，节水效果好。

图 6-41 耳床一侧架设喷水管和旋转喷头

6. 出耳管理

当原基逐渐长大，耳芽生长并逐步展开，分化成子实体时，就进入了出耳管理阶段。

（1）出耳环境的控制

1）保持湿度。出耳期间，应以增湿为主，协调温、气、光诸因素。

尤其在子实体分化期需水量较多，更应注意。菌袋划口后，喷大水1次，使菌袋淋湿、地面湿透、空气相对湿度保持在90%左右，以促进原基的形成和分化。整个出耳阶段，空气相对湿度都要保持在80%以上，如湿度不足，则干缩部位的菌丝易老化衰退。尤其是在出耳芽之后，耳芽裸露在空气中，这时空气中的相对湿度若低于90%，则耳芽易失水僵化，影响耳片分化。

> **提示** 为保持湿度，也可在地面铺上大粒砂子，每天早、中、晚用喷雾器或喷壶直接往地面、墙壁和菌袋表面喷水，以增加空气湿度。向菌袋表面喷水时，应喷雾状水，以使耳片湿润不收边为准；应尽量减少往耳片上直接喷水，以免造成烂耳。

2）控制温度。出耳阶段的温度以22～24℃为宜，最低不低于15℃，最高不超过27℃。温度过低或过高都会影响耳片的生长，降低产量和质量。尤其在高温、高湿和通气条件不好时，温度不适宜极容易引起霉菌污染和烂耳。

> **提示** 遇到高温时，管理的关键是尽快把高温降下来，可使用加强通风，早晚多喷水和用井水喷四周墙壁、空间和地面等办法进行降温。

3）增加光照。黑木耳在出耳阶段需要有足够的散射光和一定的直射光。增加光照度和延长光照时间能加强耳片的蒸腾作用，促进其新陈代谢活动，从而使耳片变得肥厚、色泽黑、品质好。光照度一般以400～1000勒为宜。

> **提示** 袋栽黑木耳在出耳期间，要经常倒换和转动菌袋的位置，使各个菌袋都能均匀地得到光照，提高木耳的质量。

（2）出耳阶段的管理

1）耳基形成期。指在划口处出现子实体原基，逐渐长大直到原基封住划口线，"V"形口两边即将连在一起的这段时期。这段时期一般为7～10天，要求温度在10～25℃范围内，空气相对湿度在80%左右，可往草帘上喷雾状水（耳棚向空间喷雾状水）来调节湿度。

> **注意** 绝不能向栽培袋上浇水，以免水流入划口处造成感染。这段时期还要适时通风，早晚给予一定的散射光照，促进耳基的形成，增加木耳干重。

2）子实体分化期。5~7 天后，原基形成珊瑚状并长至桃核大时，上面开始伸展出小耳片，这个阶段要求空气湿度控制在 80%~90% 的范围内，保持木耳原基表面不干燥即可（偶尔表面干燥也无妨，这可以给子实体的分化生长积聚营养）。这段时期温度控制在 10~25℃ 之间，还要创造冷冷热热的温差（利用白天和夜间的温差）。及时流通空气，利于子实体的分化。

3）子实体生长期。待耳片展开到 1 厘米左右时，便进入了子实体生长期。这段时期要加大湿度（空气相对湿度在 90%~100% 之间）和加强通风。浇水时可用喷水带直接向木耳喷水，让耳片充分展开。过几天要停止浇冰，让空气湿度下降，耳片干燥，使菌丝向袋内培养料深处生长，吸收和积累更多的养分。然后再恢复浇水，加大湿度，使耳片展开。这个阶段的水分管理十分重要，要做到"干干湿湿、干湿交替、干就干透、湿就湿透、干湿分明"。

干料 3~4 天，干得比较透，目的是让胶质状的子实体停止生长，让耗费了一定营养的菌丝休养生息、复壮一些，再继续供应子实体生长所需的营养（这也是胶质状耳类和肉质状菇类的不同所在）。干是为了更好地长，但它的表现形式是"停"，干要和子实体生长的"停"相统一；湿，要把水浇足、细水勤浇，浇 3~4 天，其目的就是促进子实体生长，只有这样的湿度才能使子实体长出、长好，最好利用阴雨天，3 天就可成耳。这样可以"干长菌丝，湿长木耳"，增强菌丝向耳片供应营养的后劲。

注意 干燥和浇水时间不是绝对的，应"看耳管理"，要根据天气等实际情况灵活掌握。加强通风可以在夜间全部打开草帘子，让木耳充分呼吸新鲜空气。白天的气温如果高于 25℃，就要采取遮阴的办法降温，避免高温高湿条件下出现流耳或受到霉菌污染。有些耳农栽培的木耳产量低、长杂菌，原因多是"干没干透，湿没湿透"，致使菌丝复壮困难，子实体也没得到休息，一直处于"疲劳"状态，活力下降，抗杂能力弱。

子实体生长期为 10~20 天。子实体生长阶段需要足够的散射光或一定的直射光。可以在傍晚适当晚一些遮盖草帘或早晨时早一些打开草帘来满足木耳对光线的要求，从而使耳片肥厚、色泽黑亮、品质提高。

提示 黑木耳子实体富含胶质，有较强的吸水能力，如在子实体阶段一直保持适合子实体生长的湿度，会因"营养不良"而生长缓慢，影响产量和质量。如果采取干湿交替，耳片在干时收缩停止生长后，菌丝在基质内聚积营养，恢复湿度后，耳片便可长得既快又壮，产量也高。

4）成熟期。当耳片展开，边缘由硬变软，耳根收缩，出现白色粉状物（孢子）时，说明耳片已成熟（图6-42）。在耳片即将成熟的阶段，要严防过湿，并加强通风，防止霉菌或细菌侵染造成流耳。

图6-42　黑木耳耳片成熟

7. 采收及晾晒

黑木耳从分床到完全成熟采收，需30～40天的时间。达到生理成熟后，黑木耳的耳片不再生长，此时要及时采收。如果采收过晚，耳片就会散放孢子，损失一部分营养物质，造成耳片薄、色泽差，还会使重量减轻；如果遇到连阴雨还会发生流耳现象，造成丰产不丰收。

（1）采收标准　黑木耳初生耳芽成杯状，以后逐渐展开。正在生长中的子实体呈褐色，耳片内卷，富有弹性。当耳片随着生长向外延伸，逐渐舒展，根收缩，耳片色泽转浅，肉质肥软，说明耳片接近成熟或已成熟（图6-43）。最好是耳片长至八九分熟且还未释放孢子时采收，此时耳片肉厚、色泽好、产量也高。

图6-43　黑木耳采收

提示 如耳片充分展开，有的腹面甚至已经产生白色孢子粉时，那么晾晒后的木耳形态不如碗状木耳商品性好，而且过度成熟会使重量减轻。

（2）**采收方法** 采耳前1～2天应停水，并加强通风，让阳光直接照射栽培袋和木耳，待木耳朵片收缩发干时采收。采收应在晴天的上午进行，采收时要在地上放一个容器（图6-44），用裁纸刀片沿袋壁耳基削平，整朵割下，不留耳根，否则易发生霉烂，影响下一次出耳。也可一手轻轻按住菌袋，一手扭转子实体将耳一次性采下，然后用利刀将带培养料的耳根去掉。

图6-44 采下的黑木耳

注意 在采收时要注意，务必使鲜耳洁净卫生、不带杂质。如果鲜耳上粘有泥沙或草叶等杂物，可在清水中漂洗干净，再进行干制。但"过水"耳不仅不易干制，而且有损质量，因此，除非杂物极多，否则一般尽量不用水清洗。

（3）**采收原则** 分批采收、采大留小，将成熟的耳片采下，而稍小的木耳待其长大后再进行采摘。分批采收可使木耳大小均一、质量好，并且节省晾晒空间。

（4）**晾晒**

1）晾晒架。晾晒设施由木质架子搭成，铺上纱网，把采摘下来的湿木耳放在上面晾晒。架高80～100厘米，宽1.5～2米，架子上方用竹条围成拱形棚，床架一侧放置好塑料布或苫布（图6-45）。因纱网通风好，晴天晾晒快；阴天时，由于与纱网接触面积十分小，木耳不会粘连在纱网上；遇上连续雨天，可将床架上的塑料布或苫布盖上遮雨，里面照样通风、透气。这种方法既适合晴天，又适合阴雨天，优点是成本低、通风好、晾晒时间短，而且晾晒出的木耳形态美观、质量好、售价高。晾晒床架搭制的尺寸可以随着地形自由选择。塑料布用塑料绳或铁丝固定于床架上，每隔1~2米最好用绳暂时捆住，以防风大将塑料布掀开。生产中也可因地制宜地搭建晾晒架（图6-46）。

图6-45　晾晒架用苫布覆盖

图6-46　在排水沟上方
搭建晾晒架

2）晾晒。晾晒会影响到黑木耳产品的外观形态，因此一般是将采下的每朵木耳顺耳片形态撕成单片，置于架式晾晒纱网上，靠日光自然晾晒，在晒床上堆放稍密，干至成型前不要翻动，以免耳片破碎或卷朵，影响感官质量。黑木耳品质不同、晾晒时间不一，需要2~4天，如果木耳片厚则晾晒时间长；如果木耳片薄，则晾晒时间短一些。

> **提示**　晾干的木耳要及时装袋并于低温干燥处保存。干制的木耳角质硬脆，容易吸湿回潮，应当妥善储藏，防治变质或被害虫蛀食造成损失。一般装入内衬塑料袋的编织袋内，存放在干燥、通风、洁净的库房里。

8. 采后管理

正常情况下，黑木耳可采3批耳，分别占总产量的70%、20%和10%左右。转茬耳的管理要点：一是采收后的耳床要清理干净，进行一次全面消毒，并清理耳根和表层老化菌丝，促使新菌丝再生；二是将菌袋晾晒1~2天，使菌袋和耳穴干燥，防止感染杂菌；三是盖好草帘，停水5~7天，使菌丝休养生息、恢复生长。待耳芽长出后，再按一茬耳的方法进行管理。

提示 铁丝架吊袋出耳时，菌袋水平夹角应大于60度，否则袋面朝下的一侧出耳孔易进水，造成绿霉污染（图6-47）。

图6-47 黑木耳菌袋的水平夹角过小

9. 出耳管理易出现的问题

（1）转茬出耳困难或不出耳

1）菌袋失水。头潮耳后，菌袋内含水量会明显下降，通常会降低15%～20%，如果头潮耳管理不善，水分下降30%以上，则水分不能维持菌丝自身需要，无法为子实体输送水分，造成转潮耳出耳困难或不出耳。

2）拖后采收。当木耳达到采收标准时，应及时采收。有的菇农为了争取多产耳，无限度地拖延采收期，以致子实体成熟过度、营养消耗过大、产量降低，造成烂耳并引起杂菌感染。

3）伤口暴晒。采收伤口处经强光暴晒，使袋内水分蒸发，表面菌丝发干，原基难现，不长耳。

4）环境污染。第一潮耳采收后，由于耳根没清理，残根发霉，或采收后掉下的废弃物，如基质碎屑、耳片、草帘等随着湿度加大，发生霉烂，引起杂菌污染菌袋，危害菌丝体。

5）环境失控。第一潮耳采收完毕后，环境气温日渐升高，抑制菌丝体生长，菌袋污染杂菌等影响转潮耳。

（2）转茬耳杂菌污染 黑木耳在正常情况下能出三茬耳，但目前有些地区在头茬耳采收后，没等二茬耳长出就感染了杂菌，分析原因如下。

1）暑期高温。菌丝生长阶段的温度范围是4～32℃，如袋内温度超过35℃，菌丝就会死亡，并逐步变软、吐黄水，采耳处首先感染杂菌。

2）采耳过晚。要当朵片充分展开，边缘变薄起褶子，耳根收缩时采收。这时采收的黑木耳弹性强、营养未流失，质量最好。

3）上茬耳根或床面没清理干净。残留的耳根因伤口外露而易感染杂菌。采耳时掀开草帘，阳光照射进来，使得子实体水分下降、适度收缩，采收时不易破碎，利于连根拔下。拔净耳根利于二茬耳形成，因为避免了霉菌滋生。

4）菌丝体断面没愈合。采耳时要求连根抠下并带出培养基，菌丝体产生了新断面，在未恢复时，抗杂能力差，这时浇水催耳，容易产生杂菌感染。

5）草帘霉烂传播杂菌，草帘要定期消毒。

6）采耳后菌袋未经光照干燥，草帘或床面湿度大。二茬耳还未形成前，菌丝体应有个愈合断面、休养生息、高温低湿的阶段。倘若此时草帘或床面湿度大，又紧盖畦床，菌袋潮湿不见光，就很易产生杂菌污染。采耳后菌袋要晒3~5小时，使采耳处干燥；床面和草帘应彻底曝晒，晒完的菌袋用晒干的帘子盖上，养菌7~10天。

7）浇水过早过勤。在二茬耳还未形成和封住原采耳处断面时，就过早地浇水。

(3) 流耳 耳片成熟后，耳片变软，耳片甚至耳根自溶腐烂（彩图22）。流耳是细胞破裂的一种生理障碍现象，黑木耳在接近成熟时期，不断地产生担孢子，消耗子实体的营养物质，使子实体趋于老化，此时在高湿环境中极易溃烂。

【发生原因】 耳片成熟时，若此时持续高温、高湿、光照差、通风不良，就会造成大面积烂耳。代料栽培黑木耳，培养料过湿，酸碱度过高或过低，均可能造成流耳；温度较高时，特别是在湿度较大，而光照和通气条件又比较差的环境中，子实体常常发生溃烂，细菌的感染和害虫的危害也会造成流耳。

【防治方法】 针对上述发生烂耳的原因加强栽培管理，注意通风换气、光照等；及时采收，耳片接近成熟或已经成熟立即采收；也可用25毫克/升的金霉素或土霉素溶液喷雾，防止流耳。

(4) 绿藻病

【症状】 菌袋内表层有绿色青苔状物，严重时木耳子实体上也长（彩图23），它会吸收菌袋营养，造成袋内积水严重，导致烂袋现象发生。

【发生原因】 水源有绿藻污染；装袋过松，浇水时长时间有积水，通过阳光直射产生绿藻；浇水过多，导致袋内积水。

【防治方法】 生产用清洁的水；提高装袋质量，不在袋料分离处划口；防止袋内积水，有积水应及时清理。

（5）红眼病（高温烧菌）

【症状】 打眼后 5～10 天，打眼处有红褐色的黏液自口溢出，同时大面积滋生绿霉菌。

【发生原因】 通风不良、菌袋密集，导致高温。袋内温度高，集聚水蒸气，菌丝死亡，因菌丝死亡出现袋口冒红水。

【防治方法】 扎孔后观察袋内温度，必要时通风降温。

（6）牛皮菌

【症状】 菌棒表面生成一层白色肉质形状的"杂菌"，开始柔软如同脱毛牛皮或脱毛猪皮（彩图 24），成熟以后表面生成麻子状态的表面，也叫"白霉菌"，这种杂菌传染力很强，与绿霉菌差不多。因为它的菌丝体在培养料内部，一旦出现坏袋，很快就会波及其他菌袋。

【发生原因】 该杂菌污染的原因主要是木屑没有提前预湿，灭菌不彻底，或环境中存在杂菌孢子。

【防治方法】 环境消毒（用 0.3% 的消毒粉或克霉灵（美帕曲星）环境消毒，或用 pH 12～14 的石灰水进行喷雾消毒）；在污染原料中添加新鲜原料，应提前一天拌料（宁干勿湿），补足水分后再装袋，并彻底灭菌即可。

第七章 毛 木 耳

毛木耳［*Auricularia polytricha*（Mont.）Sacc.］又名构耳、粗木耳，也称黄背木耳、白背木耳，在我国南方地区称黄背耳、白背耳，属于真菌门层菌纲木耳目木耳属。毛木耳质地脆嫩可口，似海蜇皮，有"树上蜇皮"的美称，可以凉拌、清炒、煲汤，备受青睐。我国现已广泛栽培，尤其以福建、山东、江苏、河南较多。毛木耳干品也是一种重要的出口商品，在国际市场上有很好的销路，特别是在日本、菲律宾等国家，把毛木耳切成细丝凉拌食用，比黑木耳耐嚼、香脆、回味好，深受消费者喜爱。

毛木耳也具有较高的药用价值，具有滋阴强体、清肺益气、补血活血、止血止痛等功用，是纺织工人和矿山工人很好的保健食品。据日本的资料显示，毛木耳背面的茸毛中含有丰富的多糖，是抗肿瘤活性最强的六种药用菌之一（另外五种为灵芝、云芝、桦褶孔菌、树舌和红栓菌）。近年来，不少学者认为纤维素是保持人体健康所必需的营养素，而毛木耳的质地比黑木耳稍粗，粗纤维含量也较高，并且这种粗纤维素对人体内许多营养物质的消化、吸收和代谢都有着很好的促进作用。

第一节 概　述

 关键要点

毛木耳具有两大优势：一是毛木耳抗逆力强，适应性广，栽培管理粗放，生产技术容易掌握；二是栽培原料来源广，产量较高，杂木屑、甘蔗渣、农作物秸秆、野草等均可利用，室内外均可栽培。在国内外食用菌市场众多品种的竞争中，毛木耳以风味独特、富含多糖和食用纤维、价格便宜而占有优势，十分适合国内亿万民众和东南亚一些国家的市场消费需求。

一 形态特征

1. 菌丝体

毛木耳菌丝无色透明，有横隔和分枝，次生菌丝具有锁状联合。孢子萌发产生的初生菌丝仅 1 个细胞核，菌丝较细弱。可亲和的两根初生菌丝扭结后形成的次生菌丝较粗壮。

2. 子实体

毛木耳子实体初期呈杯状，后渐变为耳状至叶状，或不规则形；通常群生，有时单生，棕褐色至黑褐色。子实体角质，干后变硬。子实体大部分平滑，稀有脉络状皱纹，基部常有皱褶，红褐色，常微显紫色，直径为 10～15 厘米，干后强烈收缩。背面（不孕面）呈灰褐色、红褐色、茶褐色至灰瓦色。

毛木耳主要分为黄背木耳（彩图 25）和白背木耳（彩图 26）两大类，两类子实体形态有一定的区别，尤其在色泽和背毛上差异较大。黄背木耳耳基在光线较弱的情况下呈红色，光线越弱，颜色越浅；随着光线的增强，耳基表面呈棕灰色；耳片展开后，背面密生白色茸毛，内面表层着生一层粉红色的粉状物。白背木耳在通风好、光线足、温度为 15～20℃ 的条件下，朵型大，面黑背白，肉质肥厚，干制后色黑，背面毛白，商品外观性好。最典型的特点是背面茸毛多而白，耳芽呈杯状，黄褐色附白茸毛；成熟后，耳片角质脆嫩，反卷，腹面紫褐色，晒干后变为黑色，背面白色，耳片直径为 8～43 厘米。

> **提示** 黑木耳与毛木耳的区别
>
> **(1) 外形区别** 毛木耳的外形与黑木耳差不多，但毛木耳背后布满白色的茸毛，叶片也比黑木耳要厚一些。
>
> **(2) 口感区别** 同样的做法，黑木耳吃起来嫩嫩的、滑滑的，还有一点黏黏的感觉；而毛木耳叶片很厚，比较脆，比较爽口，味道差一些。
>
> **(3) 烘干后重量的区别** 由于黑木耳和毛木耳所含的水分不一样，同样是晒出 1 千克干木耳，需要新鲜的黑木耳 20 千克左右，而毛木耳只需要 8 千克。干木耳的价格虽然相差两三倍，但是鲜木耳的价格差不多，两者种植效益相差无几。

二 生长发育条件

1. 营养条件

(1) 碳源 毛木耳为木腐菌，菌丝生长的最适碳源为葡萄糖和麦芽糖。生产中，棉籽壳、玉米芯、甘蔗渣、杂木屑、农作物秸秆、稻草等是常用碳源。

（2）氮源 能利用的氮源包括蛋白质、氨基酸、尿素、铵盐等。生产中，硫酸铵、硝酸铵容易与石灰反应，释放氨气，影响菌丝生长，一般不用。麦麸和豆饼作为氮源，不仅生长速度快，且菌丝致密、长势良好。

（3）矿质元素 需要的矿质元素有磷、硫、钾、镁、钙、铁、铜、锰、锌、硼等。生产中常添加过磷酸钙、石膏和石灰等，以补充矿质元素和调节酸碱度。最适宜的无机盐为磷酸二氢钾，其次为氯化钠、硫酸亚铁、硫酸镁，但在含硫酸铜和硫酸锌的培养基上几乎不生长。

2. 环境条件

（1）温度 黄背木耳菌丝生长适宜的温度为 $5 \sim 35℃$，最适温度为 $25 \sim 30℃$；子实体适宜在 $18 \sim 32℃$ 生长，以 $22 \sim 28℃$ 最适宜。白背木耳菌丝生长适宜温度为 $8 \sim 37℃$，最适温度为 $25 \sim 28℃$，子实体生长发育适宜温度为 $13 \sim 30℃$，最适温度为 $18 \sim 22℃$。

（2）水分 黄背毛木耳菌丝生长的培养料适宜含水量为 $60\% \sim 65\%$，白背木耳栽培含水量为 58% 左右。菌丝体培养阶段，空气相对湿度需在 70%；耳片生长期，空气相对湿度应达到 $85\% \sim 90\%$。

（3）光线 菌丝生长期间不需要光照；耳基形成需要散射光诱导，在较强的散射光和少量直射光下，子实体生长得最好。光照度在 100 勒以上，耳片厚、颜色深、茸毛长且密；光线不足，耳片薄，色泽浅，茸毛短而少。白背木耳子实体生长期最适光照度为 $400 \sim 500$ 勒。

（4）空气 毛木耳为好氧性真菌，菌袋培养中，要求基质透气性好。耳片生长期间需要充足的氧气，室内排袋量大，耗氧量也大，需加强通风。

（5）酸碱度 黄背木耳在 pH $5 \sim 10$ 范围内菌丝均可生长，最适 pH 为 $7 \sim 8$。白背木耳菌丝在 pH $4 \sim 7$ 范围内均能生长，而以 pH $5 \sim 6.5$ 为宜。

> **提示** 由于培养料在灭菌和菌丝生长过程中 pH 会降低，装袋时，培养料 pH 应保持在 $8 \sim 9$ 之间；不足时还要加入石灰，调高培养料的 pH，使其呈弱碱性，有利于防止杂菌感染，提高成活率。

第二节　毛木耳高效栽培关键技术

 关键要点

大棚、日光温室均可以用来栽培木耳，但基本要求是保湿、保温、通风性能好，便于遮阳。毛木耳适宜在春、夏季生产，即在4～8月出耳。

采用拌料机拌料时，最好采用大型拌料机，会比小型拌料机拌料更均匀，菇农也可联合购买或租用。

菌袋培养过程中，要注意避免温差刺激，合理安排生产季节。过早生产菌袋，菌丝体长满后，如果外界条件不适宜出耳管理，菌丝体就会消耗袋内的营养，总产量会降低10%左右，同时会出现耳片较薄等问题。

一　季节选择

毛木耳属中温偏高型菌类，菌丝生长温度为10～36℃，最适温度为20～31℃；子实体生长温度为18～33℃，最适温度为20～25℃。出耳阶段应避开30℃以上高温和18℃以下低温。我国一般在春夏季栽培毛木耳，春季栽培制种和栽培时间为：1～2月制栽培种，2～3月制栽培袋，4～5月采收第一批木耳，7～8月生产结束。各地可根据当地气候条件选择适宜时期生产。

二　栽培场所

凡能满足毛木耳对温度、湿度和空气的要求，阳光不直射的地方，均可作为栽培场地。一般来说，民房、半地下室、耳房、室外树荫和简易的荫棚均可利用。无论栽培场地选在何处，均要求环境清洁、通风、近水源、交通便利。在使用前，应做好清洁及消毒处理。生产中也可自行建设耳棚和耳畦。

1. 耳棚建设

耳棚可采用竹竿或木杆做支架，四周和顶棚用草帘或秸秆围成，也可利用空闲屋及塑料大棚（图7-1）。耳棚宽8.0米、棚边高2～2.5米、中心高3～3.5米、长度为50米左右。

2. 耳畦建设

在耳棚内设出耳畦，耳畦间距 80～100 厘米，耳畦最下层铺一层立砖（高约 10 厘米）；中间走道为 1～1.2 米；每耳畦排袋在 10 层以下；耳畦两侧可设水泥立柱，用来夹住菌袋（图 7-2）。

图 7-1　毛木耳耳棚

图 7-2　毛木耳耳畦

采用床架栽培常用竹竿床架、砖框柱床架、活动式床架等，棚内床架高 2.5 米、宽 20～30 厘米，能横放 1 个菌袋，床架层距 25～30 厘米，放 1 个菌袋，每架可建成 8～10 层，架间留 60 厘米走道。

三　栽培原料及参考配方

1. 栽培原料

（1）主料　用料量占 70% 以上，主要为农林副产品，如杂木屑、棉籽壳、玉米芯、玉米秸秆、稻草、麦秸、高粱壳、蔗渣，以及各种野草等。

1）杂木屑。杂木屑是指阔叶树木屑。含油脂和芳香类物质树木的木屑不能使用，如松树、柏树、杉树、香樟树、桉树等。木屑为木材加工厂的下脚料，或是用树枝或小树木粉碎而成的木屑，这种木屑有效养分含量高。

注意　若杂木屑中含有少量松、柏、桉、杉、香樟等树木的木屑，应堆积在室外，经日晒雨淋处理 6 个月以上，这样可以去掉有害物质。即使是不含有害物质的木屑，经堆积处理后，也可改变木屑的理化性能，使粗木屑吸水软化，有利于毛木耳生长。家具厂的木屑尽可能不用，因为家具厂的木屑里面含有甲醛等防腐成分，会影响毛木耳菌丝的萌发、生长。

2）玉米芯。玉米芯需用机械粉碎成细颗粒，颗粒直径以0.2～0.3厘米为宜，过粗的玉米芯装袋后会在料中形成较大的空隙。玉米芯粉碎后颗粒仍较粗，应与较细的木屑、麦草、黄豆秸秆等碎物混合，以达到养分和物理性状互补、提高产量的目的。

> **小窍门** 由于玉米芯颗粒较大，吸水湿透速度缓慢，因此，若加水拌匀后立即装袋灭菌，则会造成灭菌不彻底。在拌料时，应先用水浸泡1～2小时，让玉米芯颗粒吸水浸透后，再捞出与其他干料混合拌匀；或者将玉米芯提早一天加水拌匀、堆积，让其内部吸水湿透后，再与其他原料混合；或者将玉米芯与其他原料混合拌匀，加足所需的水后，堆积发酵4～6天，让培养料吸足水并软化后，再装袋。

3）棉籽壳。棉籽壳价格高，若与杂木屑、玉米芯及其他原料混合后组成栽培基质，同样可以获得高产，而且可降低成本。

> **注意** 利用棉籽壳或加入较多的棉籽壳栽培白背木耳时，不能生产出白背黑面的优质白背木耳，应以杂木屑为主料栽培。栽培黄背木耳的培养料中含有30%～50%的棉籽壳，有利于提高产量。

4）棉渣。用棉渣栽培毛木耳时，棉渣用量以30%～50%为宜，与杂木屑、玉米芯或其他较粗硬的原料混合组成栽培基质为好，这样可改变由于其纤维素和木质素含量低，造成的后劲不足、通透性不良、易发热现象。

（2）辅料

1）麸皮。麸皮是毛木耳生产中常用的氮素来源，一般用量为10%～20%。

2）玉米粉。玉米粉中所含的蛋白质比麸皮高，用量比麸皮少，一般用量为8%～10%。此外，可与麸皮、米糠混合使用，但用量要适当减少。

3）米糠。米糠大致分为三类，一类是统糠，是由一次性加工出稻米而生产出来的米糠；二类是洗米糠，是指脱去谷壳后，再从大米表面脱下的一层糠；三类是谷壳糠，是指用谷壳粉碎而成的糠，谷壳糠是稻谷的最外层壳，不含有洗米糠。三类米糠中，蛋白质含量最高的是洗米糠，含量为9.4%；其次是统糠，含量为2.2%；最后是谷壳糠，含量为2.0%。生产上常用统糠作为氮源物质加入培养基中，一般用量为20%～30%，比麸皮用量大。

提示 米糠中含有丰富的 B 族维生素，是毛木耳等食用菌生长不可缺少的物质。谷壳糠因表面含有蜡质层，不易被毛木耳等食用菌菌丝分解利用，因此，不宜作为氮素营养物质直接加入，否则会造成菌丝生长不良；需经粉碎后使用，但要加大用量。在通透性不良的培养基中加入谷壳，可改变培养料的通透性。洗米糠也可作为氮素补充营养物质，但因其蛋白质含量高，所以要适当减少用量，一般用量以 8% ~ 10% 为宜。

4）大豆饼粉。一般用量为 10% 左右，可与麸皮或米糠混合使用。单独使用时，因其数量少，不易在料中分布均匀，所以以混合使用为好，但应控制用量，以 5% 为宜。麸皮和米糠的用量也要相应减少，以 15% ~ 20% 为宜。

5）菜籽饼粉。菜籽饼中含氮量高，一般用量为 3% ~ 5%。在含氮量低的原料中加入菜籽饼粉，有利于提高毛木耳的产量。

6）石膏。化学名称为硫酸钙，分子式为 $CaSO_4 \cdot 2H_2O$，为白色或粉红色粉末，细粉状。石膏是培养料中常用的辅料，一般用量为 1%，其作用是改善培养料的结构和水分状况，增加通气性，补充钙素营养，调节培养料的 pH，使 pH 稳定在一定的范围内。

7）石灰。石灰分熟石灰和生石灰，生石灰是经煅烧后的块状的氧化钙；熟石灰是生石灰接触水以后，通过化学反应生成的氢氧化钙。生石灰和熟石灰都是碱性的，都具有一定的消毒作用。

 提示 因任何微生物的生长发育都要求一定的 pH，当环境中的 pH 高达 12 以上时，常见的霉菌、细菌都会死亡，这就是石灰能消毒杀菌的原因。生石灰溶于水后，生成的氢氧化钙属于碱性，就是熟石灰。氢氧化钙很容易吸收空气中的二氧化碳，生成碳酸钙，变为中性物质。这就是用石灰消毒后能正常出菇的原因。

8）碳酸钙。生产上常用的是轻质碳酸钙一般用量为 1%。碳酸钙水溶液能对酸碱度起缓冲作用，常用作缓冲剂和钙素营养加入培养料中。

2. 参考配方

以棉籽壳、玉米芯、杂木屑为主，混合使用，不仅产量高，而且还可降低成本，经济效益显著。

1）阔叶树木屑 71%，棉籽壳 15%，麸皮（米糠）10%，蔗糖 1%，石膏 1%，石灰 2%。

2）玉米芯60%，杂木屑29%，麦麸5%，玉米面2%、石灰2%，过磷酸钙1%，石膏1%。

3）棉籽壳50%，玉米芯46%，石膏1%，石灰3%。

4）棉籽壳30%，玉米芯30%，杂木屑30%，麸皮或米糠6%，石膏1%，石灰3%。

5）棉籽壳20%，玉米芯30%，杂木屑46%，石膏1%，石灰3%。

6）玉米芯48%，杂木屑48%，石膏1%，石灰3%。

7）杂木屑50%，秸秆粉36%，麸皮10%，石膏1%，石灰3%。

8）蔗渣65%，泥炭10%，麸皮20%，石膏1%，石灰4%。

9）蔗渣45%，杂木屑30%，麸皮20%，石膏1%，石灰4%。

10）蔗渣56%，玉米芯30%，麸皮10%，石膏1%，石灰3%。

注意 玉米芯粉应碎成玉米粒大小；培养基含水量为（60±1)%；pH 8~9；各配方使用前应先做出耳试验。

以上配方中石灰的加入量，还要根据装袋之前培养料是否进行堆积发酵来确定。若拌料后立即装袋，石灰用量以3%~4%为宜；若培养料堆积发酵后再装袋，石灰用量就要加大，以5%~7%为宜。这是由于培养料堆积发酵过程中，料中微生物活动产生有机酸，使培养料的pH下降较大，因此要加大石灰用量来防止培养料变酸。还可在培养料中加入1%~2%的磷肥，如过磷酸钙，以补充培养料中的磷元素，有利于毛木耳的生长。

在原料选择上，不要只选成本低的原料，如用秸秆作为主料来栽培，虽然成本较低，也能正常出耳，但产量不高；消耗的塑料袋、燃料、消毒药品、人工和占用的房间面积与用其他原料费用一样，而效益却低得多。

四 菌袋制作

1. 过筛

如果使用的原料中含有粗而尖的物质，如木屑中往往混杂尖而长的小木片、小枝条等，就要过筛去掉，防止刺破塑料袋，出现杂菌污染。若料中含有尖而硬、又较细的物质，过筛时无法去掉，则要机械粉碎后再使用。

2. 拌料

（1）拌料方式

1）手工拌料。用铁锨从料的一侧开始翻料，边翻动边打散培养料，翻动后的料堆呈圆锥形。经多次翻动和拍打，将料打散混合均匀，使其含水量一致。

2）机械拌料。

① 料槽式搅拌。将各种原料加入拌料机槽内，加入适量的水，开动机械搅拌。

② 过腹式拌料。先将各种原料混合并将干料拌匀，再加入所需的水，然后用铁锹将料铲入拌料机的漏斗内，利用拌料机内旋转的叶片将料打散、拌均匀。如果一次拌不匀，可进行多次，直至拌匀为止。

③ 装袋机拌料。先将各种原料加入搅拌槽内，再加入所需的水分，初拌料一次后，再将培养料滚入二次搅拌机内，通过上料机将料倒入装袋机的料斗内。

（2）培养料含水量检测 一般要求配制好的培养料的含水量在65%左右。水分检测的方法有以下两种：一种是用水分测定仪检测，另一种是用烘干法检测。虽然这两种方法检测出的含水量较为准确，但需要专用设备且花费时间长。

 小窍门 在大面积生产中，往往凭手握料进行经验性检测。方法是用手握紧培养料，看手指缝间有无水迹印出现，若有水迹印出现，表明含水量达到65%左右；若是有水滴出，表明含水量偏高；反之，无水迹印出现，表明含水量不足，应加水调节。但这种检测方法对于吸水能力高的培养料，如细木屑、秸秆粉等不适用，如出现水迹印时，含水量就已经偏高了，应采取"手握成团、落地可散"的方法检测。

3. 原料处理

培养料拌匀后，应及时装袋灭菌。若培养料中含有吸水性能差、不能很快吸水湿透的原料，如玉米芯、粗木屑、棉渣等，则要等这类原料被水浸透后，才能装袋灭菌。处理方法有以下两种：

（1）预湿 先将这类原料用水浸泡2~3小时，使其吸水浸透，捞出来再与其他干料混合拌匀。或者提前一天，按料水比为1∶1.4的比例，加水拌匀、堆积，并盖上塑料薄膜，让其吸水湿透，待原料含水量一致时，再与其他原料混合并加水拌匀。

（2）堆积发酵

1）短期堆积发酵。将培养料加水拌匀后，堆积处理2~3天，再将培养料装入袋中。具体做法是：将各种原料混合，先将干料拌匀，再加水拌匀，使其含水量达到65%左右，将料堆积成"长馒头"状，料宽2米、高1.5米，长度不限。在装袋之前，要先将培养料翻拌均匀。

2）长期堆积发酵。将加水拌匀的培养料堆积起来，发酵处理 7 ~ 10 天。由于堆积发酵时间较长，经堆积发酵后的培养料 pH 下降较大。因此，在堆料之前要适当调高 pH，可通过加大石灰用量来调节 pH 达到 10 ~ 11，石灰用量一般为 5% ~ 7%。料堆堆成"长馒头"状，料堆宽 2 米、高 1.5 米，长度不限。堆好料后，在料堆上每隔 50 厘米打 1 个直上直下的通气孔，待距离表层 10 厘米处的料温上升至 60℃以上时，保持 24 小时后再翻堆。

① 翻堆的目的。一是补充料中氧气，二是调节培养料的水分。

② 翻堆方法。上下层、内外层料相互交换后，重新建堆。待距表层 10 厘米处的料温又升至 60℃以上时，保持 24 小时后再翻堆。第 3 次翻堆后即可装袋灭菌。

提示 堆积发酵具有以下作用：

① 让吸水缓慢的原料吸水湿透，增强灭菌效果。

② 对一些疏松的原料如农作物秸秆，起软化作用，使其发酵后变得柔软紧实，增加袋内培养料的装入数量。

③ 堆积发酵期间，料中病原菌孢子萌发，易被高温杀死，从而提高灭菌效果。

④ 微生物活动产生热能，料内温度可达 70℃以上，可杀死料内一部分病原菌和虫卵。

⑤ 对培养料中的木质素和纤维素进行部分降解，代谢产生的可溶性营养物质会储存在培养料中，同时料中存有大量微生物尸体，利于菌丝吸收利用，促进菌丝生长。

4. 装袋

(1) 袋的规格 毛木耳生产选用（20 ~ 23）厘米 ×（46 ~ 49）厘米、厚 0.4 ~ 0.45 毫米，或 17.2 厘米 × 43 厘米、厚 0.3 ~ 0.4 毫米的聚丙烯或聚乙烯塑料袋。若采用高压灭菌，应选用聚丙烯塑料袋；若采用常压灭菌，常选用聚乙烯塑料袋。

(2) 装袋方式

1）手工装袋。需要将塑料袋的一端扎好，将塑料袋张开成筒状，抓取培养料放入袋内，边装入，边沿着袋壁将培养料向下压实，层层压紧，使上下松紧一致。袋口留 5 厘米长度，用扎口绳扎紧或套上颈圈（图 7-3）。菌袋的松紧程度，以抓起菌袋放下后，手指印处能恢复原状为宜。装料太松，在搬动时袋内的料易松动，影响产量且易污染；装料太紧，透气性不好，菌丝生长缓慢。

2）装袋机装袋。先将塑料袋一端用绳扎好或热合封好。装料时，将未封口的一端套在出料筒上，当培养料装满料袋后拿下，最后封好袋口（图7-4）。

图7-3 手工装袋

图7-4 装袋机装袋

提示 装好的料袋要放在平整光滑的地面上，要防止地面上的尖硬杂物将料袋刺破。若发现料袋上有被刺破的小孔，可用不干胶胶布封住。装好的袋要及时灭菌，若堆放时间过长，料袋中的微生物会大量繁殖且是厌氧发酵，会造成培养料变质，滋生大量杂菌。特别是气温较高时，更不能堆放时间过久。

5. 灭菌

（1）常压灭菌 常压灭菌灶的样式有多种，但无论哪种灭菌灶，都由蒸汽发生器、灭菌池或灭菌仓组成。装入常压灭菌锅内的菌袋应及时灭菌。用大火迅速升温，尽量缩短温度上升到100℃的时间，以2小时内达到100℃为好，要求"大火功头、小火保温灭菌、余热加强灭菌"，这样才能防止培养料变酸和袋内积水。灶内温度达到100℃左右时，保持8～12小时。灭菌结束后，焖5～6小时再出锅。如果为了连续进行灭菌作业，应在停火后打开灶门，降温1～2小时后，取出料袋，再装下一灶的料袋，这样趁热灶装袋，可缩短加热到100℃的时间，节省燃料。灭菌时间根据蒸汽发生器和灭菌灶的大小而定，如果灶大，菌袋较多，灭菌时间应相应延长。

灭菌结束后，要及时将料袋取出。取出的料袋可放入冷却室或已消毒的室内，散开放置，让料袋内热量散发，使料袋温度下降。经灭菌的料袋不要在室外放置时间太长，以免外界杂菌孢子落在料袋上，接种时将杂菌带入料中，造成杂菌污染。

（2）高压灭菌 当压力上升到0.05兆帕时，排出锅内冷空气。如此操作两次，其目的是放净锅内冷空气，防止假升压。当压力上升到0.15

兆帕时，保持 3 ~ 4 小时。灭菌结束后，待压力表自然降至"0"时（若是打开阀门放气，减压过快，料袋会被气体冲破），开启排气阀门，打开锅盖，降温 2 小时之后取出料袋（图 7-5）。

6. 接种

（1）接种前准备

1）菌袋冷却。接种前必须将菌袋冷却，避免高温导致接种块死亡。冬季接种气温在 15℃ 以下时，料袋温度在 30 ~ 35℃ 时就可接种，趁热堆码菌袋，有利于保温发菌；当接种气温在 20℃ 以上时，料袋需冷却到 28 ~ 30℃，才能接种。

2）消毒。接种时对使用的菌种瓶（袋）表面、接种者的双手和操作工具均要进行消毒处理，75% 乙醇、0.25% 苯扎溴铵（新洁尔灭）等都是常用消毒剂。接种场所（接种箱、接种室、接种罩）用气雾消毒剂进行熏蒸杀菌，每立方米空间用 2 ~ 3 克，或者用甲醛与高锰酸钾混合产生气体来杀菌，也可采用喷洒杀菌剂来消除杂菌。消毒处理需提前 3 ~ 4 小时进行。

（2）接种

1）接种箱接种。如采用接种箱接种，对长期未用的接种箱，首先要进行清洗和消毒，检测接种箱的密封性，箱口要用透明胶贴严，或用灰浆封严（图 7-6）。

图 7-5　高压灭菌

图 7-6　接种箱

提示　接种前要认真检测菌种是否有污染，可疑的菌种应弃去不用。将菌种、料袋、接种工具等放入接种箱，用气雾消毒剂进行熏蒸，40 分钟后方可进行接种操作。接种时，应严格按照无菌操作规程进行。首先打开菌种瓶（袋）口，去掉菌种瓶（袋）口表层较老和干燥的菌块，用接种钩将菌种钩入袋内并稍压实，要求速度快，菌种在空气中暴露时间短。然后用绳扎紧，但注意不要扎得过紧，应留出一些可透气的缝隙。

2）接种室接种。一般 6.0 米² 的接种室，在使用前 5 小时左右，需要 5~6 盒气雾消毒剂进行熏蒸消毒。接种前 0.5 小时，在接种室内喷上 5% 苯酚（石炭酸）、5% 的含氯石灰（漂白粉）或 0.25% 的苯扎溴铵喷雾，使空气中的微粒和杂菌沉降，并用紫外线灯照射进行表面消毒。

提示 接种还可在简易接种帐内进行（图 7-7）。接种时要严格执行无菌操作，避免在接种室、接种帐内来回走动、随意进出。

图 7-7　简易接种帐

7. 培养

培养是将接上菌种的菌袋放在培养室内，让其处于菌丝生长的最佳条件下，萌发吃料、健壮成长并长满袋的过程。

（1）培养场所选择　培养场所即为培养室，要求干燥，可利用住房、能遮雨的菇房和塑料大棚。空气湿度控制在 60% 左右；能调节通风量，门窗完好且开关自如。在使用之前，用甲醛熏蒸或喷杀菌剂，或者用 0.25% 新洁尔灭喷雾杀菌。同时在地面撒一层石灰消毒，喷杀虫剂杀灭害虫，最好用磷化铝熏蒸杀虫（图 7-8）。

图 7-8　培养场所消毒、杀虫

提示 若培养室易受潮，可先在地面上铺一层塑料膜或干稻（麦）草除湿。在冬季气温低时，为便于保温，也可在地面上铺一层稻（麦）草，再排放菌袋。

（2）堆码方式 菌袋分层堆放在层架或地面上，气温不同，采取的堆码方式也不一样。冬季气温在15℃以下时，要将菌袋堆码起来，堆码成墙状，堆码高度为5～6层；每排之间相距10厘米；间隔3排后，将菌墙间距离增至30厘米，这样便于检查温度、菌袋的发菌和感染杂菌情况。同时，菌袋上要覆盖编织袋或塑料薄膜进行保温管理（图7-9）。

图7-9 发菌期菌袋保温管理

提示 气温在20℃以上时，应将菌袋单层立放在床架上，或以"井"字形堆码在地面上，每堆为5～6层；或者在地面上排放一层菌袋后，在其上放2根竹竿或竹板，然后一层袋一层竹板地排放，使上下层菌袋间隔开来（图7-10），这样有利于通风散热。

图7-10 发菌期菌袋通风散热管理

（3）培养条件 菌丝体生长阶段不需要太多的光线，菌袋培养要控制培养温度，加强通风换气，并注意清理污染的菌袋。关键是前期保温、升温；后期降温，防止高温烧菌。

菌袋培养开始2～3天内，室温控制在26～28℃，以利于菌丝尽快萌发，占领料面，减少污染。菌丝正常生长后，菌丝生长产生热量，料温会高于室温，这时室温应调整到25～26℃，室内相对湿度为60%～70%，采取遮光措施并注意通风。袋间温度高于28℃时，要及时通风、散热、降温。做好遮光发菌，以免光照过强引起发菌不良。当温度下降到20℃时，要及时覆盖塑料薄膜保温，每周揭膜通风换气1次，揭膜时间不宜过长。培养15天后，将上下层菌袋调放在中部，使其菌丝生长速度一致。在温度适宜的情况下培养30～40天，菌丝体可长满菌袋。

注意 培养期间光线过强，菌丝体会出现胶质化，即菌丝体变成胶质状的黑色斑点，而无菌丝体。随着培养时间延长，出现胶质状的黑色斑点加大，而菌丝体长满袋后，还会在菌袋上出现褐色斑块，生产上称为"疣疤病"（彩图27），褐斑随着菌龄的增长而扩大，长褐斑的部位不能长出毛木耳子实体，随后在褐斑上长出木霉等杂菌，使整个菌袋被杂菌感染，造成出耳量减少。

五 出耳管理

1. 菌袋摆放

耳棚进行清洁并用生石灰消毒地面后，把发好菌的栽培袋排在耳棚内进行出耳。菌袋排放的方式多样，若只两头出耳，可在耳畦（床架）上多层摆放（图7-11）；若要开口出耳的，可采用单层排放或三角形（图7-12）、井字形、夹袋（图7-13）等摆放方式。

图7-11　多层摆放（高温期层间放竹竿）

图7-12　菌袋三角形摆放

2. 诱导催耳

当棚内温度稳定在15℃以上时，可开袋诱耳。具体做法是两头袋口各用小刀割4个分布均匀的"一"字形小口，口长1.5厘米左右（图7-14）。

割口的菌袋在前期要保温、保湿，以向空间和地面喷水为主，相对湿度保持在90%左右。一般割口后5～7天，菌袋两头会长出大量耳芽；当耳芽长到米粒大小时，可向袋头喷水。

3. 出耳管理

（1）水分管理 耳片长到6～8厘米大小时，生长速度快，喷水不足易使耳片干硬，因此应采用少喷、勤喷的方法补足水分（图7-15）。要求每天浇1次透水，再根据通风情况在耳畦上部和通风口处局部补水；同时注意喷水不宜过多，避免耳片积水，使毛面变成棕色，造成产品质量下降。在耳片边缘变黑内卷时，要及时喷水保湿，保持耳片处于湿润状态。当毛木耳标准耳片充分展开时，即可减少喷水量，甚至停水 1~2 天。

图 7-13　夹袋摆放

图 7-14　在菌袋两头割口

注意 如果耳片已成熟，但又遇阴雨天，不能采收并干燥时，要停止喷水，加大通风量，降低湿度。

（2）温度管理　正常栽培季节，温度一般适宜毛木耳生长。这一阶段保持 18~30℃，温度低于 16℃时，耳片生长缓慢；温度超过 35℃时，耳片生长受到抑制，严重时会出现耳片停止生长或流耳，应采取降温管理（图 7-16）。

图 7-15　毛木耳喷水带、
旋转喷水头

图 7-16　棚外喷水降温

（3）光照管理　毛木耳生长期间需要适当散射光，光线较弱时，耳片黑度不够，但毛面白度好；若光线太强，耳片黑度良好，但毛面呈红棕色；适宜的光照度为 400~500 勒，一般耳棚光线要求"二分阳、八分阴"。

（4）通风管理　耳棚内应保持良好的通风环境，特别是耳芽形成后，若通风不良，耳片不易展开。当耳棚温度高于 30℃时，应早晚通风；当耳棚温度低于 15℃时，应中午通风。

4. 采收

（1）采收时期 耳片充分展开，边缘开始卷曲，耳基变小，腹面可见白色孢子粉时，为采收适期（图7-17）。采收前2~3天停止喷水。

（2）采收方法 第1、2潮耳采用"采熟留幼、采大留小"的方法采收（图7-18）；棚温在27~30℃时，全部采收，轻轻连同耳基一同采下。采下的耳片要及时摊于晒场晒干。

图7-17　毛木耳成熟期

图7-18　毛木耳采收

5. 采后管理

采收后要清理料面上的死耳、烂耳，并清理耳棚内卫生。如果袋上没有生长的耳片，应停止喷水，让菌丝恢复，待下一潮耳基形成后，再喷水保湿。

> **小窍门** 若袋上仍生长有未成熟的耳片，要继续喷水保湿，但要干湿交替，这样既利于伤口愈合，又不影响耳片生长。小耳严禁大水直喷，应采用喷雾法提高空间相对湿度，避免直接向耳片灌水。

六　晾晒、分级

1. 晾晒

晴天，将采收下来的耳片分成单片，放在晾晒架上进行晾晒（图7-19）。若将整丛耳片相互重叠，下层的耳片不易晒干；应选择干净的水泥地面，将耳片一片一片铺开晾晒；若无干净的水泥地面，可先在地面上铺一层塑料

图7-19　毛木耳采收后进行晾晒

薄膜（图7-20）或草席（图7-21）等，再将耳片铺开晒干。耳片未发硬时不要翻动，以防耳片卷曲，影响商品外观。

图7-20 铺塑料薄膜晾晒毛木耳

图7-21 铺草席晾晒毛木耳

提示 已干燥的耳片要及时装入塑料袋或编织袋中，并储存在干燥的室内。在储藏期间，要防止耳片受潮，出现霉菌感染。若耳片已受潮，要及时取出晒干，否则会发生霉变。

2. 分级

晒干的毛木耳按出口标准进行分级。

一级：耳片厚，狭径在4厘米以上，光面乌黑发亮，毛面洁白，无病虫害，无杂质。

二级：耳片比一级耳薄，光面黑度、毛面白度略差，其他条件同一级耳。

等外级：耳片狭径在3厘米以上，单片或整朵，片薄，不适合加工，晒干后可直接进入干货市场。

提示 毛木耳还可以用切丝机加工成毛木耳丝（图7-22），出口标准一般为长度在3厘米以上，长1~3厘米的量不超过10%，宽度为（2.5±0.5）毫米，含水率低于14%。

图7-22 毛木耳丝

第三节　玉木耳高效栽培关键技术

🕐 **关键知识点**

　　玉木耳栽培一般采用立体吊袋栽培模式，此模式能提高空间利用率，管理简单，采耳方便，同时还可提高生物学效率，降低畸形耳比例，提高子实体的商品性状，提高生产效益。

　　玉木耳的栽培原料来源广泛，木屑、棉籽壳、甘蔗渣、玉米芯都是栽培玉木耳的优质原料。木屑需堆积发酵半年以上，不断淋水、发酵软化才能使用。堆积时间越长越好，颜色逐渐从米黄色变成黄褐色。

　　玉木耳是琥珀褐木耳（*Auricularia fuscosuccinea*）的一个纯白色变异株，其颜色洁白、茸毛较短、耳片薄、质地脆滑（彩图28），含有丰富的氨基酸与多糖，具有较高的抗癌活性，还有清肺益气、降血脂、降胆固醇、抑制血小板聚集等特效，堪称品质优良的"木生海蜇皮"，是很有开发前景的珍稀木耳类食用菌新品种。

一　生物学特性

　　（1）营养　要求碳氮比为（30～40）∶1。

　　（2）温度　属中高温菌类，菌丝生长温度范围为15～32℃，最适温度为25℃；子实体生长温度范围为18～32℃，最适温度为20～25℃。

　　（3）水分　菌丝生长要求培养料含水量为60%～70%，子实体生长时期要求空气相对湿度为90%～95%。

　　（4）光照　菌丝在黑暗或散射光的环境中都能正常生长，子实体的生长需要散射光。

　　（5）空气　菌丝和耳片生长阶段都需要氧气。空气中二氧化碳含量超过1000毫克/千克，抑制菌丝生长，子实体畸形，变成珊瑚状；二氧化碳含量超过5000毫克/千克，子实体会窒息死亡。

　　（6）pH　菌丝适合微酸性培养料，培养料灭菌前pH为7～8，灭菌后pH为6.5左右。

二　关键技术要点

1. 栽培季节

　　我国大部分地区可春秋两季栽培玉木耳，春季栽培在1～3月制袋，

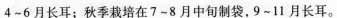

4~6月长耳；秋季栽培在7~8月中旬制袋，9~11月长耳。

2. 参考配方

玉木耳以木屑、棉籽壳、玉米芯等为主料，适当添加麸皮、碳酸钙等辅料栽培。参考配方如下：

1）杂木屑68%，棉籽壳20%，麸皮（或米糠）10%，石膏粉（或碳酸钙）1%，蔗糖1%。

2）木屑66%，稻壳粉15%，稻糠15%，豆粉2%，石膏1.5%，石灰0.5%。

3）细木屑41%，玉米芯10%，麸皮27%，豆粉9%，玉米粉11%，碳酸钙1.5%，石灰0.5%。

4）木屑77%，麸皮20%，豆粕2%，石灰0.5%，石膏0.5%。

5）木屑45%、玉米芯15%、棉籽壳15%、麸皮18%、豆粕粉5%、轻质钙2%。

6）五节芒30%，木屑52%，麸皮12%，玉米粉3%，轻钙2%，蔗糖1%。

以上配方料水比为1:（1.2~1.4）。

> **提示** 以上木屑均为阔叶树木屑，且需堆积发酵半年以上，经不断淋水、发酵软化才能使用。木屑使用前要过筛，过筛后一定要经过长时间的堆积，堆积时间越长越好，颜色应逐渐从米黄色变成黄褐色。

3. 装袋

采用聚乙烯短袋（18厘米×35厘米）或长袋（15厘米×55厘米）的规格用装袋机装袋。短袋填料高度约20厘米，湿重1.1千克/袋；长袋装袋长度约40厘米，湿重1.55千克/袋，料袋必须上下粗细松紧一致，配制好的栽培料当天必须装完袋。

4. 灭菌、接种、发菌

同毛木耳栽培。

5. 出耳管理

（1）割口

1）吊袋栽培。长袋每袋刺孔数量180~200个，短袋每袋刺孔数量110~120个。扎孔要深至1厘米，否则会影响出耳、耳片生长和产量。

2）两头出耳。用刀片在袋两头割"X"形出耳穴5~6个。割穴时不可太深，以防损伤菌丝。将割口后的菌袋集中堆放在一起，菌袋上面盖无纺布，往地面与无纺布喷水保湿，进行集中催耳。

（2）催耳 日平均气温高于15℃时，便可码堆，堆高不超过4层；每堆留10厘米左右的距离，盖膜保湿，控制膜内相对湿度为80%～85%、温度为25℃，减少通风，以免扎孔处料面发干。7天左右，扎孔（割穴）处菌丝恢复，此时喷水催耳。维持出耳场空气相对湿度在80%～90%，干湿交替。3～5天耳孔便可出现微小原基。

（3）吊袋或摆袋

1）吊袋。原基出现后，应及时吊袋。以40米×10米×4米的棚为例，吊袋可以投放菌包22000袋，而普通的平地栽培则仅能投放7000袋左右。7个菌包为1串，上下菌包间距10厘米（图7-23），菌包串离地35～40厘米，菌包串总高度为310厘米左右，串与串间距20厘米左右，每2～3排菌包串预留70厘米宽的通道，便于通风和人工管理。

> **提示** 吊袋时应注意将菌袋接种口朝下，防止接种口积水；最上面一层栽培袋不宜离微喷管过近，以免水雾无法喷到下层菌袋；最下面一层菌袋离地面至少要有35厘米的距离，离地面太近不仅采收不方便，而且下层湿度高会造成上下层耳片生长差异过大，过高的湿度也易导致耳袋污染。

2）摆袋。同毛木耳栽培（图7-24）。

图7-23 菌包上下间距10厘米

图7-24 菌袋多层摆放

（4）出耳 出耳期要保持较高的空气相对湿度（90%以上），应勤喷、少喷，保持耳片湿润；要持续通微风，若遇大风天气，应将耳棚两侧的薄膜拉下，只留纵向的通风口；待耳片长出1～2厘米，适当加大通风（图7-25）；当耳片长至3～5厘米及以上时，尽可能地增大通风，但仍要保持耳片湿润。玉木耳在阳光直射下易受青苔的侵染，因此在整个生长过程中，耳片只能受暗光或散射光照射。

6. 采收加工

应根据市场需求选择采摘耳片的大小。耳片以边沿即将展开而未展开，大小为3~5厘米的单片耳为上品（图7-26）；两头划口一般出菊花型耳（图7-27），市场价格低于单片耳。采摘时不能留下耳根，也不能碰伤周围的耳片，以免杂菌感染和耳片变色。采收前1天应停止喷水。采收后停止喷水1~2天，菌丝复壮后，再喷水管理。在采收第2、3潮耳时，如长耳不齐，可采大留小，分批采收。

图 7-25　幼耳　　　　　图 7-26　上品玉木耳

玉木耳采收后要及时鲜销或晾晒。晾晒时，应将耳片单层摆放，不能重叠，耳片朝上，耳根向下，以免耳片变黄、变褐影响品质。玉木耳干品应及时装入塑料袋中保存（图7-28）。

图 7-27　菊花型玉木耳　　　　　图 7-28　单片玉木耳干品

第八章　双孢蘑菇

双孢蘑菇〔*Agaricus bisporus（lange）* Srng.〕也称蘑菇、洋蘑菇、白蘑菇，属于担子菌纲伞菌目伞菌科蘑菇属。双孢蘑菇属于草腐菌，为中低温性菇类，是世界第一大宗食用菌。目前，全世界已有80多个国家和地区栽培，其中荷兰、美国等国家已经实现了工厂化生产。

双孢蘑菇也是我国食用菌栽培中栽培面积较大、出口量最多的拳头品种。我国稻草、麦草等农作物秸秆和畜禽粪便等资源丰富，比较适合双孢蘑菇的生长，目前在福建、河南、山东、河北、浙江、上海等地栽培较多，在福建、山东、河南等地也实现了双孢蘑菇的工厂化生产。

双孢蘑菇味道鲜美、营养极其丰富，蛋白质含量不仅大大高于所有蔬菜，和牛奶及某些肉类相当，而且这些蛋白质都是植物蛋白，容易被人体吸收。双孢蘑菇还具有抑制癌细胞与病毒、降低血压、治疗消化不良、增加产妇乳汁的功效，经常食用能起到预防消化道疾病的作用，并可使脂肪沉淀，有益于减肥，对人体保健十分有益。

第一节　概　　述

关键知识点

双孢蘑菇属于草腐菌，可充分利用农作物秸秆（小麦杆、稻草、玉米芯、棉秆等）和畜禽粪便，通过隧道式发酵成双孢蘑菇基料，从而有效构建起生态农业的循环模式，解决秸秆、粪便造成的环境污染问题。

利用隧道发酵技术制备双孢蘑菇培养基料具有机械化程度高、生产成本低、节能降耗、基料质量稳定、病虫少、栽培发菌快、产量高等显著的优势和特点；还可采用"企业＋农户"的形式进行订单生产，工厂化企业可专门提供培养料菌包给菇农直接装架生产并回收产品；菇农则解决了传统制料难、基料质量不稳定、产量低的瓶颈，增加了菇房年栽培次数，提高了菇房利用率和生产效率。该技术易于进行标准化、规范化作业，符合现代菇业高产、高效、持续发展的客观要求。

双孢蘑菇菌丝生长的最适 pH 为 7 左右，覆土最适 pH 为 6.8 ~ 7.5，低于 6.8 会大大增加木霉菌（杂菌/绿霉）污染的风险；高于 7.5，蘑菇生长慢，质地较硬。覆土要保证没有病菌感染，含有尽可能少的营养物质，这可以避免覆土中的菌丝生长受到寄生的真菌和杂草的破坏。在覆土中适当添加无机盐，蘑菇会变得坚硬，干重增加，并且颜色更白，但采收会延迟 1 ~ 3 天。双孢蘑菇的褐色品种在我国属于珍稀品种，栽培方法和白色品种相同，但其采收、运输、加工过程不易变色，日益受到消费者欢迎。

一 生物学特性

1. 生态习性

双孢蘑菇一般在春、秋季于草地、路旁、田野、堆肥场、林间空地等处生长，单生及群生。

2. 形态特征

(1) 菌丝体 菌丝体是双孢蘑菇生长的营养体，覆有白色茸毛。双孢蘑菇菌丝体适时覆土调水后，经培养，表面会陆续形成白色菌蕾，即子实体。

(2) 子实体 子实体是双孢蘑菇的繁殖部分，由菌盖、菌柄、菌环三部分组成。菌盖初期呈球形，后发育为半球形，老熟时展开呈伞形，但采收时不能开伞，否则影响商品价值。优质的双孢蘑菇菌盖圆整，肉肥厚而脆嫩、结实、色白、光洁，耐运输。

3. 生长发育条件

(1) 营养条件 双孢蘑菇是一种粪草腐生菌，配料时在作物秸秆（麦草、稻草、玉米秸等，见图8-1）中须加入适量的粪肥（如牛、羊、马、猪、鸡和人的粪尿等）。

图 8-1 栽培双孢蘑菇所用的秸秆

　　培养料堆制前碳氮比以（30~35）:1为宜，堆制发酵后，由于发酵过程中微生物的呼吸作用消耗了一定量的碳源且发酵过程中有多种固氮菌的生长，培养料的碳氮比降至21:1，子实体生长发育的适宜的碳氮比为（17~18）:1。

> **提示**　在农作物，如小麦收获时，在收割机上安装秸秆打包机或单独使用秸秆打包机（图8-2、图8-3），可以为双孢蘑菇或造纸业、工业提供充足的原材料，同时与各级政府的秸秆综合利用项目相结合，可有效破解秸秆焚烧的难题。

图8-2　秸秆打包机——方形

图8-3　秸秆打包机——圆形

> **建议**　秸秆打包机的生产和使用可纳入国家农业机械补贴目录，必要时可强制推行。

（2）环境条件

1）温度。菌丝体在5~33℃均能生长，最适温度为20~26℃；子实体生长的温度范围为7~25℃，最适温度为13~18℃。

2）水分。培养料含水量一般在65%~70%，覆土的含水量一般在40%~50%，具体以"用水调至用铁锹可以撒开的程度"的标准来衡量。开放式发菌的空气相对湿度在80%~85%；薄膜覆盖发菌空气相对湿度在75%以下；子实体时期空气湿度保持在85%~90%。

3）空气。双孢蘑菇是好气（氧）性真菌。菌丝体生长最适宜的二氧化碳含量为0.1%~0.5%；子实体最适宜的为0.03%~0.2%，超过0.2%，菇体菌盖变小、菇柄细长、畸形菇和死菇增多、产量明显降低。

4）光照。双孢蘑菇属厌光性菌类。菌丝体和子实体能在完全黑暗的条件下生长，此时子实体朵形圆正、色白、肉厚、品质好。

5）酸碱度。菌丝生长的pH范围是5~8，最适宜的pH为7.0~8.0。进棚前，培养料的pH应调至7.5~8.0，土粒的pH应在8~8.5。每采完一潮菇，喷水时可适当加点石灰，以保持较高的 pH，抑制杂菌滋生。

6）土壤。双孢蘑菇子实体的形成不但需要适宜的温度、湿度、通风等环境条件，还需要土壤中某些化学和生物因子的刺激，因此，出菇前需要覆土。

> **提示** 在食用菌栽培过程中，绝大部分品种可以进行覆土栽培，如平菇、草菇、大球盖菇、香菇、木耳、灵芝等，但覆土不是必要条件，不覆土也可出菇；双孢蘑菇、鸡腿菇、羊肚菌、猪肚菇、金福菇、长根菇（商品名为黑皮鸡枞）等品种则具有不覆土不出菇的特点。

二 品种类型

1. 按子实体色泽分

（1）白色 白色双孢蘑菇的子实体圆整，色泽纯白美观，肉质脆嫩，适宜于鲜食或加工罐头（彩图 29）；但若管理不善，则易出现菌柄中空现象。该品种子实体富含有酪氨酸，在采收或运输中常因受损伤而变色。

（2）奶油色 奶油色双孢蘑菇的菌盖发达，菇体呈奶油色，出菇集中，产量高，但菌盖不圆整，菌肉薄，品质较差。

（3）棕色 棕色双孢蘑菇具有柄粗肉厚、菇香味浓、生长旺盛、抗性强、产量高、栽培粗放的优点（彩图 30）。但菇体呈棕色，菌盖有棕色鳞片，菇体质地粗硬，在采收或运输中受损伤不会变色。

2. 按子实体生长最适温度分

按子实体生长最适温度，可分为中低温型（如 As2796）、中高温型（如四孢菇）及高温型（如夏秀 2000）3 种。

> **提示** 大部分双孢蘑菇菌株属于中低温型，最佳培育温度是 13～18℃，产菇期多在 10 月至第二年 4 月。我国主要双孢蘑菇品种的特性见 8-1。

表 8-1 我国主要双孢蘑菇品种的特性比较

品种 特性	W192、W2000、W38	As2796	A15、901
菌丝形态	贴生-半气生型	半气生型	贴生型
菇形	盖圆整，柄适中	盖圆整，柄适中	盖圆整，柄较长
子实体颜色	白色、光滑	白色、光滑	白色、有鳞片
菌褶颜色	细小、色浅	细小、色浅	稍大、偏红
菇质	好，适合鲜销和制罐	好，适合鲜销和制罐	稍差，适合鲜销

（续）

特性	品种 W192、W2000、W38	As2796	A15、901
合格率	高	高	一般
平均产量/（千克/米²）	高，25~30	较高，20~25	高，30~35
产量集中度	较集中，3潮80%	较平均，5潮80%	很集中，3潮90%
适合生产模式	农业及工厂化	农业及中国式工厂化	工厂化

第二节　双孢蘑菇高效栽培关键技术

 关键要点

在双孢蘑菇栽培过程中，培养料的发酵是关键，发酵的原则是"发酵均匀、完全"。在没有加热条件下可采取一次发酵法，有条件的情况下采取二次发酵可明显提高产量和降低病虫害。

双孢蘑菇栽培过程中单位面积的原料一定要充足，料厚不能低于30厘米，覆土厚度不能低于3厘米，否则易出现死菇、产量明显降低的现象。在双孢蘑菇出菇过程中，喷水一定不能喷大于覆土层持水量的水，否则会引起菌丝退菌。对于采菇后留下的孔、穴，一定要及时补平，否则喷的水易透过土层渗入培养料中引起退菌。

 原料选择

双孢蘑菇原始配料中的碳氮比以（30~33）:1为宜，发酵后以（17~20):1为宜。碳源主要有植物的秸秆，如稻、麦、玉米、地瓜、花生等的茎叶；氮源主要有菜籽饼、花生饼、麸皮、米糠、玉米粉及禽畜粪便等。另外，棉籽壳、玉米芯及牛马粪等原料中碳及氮的含量也都很丰富。

注意　双孢蘑菇不能同化硝态氮，但能同化铵态氮。此外，在生产上还要用石膏、石灰等作为钙肥。

提示 我们提倡粪肥混合搭配使用。据测定，马粪含磷较高，猪粪含钾较多，而牛粪含钙丰富。混合使用粪肥可使培养料的营养成分更为丰富、全面，有利于高产；同理，也提倡不同秸秆的混合使用。

二 参考配方

1）干牛粪1800，稻草1500，麦草500，菜籽饼100，尿素20，石膏粉70，过磷酸钙40，石灰50。

2）干牛粪1300，稻草2000，饼肥80，尿素30，碳酸氢铵30，碳酸钙40，石膏粉50，过磷酸钙30，石灰100。

3）麦秸2200，干牛粪2000（或干鸡粪800），石膏100，石灰70，过磷酸钙40，石灰40，硫铵20，尿素20。

4）干牛、猪粪1500，麦草1400，稻草800，菜籽饼150，尿素30，碳酸氢铵30，石膏80，用石灰调pH。

5）稻草或麦草3000，菜籽饼200，石膏粉25，石灰50，过磷酸钙50，尿素20，硫酸铵50。

6）棉秆2500，牛粪1500，鸡粪250，饼肥50，硫酸铵15，尿素15，碳酸氢铵10，石膏50，轻质碳酸钙50，氯化钾7.5，石灰97.5，过磷酸钙17.5。

以上配方均是按照每100米^{2}计算，单位为千克。

注意

①若粪肥含土过多，应酌情增加数量；如果粪肥不足，就用适量饼肥或尿素代替；湿粪可按含水量折算后代替干粪。

②北方秋栽每平方米菇床投料总重量应达30千克左右，8月发酵可适当少些，9月可适当多些。若配方中鸡粪多，应适当增加麦草量；若牛马粪多，应酌减麦草量，以保证料床厚度在25~30厘米，辅料相应变动即可。

③棉秆作为一种栽培双孢蘑菇的新型材料，不像麦秸及稻草那样可直接利用。棉秆加工技术与标准、栽培料的配方以及发酵工艺，都与麦秸和稻草料有很大区别。采用专用破碎设备，将棉秆破碎成4~8厘米的丝条状。加工时间以12月份为宜，因为这时棉秆比较潮湿，内部含水量在40%左右，加工的棉秆合格率在98%以上。由于干燥加工时会产生大量粉尘、颗粒、棒状物，因此需要喷湿后再加工。

三 栽培季节

自然条件下，北方大棚（温室、菇房等）栽培双孢蘑菇大都选择在秋季进行，提倡适时早播。8 月气温高，日平均气温在 24～28℃，利于培养料的堆积发酵；8 月底至 9 月上旬，我国大部分地区的月平均气温在 22℃左右，正有利于播种后的发菌工作；而到 10 月，大部分地区的月平均气温为 15℃左右，又正好进入出菇管理阶段。这样一来，省时省工，管理方便，且产量高、质量好。南方地区可参考当地平均气温灵活选择栽培季节。

一般情况下，8 月上旬、中旬进行建堆发酵，前发酵期为 20 天左右，后发酵期为 7 天左右，从播种到覆土的发菌期需 18 天左右，覆土到出菇也需 18 天左右，所以秋菇管理应集中在 10～12 月。1～2 月的某段时间，北方大部分地区的气温会降至 –4℃左右，可进入越冬管理。保温条件差的菇棚可封棚停止出菇；保温性能好的菇棚应及时做好拉帘升温与放帘保温工作，注重温度、通风、光线、调水之间的协调，争取在春节前能保持正常出菇，以争取好的市场价格。第二年 2 月底便开始春菇管理，3 月开始采收，至 5 月整个生产周期结束。

近几年来，秋菇大量上市，供大于求而"菇贱伤农"的现象时有发生，在实际栽培中可根据市场行情适当提前、推迟双孢蘑菇的播种时期，例如山东及周边地区可延迟至 12 月中旬以前在温室中播种；而适当晚播的双孢蘑菇在春天传统出菇少的时间大量出菇，经济效益反而比春节前还要高。

四 栽培模式选择

根据双孢蘑菇的品种特性、当地气候特点及出菇过程中不需要光线的特点，栽培模式可灵活选择，不可千篇一律、死搬硬套，造成不必要的损失。

1. 南方

南方地区气温高、湿度大，双孢蘑菇生产周期较短，栽培场所一般可选择草房（图 8-4）或大拱棚（图 8-5）。

2. 北方

北方地区气温低、气候干燥，栽培场所一般可选择塑料大棚、双屋面日光温室的阴面（图 8-6）、层架式菇房、土制菇房等（图 8-7）。

图 8-4 双孢蘑菇草房栽培

图 8-5 双孢蘑菇大拱棚栽培

图 8-6 双孢蘑菇双屋面
日光温室阴面栽培

图 8-7 双孢蘑菇土质菇房栽培

提示 土质菇房棚宽 10 米、长 60 米，总投资 4 万元左右，其内部结构如图 8-8 所示。各地可根据当地的气候、土壤等条件建造适合双孢蘑菇栽培的设施，不可照搬照抄，以免造成不必要的损失。

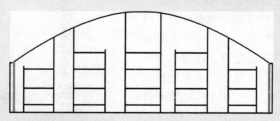

图 8-8 土质菇房内部示意图

五 培养料堆制发酵

由于双孢蘑菇菌丝不能利用未经发酵分解的培养料，因此培养料必须经过发酵腐熟，发酵的质量直接关系到栽培的成败和产量。

> **提示** 培养料的堆制发酵是双孢蘑菇栽培中最重要又最难把握的工艺。发酵是双孢蘑菇栽培中的关键技术，准备了好的原材料，选择了合理的配方后，还要经过科学而严格的发酵工艺，才能制作出优质的培养基，为高产创造基础条件。这三个要素，缺一不可。同时，发酵中建堆及翻堆过程是整个双孢蘑菇栽培中劳动量最大的环节，但技术简单易行。

培养料一般采用二次发酵，也称前发酵和后发酵。前发酵在棚外进行，后发酵在消毒后的棚内进行，前发酵需要 20 天左右，后发酵需要 5 天左右。全部过程需要 22 ~ 28 天。

> **提示** 在发酵中，首先要对发酵原料进行选择，碳氮源要有科学的配比，要特别注意考虑碳氮比的平衡。其次要控制发酵条件，促进有益微生物的大量繁殖，抑制有害微生物的活动，达到增加有效养分、减少消耗的目的。培养料发酵既不能"夹生"，以防病虫为害；又不能堆制过熟（养分过度消耗和培养料腐熟成粉状，失去弹性，物理性状恶化）。

双孢蘑菇、姬松茸、草菇、平菇、鸡腿菇等都可进行发酵栽培。

1. 发酵方法

在双孢蘑菇培养料堆制发酵过程中，温度、水分的控制、翻堆的方法、时机的把握决定着发酵的质量。

(1) 培养料预湿 有条件时可浸泡培养料 1 ~ 2 天，捞出后控去多余水分，直接按要求建堆。浸泡水中要放入适量石灰粉，每立方米水放石灰粉 15 千克。也可利用洒水设施进行预湿（图 8-9）。

在浸稻麦草时，可先挖一个坑，大小根据稻麦草量决定，坑内铺上一层塑料薄膜，抽入水，放入石灰粉。

图 8-9 培养料预湿

边捞边建堆，建好堆后，每天在堆的顶部浇水，以堆底有水溢出为标准，3～4天麦秸（稻草）基本可以吸足水分。

> **提示** 棉柴因组织致密、吸水慢和吃水量小等原因，水分过少，极易发生"烧堆"，所以棉秆、粪肥要提前2～3天预湿。预湿的方法是：开挖一沟槽，内衬塑料薄膜，然后往其中放水，添加相当于水量1%的石灰。把棉柴放入沟内水中，并不断拍打，使之浸泡在水中1～2小时，待吸足水后捞出。检查棉柴吃透水的方法是抽出几根长棉柴用手掰断，以无白芯为宜。

（2）建堆 料堆要求宽2米、高1.5米，长度可根据栽培料的多少决定，建堆时每隔1米竖1根直径为10厘米左右、长1.5米以上的木棒，建好堆后拔出，自然形成一个透气孔，以增加料内氧气，有利于微生物的繁殖和发酵均匀（图8-10）。

图8-10 麦秸堆制发酵

堆料时先铺一层麦草或稻草（大约25厘米厚），再铺一层粪，边铺边踏实，粪要撒均匀，照此法一层草一层粪地堆叠上去，堆高至1.5米，顶部再用粪肥覆盖。将尿素的1/2均匀地撒在堆中部。

注意

①为防止辅料一次加入后造成流失或相互反应失效，提倡分次添加。石膏与过磷酸钙能改善培养料的结构，加速有机质的分解，故应在第一次建堆时加入。石灰粉在每次翻堆时根据料的酸碱度适量加入。

②粪肥在建堆前晒干、打碎、过筛。若用的是鲜粪，来不及晒干，可用水搅匀，建堆时分层泼入，不能有粪块。

③堆制时每层要浇水，要做到底层少浇、上部多浇，以次日堆周围有水溢出为宜。建堆时要注意料堆的四周边缘尽量陡直，料堆的底部和顶部的宽度相差不大，堆内的温度才能保持得较好。料堆不能堆成三角形或近似于三角形的梯形，因为这样不利于保温。在建堆过程中，必须把料堆边缘的麦草、稻草收拾得干净整齐，不要让这些草秆

参差不齐地露在料堆外面。这些暴露在外面的麦秸草很快就会风干，完全没有进行发酵。

④ 第一次翻堆时将剩余的石膏、过磷酸钙均匀地撒入培养料堆中。

⑤ 建堆可以用建堆机或翻堆机进行（图8-11）。

图8-11 建堆机建堆

图8-12 翻堆

（3）翻堆（前发酵）

翻堆的目的是为了使培养料发酵均匀，改善堆内空气条件，调节水分，散发废气，促进微生物的继续生长和繁殖，便于培养料得到良好的分解和转化，使培养料腐熟程度一致。

在正常情况下，建堆后的第二天料堆开始升温，第3~7天料温升至70℃以上（原料不同，升温速度不同），大约3天后料温开始下降。这时进行第一次翻堆（图8-12），将剩余的石灰、石膏粉和磷肥边翻堆边撒入，要撒匀。重新建好堆后，待料温升到70℃以上时，保持3天，进行第2次翻堆。每次翻堆方法相同，一般翻堆3次即可。

提示 翻堆时不要流于形式，否则达不到翻堆的目的，应把料堆的最里层和最外层翻到中间，把中间的料翻到里层和外层。翻堆时，如果发现整团的稻、麦草或粪团，要打碎抖松，使整个料堆中的粪和草掺匀，绝不能原封不动地堆积起来，否则达不到翻堆的目的。

① 从第二次翻堆开始，在水分的掌握上只能调节，干的地方浇水，湿的地方不浇水，防止水分过多或过少。每次建好堆若遇晴天，要用草帘或玉米秸遮阴；雨天要盖塑料薄膜，以防雨淋；晴天后再掀掉塑料薄膜，否则会影响料的自然通气。

② 在实际操作中，以上天数只能作为参考。如果只按天数，料温达

不到70℃以上，同样也达不到发酵的目的。每次翻堆后长时间不升温，要检查原因，是水分过大还是过小，透气孔是否被堵塞了。如果水分过大，建堆时面积可以大一些，让其挥发多余水分。如果水分过小，建堆时要适当补水。若发现料堆周围有鬼伞，要在翻堆时把这些料抖松弄碎并掺入料中，经过高温发酵杀死杂菌。

③ 每次翻堆要检查料的酸碱度，若偏酸，则结合浇水撒入适量石灰粉，使 pH 保持在 8 左右。发酵好的料应呈浅咖啡色，无臭味和氨味，质地松软，有弹性。

④ 培养料进棚前的最后一次翻堆时不要再浇水，否则影响发酵温度及效果。

（4）后发酵（二次发酵） 后发酵是双孢蘑菇栽培中防治病虫害的最后一道屏障，目的是最大限度地降低病菌及虫口基数，也能起到事半功倍的效果；否则，后患无穷。同时，要完成培养料的进一步转化，适当保持高温，使放线菌和腐殖霉菌等嗜热性微生物利用前发酵留下的氮、酰胺及三废为氮源进行大量繁殖，最终转化成可被蘑菇利用的菌体蛋白，完成无机氮向有机氮的转化。此外，微生物增殖、代谢过程产生的代谢产物、激素、生物素均能很好地被双孢蘑菇菌丝体所利用，同时创造的高温环境还可使培养料内及菇棚内的病虫害被彻底消灭。

后发酵可经过人为空间加温（层架栽培），使料加快升温速度。如用塑料大棚栽培，通过光照自然升温就可以了（图8-13）。后发酵可分三个阶段：

1）升温阶段。在前发酵第 3 次翻堆完毕的第 2 ~ 4 天内，趁热入棚，建成与菇棚同向的长堆，堆的高度、宽度分别为 1.3 米、1.6 米。选一个光照充足的日子，把菇棚草帘全部拉开，使料温快速达到 60 ~ 63℃、气温 55℃左右，保持 6 ~ 10 小时，这一过程又称为巴氏灭菌。10 月后，如温度达不到指标，则需用炉子或蒸汽等手段强制升温。

图 8-13 双孢蘑菇后发酵

2）保温阶段。控制料温在 50 ~ 52℃，维持 4 ~ 5 天。在此阶段，每天揭开棚角小通风 1 ~ 2 小时，补充新鲜空气，促进有益微生物繁殖。

3）降温阶段。当料温降至 40℃左右时，打开门窗通风降温，排出有害气体，然后发酵结束。

(5) 优质发酵料的标准

1）质地疏松、柔软、有弹性，手握成团，一抖即散，腐熟均匀。

2）草形完整，一拉即断，为棕褐色（咖啡色）至暗褐色，表面有一层白色放线菌，料内可见灰白色嗜热性纤维素分解霉、浅灰色绵状腐殖霉等微生物菌落。

3）无病虫杂菌，无粪块、粪臭、酸味、氨味，原材料混合均匀，具有蘑菇培养料所特有的料香，手握料时不粘手，取小部分培养料在清水中揉搓后，浸提液应为透明状。

4）培养料 pH 应为 7.2~8.0，含水量应为 63%~65%，以手紧握时指缝间有水印且欲滴下的状况为佳。

5）培养料上床后温度不回升。

六　播种、发菌与覆土

1. 菇房消毒

不管新菇房还是老菇房，在培养料进房前还是进房后，都要进行消毒杀菌处理。用 0.5% 浓度的敌敌畏溶液喷床架和墙壁，栽培面积 111 米^2 的菇房用量在 2.5 千克，然后紧闭门窗 24 小时。

2. 铺料

后发酵结束后，把料堆按畦床大体摊平，把料抖松，将粪块及杂物拣出，通风降温，排出废气，使料温降至 28℃ 左右。铺料时提倡小畦铺厚料，以改善畦床通气状况，增加出菇面积，提高单产，一般床面宽 1~1.2 米，料厚 0.3~0.4 米。为防止铺料不均匀或过薄（图 8-14），可用宽 1.2 米、高 0.4 米的挡板进行铺料（图 8-15）。

图 8-14　铺料过薄　　　　图 8-15　用挡板铺料

3. 播种

按每平方米2瓶（500毫升/瓶）的播种量（一般为麦粒菌种），把总量的3/4先与培养料混匀（底部8厘米尽量不播种），用木板将料面整平，轻轻拍压，使料松紧适宜，用手压时有弹力感，料面呈弧形或梯形，以利于覆土；后把剩余的1/4菌种均匀地撒到料床上，用手或耙子扒一下，使菌种稍漏进表层，或在菌种上盖一层薄麦草，以利定植吃料，不致使菌种受到过干或过湿的伤害。

4. 覆盖

播种结束，应在料床上面覆一层用稀甲醛消过毒的薄膜，以保温保湿，且使料面与外界隔绝，阻止杂菌和虫害的入侵（图8-16）。2~3天后，薄膜的近料面会布满冷凝水，此时应在外面喷稀甲醛后翻过来，使菌种继续在其中消毒，而冷凝水被蒸发掉，如此循环。我国传统的覆盖方法是用报纸调湿覆盖（图8-17），但这种方法需经常喷水，因为表层很容易干燥。

图8-16　薄膜覆盖保湿

图8-17　报纸覆盖保湿

5. 发菌

此时应采取一切措施创造菌丝生长的适宜条件，促进菌丝快速、健壮地生长，尽快占领整个料床，封住料面，缩短发菌期，尽量减少病虫害的侵染。这是发菌期管理的原则。播种后2~3天内，菇房以保温、保湿为主，以促进菌种萌发定植。经过3天左右，菌丝开始萌发，这时应加强通风，使料面菌丝向料内生长。

> **小窍门**　发菌期间要避免表层菌种因过干或过湿而死亡。菇棚干燥时，可向空中、墙壁和走道洒水，以增加空气湿度，减少料内水分挥发。遇到高温发菌时（培养料温度为26~28℃），湿度应相对降低，增加通风量，二氧化碳含量控制在1500毫克/千克以下，以避免菌被的形成。

6. 覆土

(1) 理想的覆土材料 应具有喷水不板结，湿时不发黏，干时不结块，表面不形成硬皮和龟裂，蓄水力强等特点，有机质含量高的偏黏性壤土和林下草炭土最好。生产中一般多用稻田土、池糖土、麦田土、豆地土、河泥土等，一般不用菜园土，因含氮量高，易造成菌丝徒长，结菇少，而且易藏有大量病菌和虫卵。

> **提示** 覆土可取表面15厘米以下的土，并经过烈日曝晒，杀灭虫卵及病菌，而且可使土中一些还原性物质转化为对菌丝有利的氧化性物质。覆土最好呈颗粒状，细粒直径为 0.5～0.8 厘米，粗粒直径为 1.5～2.0 厘米，掺入1%的石灰粉，喷水调湿，土的湿度以用手捏不碎、不粘为宜。

(2) 覆土 菌丝基本长满料的 2/3，这时应及时覆土（图 8-18），常规的覆土方法分为覆粗土和细土两次进行。粗土对理化性状的要求是手能捏扁但不碎，不粘手，没有白心为合适。有白心、易碎为过干；粘手为过湿。覆盖在床面的粗土不宜太厚，以不使菌丝裸露为度，然后用木板轻轻拍平。覆粗土后要及时调整水分，喷水时要做到勤、轻、少，每天喷 4～6 次，2～3 天把粗土含水量调到适宜湿度，但水不能渗到料里。覆粗土后的 5～6 天，当土粒间开始有菌丝上窜，即可覆细土。细土不用调湿，而是直接把半干细土覆盖在粗土上，然后再调水分。细土含水量要比粗土稍干，有利于菌丝在土层间横向发展，提高产量。

图 8-18 覆土

图 8-19 双孢蘑菇生长示意图

> **提示** 从图 8-19 中可以看出，双孢蘑菇原基在覆土层内产生，所以覆土层不能太薄，否则土层持水量太少，易出现死菇、长脚菇、薄皮开伞菇等生理病害；过厚容易出现畸形菇和地雷菇等生理病害。因此覆土层厚度一般为 3～4 厘米，多为 3 厘米，草炭土可为 5 厘米。

7. 覆土后管理

覆土以后的管理重点是水分管理，覆土后的水分管理称为"调水"，调水采取促、控结合的方法，目的是使菇房内的生态环境能满足菌丝生长和子实体形成。

（1）粗土调水 粗土调水是一项综合管理技术。管理上既要促使双孢蘑菇菌丝从料面向粗土生长，同时又要控制菌丝生长过快，防止土面菌丝生长过旺，包围粗土造成板结。因此，粗土调水应掌握"先干后湿"这一原则，粗土调水工艺为：粗土调水（2～3天）→通风状菌（1天）→保湿吊菌（2～3天）→换气促菌（1～2天）→覆细土。

（2）细土调水 细土调水的原则与粗土调水的原则是完全相反的。细土调水的原则是"先湿后干，控促结合"。其目的是使粗土中菌丝生长粗壮，增加菌丝营养积蓄，提高出菇潜力。其调水工艺是：第一次覆细土后即进行调水，1～2天内使细土含水量达18%～20%，其含水量应略低于粗土含水量。喷水时通大风，停水时通小风，然后关闭门窗2～3天。当菌丝普遍串上第一层细土时，再覆第二次干细土或半干湿细土，不喷水，小通风，使土层呈上部干、中部湿的状态，迫使菌丝在偏湿处横向生长。

> **提示** 遇到高温、高湿等气候环境时，应加大通风量，降低二氧化碳浓度，增加内循环及风速，抑制覆土中菌丝徒长，减少气生茸毛状菌丝。

8. 扒平

覆土后第8天左右，因大量调水导致覆土层板结，要采取"扒平"工艺：用几根粗铁丝拧在一起，一端分开，弯成小耙状，松动畦床的覆土层，改善其通气及水分状况，且使覆土层混匀，使断裂的菌丝体遍布整个覆土层。

七 出菇管理

覆土后15～18天，经过适当地调水，原基开始形成，这些小菌蕾经过管理开始长大、成熟（图8-20），这个阶段的管理就是出菇管理，按照双孢蘑菇出菇的季节，又可分为秋菇管理、冬菇管理和春菇管理。

1. 秋菇管理

双孢蘑菇从播种、覆土到采收，需要40天左右的时间。秋菇生长过程中，气候适宜，产量集中，一般占总产量的70%，其管理要点是在保证出菇适宜温度的前提下，加强通风，调水工作是决定产量的关键所在，既要多出菇、出好菇，又要保护好菌丝，为春菇生产打下基础。

（1）水分管理 当床面的菌丝洁白旺盛，布满床面时要喷重水，让菌丝倒伏，这时喷水也称"出菇水"，以刺激子实体的形成。此后停水2～3天，加大通风量，当菌丝扭结成小白点时，开始喷水，增大湿度，随着菇量的增加和菇体的发育而加大喷水量，喷水的同时要加强通风。

图8-20 双孢蘑菇出菇

当双孢蘑菇长到黄豆大小时，须喷1～2次较重的"出菇水"，每天1次，以促进幼菇生长。之后，停水2天，再随菇的长大逐渐增加喷水量，一直保持其即将进入菇潮高峰，再随着菇的采收而逐渐减少喷水量。

> **提示** 水分管理技术是一项细致、灵活的工作，为整个秋菇管理中最重要的环节，有"一斤水，一斤菇"的说法。调水要注重"九看"和"八忌"。

1）调水有"九看"。

① 看菌株。贴生型菌株耐湿性强，出菇密，需水量大，同等条件下，调水量比气生型菌株多。

② 看气候。气温适宜时应当多调水；偏高或偏低时，要少调水、不调水或择时调水。如棚温达22℃以上，应在夜间或早晚凉爽时调水；棚温在10℃以下，宜在中午或午后气温较高时调水；晴天要多喷水，阴天少喷。

③ 看菇房。菇房或菇棚透风严重，保湿性差，要多调水，少通风。

④ 看覆土。覆土材料偏干，黏性小，沙性重，持水性差，调水次数和调水量要多些。

⑤ 看土层厚度。覆土层较厚，可用间歇重调的方法；土层较薄，应分次轻调。

⑥ 看菌丝强弱。若覆土层和培养料中的菌丝生长旺盛，可多调水。其中结菇水、出菇水或转潮水要重调；反之，菌丝生长细弱无力，要少调、轻调或调维持水。

⑦ 看蘑菇的生长情况。菇多、菇大的地方要多调水，菇少、菇小的

地方要少调。

⑧ 看菇床位置。靠近门、窗处的菇床，通风强、水分散失快，应多调水；四角及靠墙的菌床，少调水。

⑨ 看不同的生长期。结菇水要狠，出菇水要稳，养菌期要轻，转潮水要重。

2）调水有"八忌"。

① 忌调关门水。调水时和调水后，不可马上关闭门窗，避免菌床菌丝因缺氧窒息而衰退；防止菇体表面水滞留时间过长，产生斑点或死亡。

② 忌高温时调水。发菌期棚温在25℃以上，出菇期在20℃以上时，不宜过多调水，高温高湿易造成菌丝萎缩、菇蕾死亡、死菇增多、诱发病害等。

③ 忌采菇前调水。要进行2小时以上的通风后才能采菇，否则菇体容易变红或产生色斑。

④ 忌寒流来时调重水。避免菌床降温过快、温差过大，导致死菇或硬开伞。气温下降后，菇的生长速度与需水量随之下降，水分蒸发也减少，多余水分易产生"漏料"和退菌。

⑤ 忌阴雨天调重水。避免菇房因高湿状态而导致病害发生或菇体发育不良。

⑥ 忌施过浓的肥水、药水和石灰水。防止产生肥害、药害，避免渗透作用使菌丝细胞出现生理脱水而萎缩，造成菇体死亡或发红变色。

⑦ 忌菌丝衰弱时调重水。防止损害菌丝，菌床产生退菌。

⑧ 忌不按季节与气温变化调水。秋菇要随气温的下降和菇的生长量灵活调水；冬菇要控水；春菇要随气温的升高而逐渐加大调水量。

(2) 温度管理 秋菇前期气温高，当菇房内温度在18℃以上时，要采取措施降低棚内温度，如夜间通风降温、向棚四周喷水降温、向棚内排水沟灌水降温等。秋菇培育后期气温偏低，当棚内温度在12℃以下时，要采取措施提高棚内温度，一般提高棚内温度的方法有采取中午通风提高温度，夜间加厚草苫保持棚内温度，或用黑膜、白膜双层膜提高棚内温度等措施。

(3) 通风管理 双孢蘑菇是一种好气性真菌，因此菇房内要经常进行通风换气，不断排除有害气体，增加新鲜氧气，这样有利于双孢蘑菇的生长。菇房内的二氧化碳含量为0.03%～0.1%时，可诱发原基形成，当二氧化碳含量达到0.5%时，就会抑制子实体分化；超过1%时，菌盖变小，菌柄细长，就会出现开伞和硬开伞现象。

> **提示** 秋菇出菇前期气温偏高，此时菇房内如果通风不好，将会导致子实体生长不良，甚至出现幼菇萎缩死亡的现象。此时菇房通风的原则应考虑以下两个方面：一是通风不提高菇房内的温度，二是通风不降低菇房内的空气湿度。因此，菇房的通风应在夜间和雨天进行，无风的天气南北窗可全部打开；有风的天气，只开背风窗。为解决通风与保湿的矛盾，门窗要挂草帘，并在草帘上喷水，这样在进行通风的同时，也能保持菇房内的湿度，还可避免热风直接吹到菇床上，避免造成双孢蘑菇发黄而影响产品质量。

秋菇出菇后期气温下降，双孢蘑菇子实体减少，此时可适当减少通风次数。判断菇房内的空气是否新鲜，主要以二氧化碳的含量为指标，也可以双孢蘑菇的子实体生长情况和形态变化来判断氧气是否充足。例如，通风差的菇房中会出现柄长、盖小的畸形菇，说明菇房内二氧化碳超标，需及时进行通风管理。

（4）采收 在出菇阶段，每天都要采菇，应根据市场需要的大小采，但不能开伞。采菇时要轻轻扭转，尽量不要带出培养料。随采随切除菇柄基部的泥根，要轻拿轻放，否则碰伤处极易变色，从而影响商品价值。

（5）采后管理 每次采菇后，应及时将遗留在床面上的干瘪、变黄的老根和死菇剔除掉，否则会发霉、腐烂，易引起绿色木霉和其他杂菌的侵染和害虫的滋生。采过菇的坑洼处再用土填平，保持料面平整、洁净，以免喷水时水渗透到培养料内影响菌丝生长。

2. 冬菇管理

双孢蘑菇冬季管理的主要目的，是保持和恢复培养料内和土层内菌丝的生长活力，并为春菇打下良好的基础。长江以北诸省，12月底至第二年2月底气候寒冷，构造好、升温快、保温性能强或有增温设施的菇棚可使其继续出菇，以获丰厚回报，但在控温、调水和通风等方面与秋菇、春菇管理有较大差异，要根据具体的气温灵活掌握，不可死搬硬套。升温、保温性能差的简易棚，棚内温度一般在5℃以下，菌丝体已处于休眠状态，子实体也失去了应有的养分供给而停止生长，此时应采取越冬管理，否则会入不敷出，且影响春菇产量。

（1）水分管理 随着气温逐渐降低，出菇越来越少，双孢蘑菇的新陈代谢过程也随之减慢，对水分的消耗减少，土面水分的蒸发量也在减少，为保持土层内良好的透气条件，必须减少床面用水量，改善土层内透气状况，保持土层内菌丝的生活力。

提示　冬季气温虽低，但北方气候干燥，床面蒸发依然很大，因此必须适当喷水。一般 5~7 天喷 1 次水，水温以 25~30℃ 为宜。不能重喷，以使细土不发白、捏得扁、搓得碎为佳，含水量保持在 15% 左右。要防止床土过湿，以免低温结冰，冻坏新发菌丝。

若菌丝生长弱，可喷施 1% 葡萄糖水 1~2 次，喷水应在晴天的中午进行，寒潮期间和 0℃ 以下时不要喷水。室内温度最好控制在 4℃ 以上，室内的空气相对湿度可保持自然状态，并结合喷水管理，越冬期间还应喷 1~2 次 2% 的清石灰水。

(2) 通风管理　冬季要加强菇房的保暖工作（图 8-21），同时还要有一定的换气时间，保持菇房、出菇场所空气新鲜（图 8-22）。菇房北面窗户及通风气洞要用草帘等封闭，仅留小孔。一般每天中午开南窗通风 2~3 小时；气温特别低时，可暂停通风 2~3 天，使菇房内的温度保持在 2~3℃。

图 8-21　双孢蘑菇棚口搭
建拱棚保温

图 8-22　冬季双孢蘑菇林
下栽培模式

(3) 松土、除老根　松土可改善培养料表面及覆土层的通气状况，减少有害代谢物；同时清除衰老的菌丝和死菇，有利于菌丝生长。对于菌丝生长较好的菌床，在冬季进行松土和除老根，对来年春菇的生产有良好的促进作用。

松土及除老根后，需及时补充水分以利于发菌。"发菌水"应选择在温度开始回升以后喷洒，以便在湿度和温度适宜的情况下，促使菌丝萌发、生长。"发菌水"要一次用够，用量要保证恰到好处，即用 2~3 天时间，每天 1~2 次喷湿覆土层而又不渗入料内，防止用量不足或过多导致菌丝不能正常生长。喷水后应适当进行通风。菌丝萌发后，千万要防止西南风袭击床面，以免引起土层水分的大量蒸发和菌丝干瘪后萎缩。

3. 春菇管理

2月底至3月初，日平均气温回升到10℃左右，此时进入春菇管理。

（1）水分管理 出菇前期应勤喷轻喷，忌用重水。随着气温的升高，双孢蘑菇陆续出菇后，可逐渐增加用水量。一般气温稳定在12℃左右时调节出菇水，就能正常出菇。出菇后期，菌床会变酸性，可定期喷施石灰水进行调节。

（2）温、湿、气的调节 春菇管理前期应以保温、保湿为主，通风宜在中午进行，防止昼夜温差过大，使菇房保持在一个较为稳定的温湿环境中，有利于双孢蘑菇生长。春菇管理后期应防高温、干燥，通风宜在早、晚进行。通风时要严防干燥的西南风吹进菇房，以避免土层菌丝变黄萎缩，失去结菇能力。

八 出菇期的病害

1. 出菇过密且小

菌丝纽结形成的原基多，子实体大量集中形成，菇密而小（彩图31）。

【发生原因】 出菇重水使用过迟，菌丝生长部位过高，子实体在细土表面形成；出菇重水用量不足；菇房通风不够。

【防治方法】 出菇水一定要及时和充足；在出菇前就要加强通风。

2. 死菇

双孢蘑菇在出菇阶段，由于环境条件的不适，在菇床上经常发生小菇蕾萎缩、变黄直至死亡的现象，严重时床面的小菇蕾会大面积死亡（彩图32）。

【发生原因】 出菇密度大，营养供应不足；高温高湿，二氧化碳积累过量，幼菇缺氧窒死；机械损伤，在采菇时，周围小菇受到碰撞；培养基过干，覆土含水量过小；幼菇期或低温季节喷水量过多，导致菇体水肿黄化，溃烂死亡；用药不当，产生药害；秋菇出菇时遇寒流侵袭，或春菇出菇时棚温上升过快，而料温上升缓慢，造成温差过大，导致死菇；秋末温度过高（超过25℃），春菇出菇时气温回升过快，连续几天超过20℃，此时温度适合菌丝体生长，菌丝体逐渐恢复活性，吸收大量养分，易导致已形成的菇蕾产生养分倒流，使小菇因养分供应不足而成片死亡；严冬时节棚温长时间在0℃以下，造成冻害而成片死亡；病原微生物侵染和虫害，如螨、跳虫、菇蚊等泛滥。

【防治方法】 要根据当地气温变化特点科学地安排播种季节，防止高温时出菇；春菇出菇后期要加强菇房的降温措施，防止高温袭击；在土层调水阶段，应防止菌丝长出土面，压低出菇部位，以免出菇过密；防治病虫杂菌时，要避免用药过量造成药害。

3. 畸形菇

常见的畸形菇有菌盖不规则、菌柄异常、草帽菇、无盖菇等（彩图33）。

【发生原因】 覆土过厚、过干，土粒偏大，对菇体产生机械压迫；通风不良，二氧化碳浓度大，出现柄长、盖小、易开伞的畸形菇；冬季室内用煤加温，一氧化碳中毒产生的瘤状突起；药害导致畸形；调水与温度变化不协调而诱发菌柄开裂，裂片卷起；料内、覆土层含水量不足或空气湿度偏低，出现平顶、凹心或鳞片。

【防治方法】 为防止畸形菇发生，土粒不要太大，土质不要过硬；出菇期间要注意菇房通风；冬季使用加温火炉应放置在菇房外，利用火道送暖。

4. 薄皮菇

薄皮菇症状为菌盖薄、开伞早、质量差（彩图34）。

【发生原因】 培养料过生、过薄、过干；覆土过薄，覆土后调水轻，土层含水量不足；出菇期遇到高温、低湿、调水后通风不良；出菇密度大、温度高、湿度大，子实体生长快、成熟早，营养供应不上。

【防治方法】 控制出菇数量，合理安排菇房通气，降低温度，能有效防止薄皮、早开伞现象。

5. 硬开伞

症状为提前开伞，甚至菇盖和菇柄脱离（彩图35）。

【发生原因】 气温骤变，菇房出现10℃以上温差及较大干湿差；空气湿度高而土层湿度低；培养基养分供应不足；菌种老化；出菇太密，调水不当。

【防治方法】 加强秋菇后期保温措施，降低菇房温度的变幅；增加空气湿度，促进菇体均衡生长。

6. 地雷菇

结菇部位深，甚至在覆土层以下，往往在长大后才被发现（彩图36）。

【发生原因】 培养基过湿、过厚或培养基内混有泥土；覆土后温度过低，菌丝未长满上层便开始扭结；调水量过大，产生"漏料"，土层与料层产生无菌丝的"夹层"，只能在夹层下结菇；通风过多，土层过干。

【防治方法】 培养料不能过湿、不能混进泥土，以避免料温和土温差别太大；合理调控水分，适当降低通风量，保持一定的空气相对湿度，以避免表层覆土太干燥，促使菌丝向土面生长。

7. 红根菇

菌盖颜色正常，菇脚发红（彩图37）或微绿。

【发生原因】 用水过量，通风不足；肥害和药害；培养料偏酸；采收前喷水；运输中受潮、挤压。

【防治方法】 出菇期间土层不能过湿，加强菇房通风。

8. 水锈病

表现为子实体上有锈色斑点，甚至斑点连片（彩图38）。

【发生原因】 床面喷水后没有及时通风，出菇环境湿度大；温度过低，子实体上水滴滞留时间过长。

【防治方法】 喷水后，菇房应适当通风，以蒸发掉菇体表面的水分。

9. 空心菇

症状为菇柄切削后有中空或白心现象（彩图39）。

【发生原因】 气温超过20℃时，子实体生长速度快，出菇密度大；空气相对湿度在90%以下，覆土偏干。菇盖表面水分蒸发量大，迅速生长的子实体得不到水分的补充，就会在菇柄产生白色疏松的髓部，甚至菌柄中空，形成空心菇。

【防治方法】 盛产期应加强水分管理，提高空气相对湿度；土面应及时喷水，不使土层过干；喷水时应轻而细，避免重喷。

10. 鳞片菇

【发生原因】 气温偏低，前期菇房湿度小、空气干，后期湿度突然拉大，菌盖便容易产生鳞片（彩图40）；有时，产生鳞片是某些品种的固有特性。

【防治方法】 提高菇房内的空气相对湿度，尽量避免干热风吹进菇房或直吹出菇床面。

11. 群菇

许多子实体参差不齐的密集成群菇（彩图41），即不能增加产量，又浪费养分和不便于采菇。

【发生原因】 使用老化菌种；采用穴播方式。

【防治方法】 可采用混播法；在覆土前把穴播的老种块挖出来，并用培养料补平。

12. 胡桃肉状菌

【发生原因】 胡桃肉状菌菇农形象地称之为"菜花菌"（彩图42），

存在于旧菇房土壤中，病菌孢子随感病培养料、菌种等进入菇房，可随气流、人、工具等在棚内传播蔓延。子囊孢子耐高温、抗干旱，对化学药品抵抗力强，存活时间长。胡桃肉状菌在高温、高湿、通风不良以及培养料偏酸性的菇棚中常有发生。

【防治方法】 培养料需经过严格发酵，最好进行二次发酵，以消灭潜存于培养料内的病菌。培养料不宜过熟、过湿、偏酸；培养料进房前半个月，菇房、床架、墙壁及四周要用水冲洗，并喷洒 1% 的漂白粉溶液消毒。栽培 2 年以上的老菇房，床架要用 1:2:200 的波尔多液洗刷，再用 10% 石灰水粉刷墙壁。覆土应取菜园 20 厘米以下的红壤土，暴晒后，每 100 米² 栽培面积的覆土用 2.5 千克甲醛进行消毒。

发生此菌后应立即停止喷水，使土面干燥，并挑起胡桃肉状菌的子实体，用喷灯烧掉，再换上新土。小面积发生时可用柴油或煤油浇灌，或及早将受污染的培养料和覆土挖除，然后用 2% 的甲醛溶液或 1% 漂白粉液喷洒，并喷石灰水，以提高培养料的 pH。已大面积发生时，应去除培养料并将其深埋或烧毁；然后消毒菇房，以免污染环境，预防来年发病。

九 双孢蘑菇腌渍

在双孢蘑菇收获季节，由于上市集中、数量较多而难以储存，往往低价处理，极大地挫伤了菇农的种植积极性，在实际生产中可采用盐渍方法来解决上述问题（图 8-23、图 8-24）。经过脱盐处理后可用来加工罐头，在国际市场上非常畅销。

图 8-23 双孢蘑菇杀青

图 8-24 双孢蘑菇腌渍

第三节　双孢蘑菇工厂化生产关键技术

⏰ **关键要点**

　　在环保要求越来越高的情况下，我国双孢蘑菇工厂发酵场的整体流程合理循环（节水、污水利用、氨气回收）较为关键，尤其是氨气回收。

　　双孢蘑菇工厂化高产的关键是形成大小阶梯式的菇蕾数量。覆土中的菌丝量越大，管理越困难。菌丝量越大，越容易受到菇房环境条件的影响，菌丝很容易在覆土深层中形成原基，但是品质较差。双孢蘑菇能否出得均匀，要从原基分化开始控制，通过气候控制技术可以使不同大小的双孢蘑菇的原基分布良好。空气流通速度以及流量和分布对双孢蘑菇呼吸的水分蒸发和保持蘑菇的可持续性生长都有重要的影响。国产泥炭覆土最适搅拌时间为10分钟（随搅拌时间的延长，泥炭覆土充气孔隙度降低，容重增加。实际生产中，搅拌机械、搅拌方式都会影响覆土的物理结构，进而影响蘑菇的产量和质量），覆土时最适含水量为60%~65%（尽管覆土后可通过喷水增加含水量，但在覆土时保持泥炭合适的含水量可提高双孢蘑菇产量和质量），覆土厚度为5厘米（太薄的话，一潮菇、二潮菇后很难补充水分，二潮菇、三潮菇水分供给不足；太厚的话，对产量增加没有帮助，只会增加覆土成本）。

　　在荷兰、美国等国家，双孢蘑菇生产的特点是高度专业化，生产工业化，菌种、培养料、发酵和栽培等工序分别由专业的公司和菇场完成，各工序的参数控制非常严格，各菇场蘑菇的单产水平均较高。目前，我国的一些蘑菇工厂引进和借鉴国外的蘑菇工业化生产技术，在培养料发酵和蘑菇栽培等环节精确按参数控制，使蘑菇单产水平接近了国外的标准，并摆脱了季节性束缚，实现了全年生产（图8-25）。

图8-25　双孢蘑菇工厂生产车间

一 生产工序

从工艺技术方面看，我国现有双孢蘑菇工厂化栽培企业的工艺流程、主要生产设施、设备各有不同，根据工艺流程顺序、工序特点加以归纳，基本情况见表8-2。

表8-2 双孢蘑菇生产工序及特点

主要工序	生产方式及主要设备	主要特点
混合预湿	用大型混料机械混料预湿（图8-26）	投资大，效率高，对原料有要求
	用铲车、泡料池混料预湿	投资少，需要有预湿场地
一次发酵	用翻堆机在发酵棚内发酵	简单节能，占地大、质量不均
	用一次发酵隧道发酵（图8-27）	发酵质量好，占地少，投资较大
二次发酵	在菇房内通蒸汽消毒和后发酵	能耗高，消毒和后发酵不均，菇房利用率低，菇房损害大
	在二次发酵隧道内消毒发酵（图8-28）	节能，消毒和后发酵质量好
三次发酵	行车传送带入料、拉网出料	需要空调设备、通风设备、加湿设备，投资大
	隧道布料机布料和播种、铲车出料	需要空调设备、通风设备、加湿设备，投资较少，铲车出料浪费部分培养料
上料、卸料方式及菇床架	拉布式机械化上料、卸料，需要配备高标准的菇床架	铺料均匀，效率高，不易污染，投资大，生产成本高
	压块打包后人工上料、卸料，可配一般结构的菇床架	铺料均匀，效率高，不易污染，打包投资大，热缩膜成本高
	传送带上料、卸料，人工铺平压实，可配一般结构的菇床架	效率较高，投资较少，生产成本较低，人工铺平压实有不匀现象
	人工搬运上料、卸料，可配一般结构的菇床架	投资少，效率低，劳动强度大，人工铺平压实有不匀现象
菇房空气调节系统	水冷却（加热）方式，集中制冷（热）水，每个菇房安装风机盘管	安全可靠，便于维护，夏季菇房的湿度不易控制
	单体式水源冷（热）空调机组，每个菇房一台，可分别制冷或制热	结构简单，造价适中，每个菇房可按工艺要求，灵活转换制冷或制热模式，夏季菇房的除湿效果好
	单体式制冷机组，每个菇房一台，只能制冷，冬季取暖需另配供热系统	结构简单，造价低，夏季菇房的除湿效果好，冬季需要另配供热系统

203

图 8-26　真空预湿机

图 8-27　一次发酵隧道

二　关键环节

1. 通风管道式发酵隧道

这种隧道地下通风是采用塑料管加喇叭口气嘴。优点是结构简单，便于维护，通风均匀，进出料方便；缺点是要求风机的送风压力较大，电耗较高。

2. 上料方式

对于上料方式，目前主要有拉布式机械上料、压块打包上料、传送带式上料、人工上料这 4 种：

（1）拉布式机械上料　通过上料设备把播好菌种的培养料均匀铺平压实在尼龙网布上，并将其拉到菇床架的床面上。这种上料方式的优点是料面平整、压实均匀，上料速度快且不易污染，卸料容易。缺点是要有专用的上料设备，对菇床架的要求比较高，投资很大，适合大型栽培企业。

（2）压块打包式上料　将二次发酵好的培养料播好菌种后，通过压块打包设备加工成菌包，用机械或人工摆放到菇床架上（图 8-28）。这种上料方式的优点是菌包运输方便、便于上料不易污染，对菇床架的要求不高。缺点是要用专用的压块打包设备，还要消耗大量热缩膜，投资大，生产成本高，只适用于大型培养料生产基地与出菇房距离较远，

图 8-28　二次发酵隧道

或出菇房分散且周边硬化场地空间不大的情况。

（3）传送带式上料 将二次发酵好的培养料播好菌种后，通过传送带把散料送到菇床架上，用人工铺平并压实（也可用压实设备）。优点是对菇床架要求不高，投资较少，生产成本较低；缺点是人工铺平压实有不匀现象。

（4）人工上料 人工搬运上料、卸料，投资少，效率低，容易污染，劳动强度大，人工铺平压实有不匀现象。

3. 菇房空气调节控制系统

对于菇房的空气调节控制系统，工厂化栽培的出菇房一定要有能够制冷和供热的空调设备，同时还要有能够调节室内空气成分（二氧化碳含量）和湿度（夏季比较重要）的调控设备（图8-29）。在我国应用比较成功的菇房空气调节控制系统主要有以下3种：

（1）水冷却式中央空调系统 采用集中制冷（热）水，通过管道送到各个菇房的风机盘管内，分别调节各个房间。这种空调系统的优点是安全可靠，便于维护，房间较多时投资相对减少；缺点是夏季菇房湿度不易控制，蘑菇的含水量偏高，不易保鲜，因此适用于菇房较多，不以鲜销为主的大型双孢蘑菇栽培企业。

图8-29 空气调节控制系统

（2）单体式水源冷（热）空调机组 每个菇房一套，可分别制冷或制热。这种空调系统的优点是安全可靠，节能效率高，便于控制，夏季菇房除湿效果好，蘑菇的含水量容易控制，易于保鲜，特别适合以鲜销为主的双孢蘑菇栽培企业；缺点是菇房较多时投资会增加。

（3）单体式制冷空调机组 每个菇房一套，只能制冷，这种空调系统的优点是安全可靠，便于控制，夏季菇房除湿效果好，蘑菇易于保鲜，适合以鲜销为主的双孢蘑菇栽培；缺点是只能夏季使用，且菇房较多时投资也会增加。

三 关键技术要点

1. 培养料的配比

（1）常用培养料 工厂化的双孢蘑菇生产常用的原料有麦草、稻草、鸡粪、牛粪、饼肥、石膏、磷肥等。选择原料时，既要考虑营养，又要考虑到培养料的通透性，麦草和鸡粪是首选原材料。

(2) 培养料要求　新鲜无霉变，麦草含水量 18%~20%，含氮量 0.4%~0.6%，以黄白色草茎长者为佳。鸡粪要尽量得干，不能有结块，含水量 30% 左右，含氮量 4%~5%，以雏鸡粪最好，蛋鸡粪次之。石灰、石膏等辅料要求无杂质，不含没有必要的重金属，特别是镁含量不宜过高，氧化镁含量应控制在 1% 以下。

(3) 培养料配制原则　培养料配制时，首先要计算初始含氮量，然后确定粪草比，最后确认培养料中碳和氮的比例。以粪草培养料配方为主的初始含氮量控制在 1.5%~1.7% 之间。合成培养料配方为主的初始含氮量控制在 2.0% 左右。培养料配制的粪草比不能超过 5∶5，否则游离氨气将很难排尽。

> **提示**　关于培养料配制中碳和氮的比例，我国的资料一致推荐碳氮比为（30~33）∶1，这种比例是基于国内相应的生产条件所给出的。在工厂化生产的培养料配制中，碳氮比应为（23~27）∶1，这种碳氮比的配制将在料仓和隧道系统中发挥优势。在生理作用层面上，碳源主要供应微生物生长所需的能量，氮源主要参与微生物蛋白质的合成，以合成微生物内部的构造物质。对微生物生长发育来讲，培养基中碳氮比是极其重要的，对双孢蘑菇而言尤其关键。在料仓和隧道系统中，碳氮比例（23~27）∶1 的培养料有利于促进培养料发酵的有益微生物的生长发育，能够促进培养料的腐熟分解；在料仓中，培养料中的碳氮比逐渐降到（21~26）∶1；在隧道中，培养料中的碳氮比逐渐降到（14~16）∶1，此时的碳氮比有利于蘑菇菌丝的生长发育，而菌丝的良好生长能够为以后的蘑菇高产打下必要的基础。在培养料的堆制过程中，含氮量过低会减弱微生物的活动，堆温低则会延长发酵时间；含氮量偏高时，将会造成 NH_3 在培养料中的积累，将抑制蘑菇菌丝的生长。因此，在配制培养料时，主料和辅料的用量必须遵循一定的比例。

(4) 推荐配方　麦草 1000 千克，鸡粪 1400 千克，石膏 110 千克。其中，麦草水分含量为 18%，含氮量为 0.48%；鸡粪水分含量为 45%，含氮量为 3.0%。培养料中初始含氮量为 1.6%，碳氮比为 23∶1。

2. 培养料的堆制发酵

(1) 场地要求　工厂化双孢蘑菇生产的培养料发酵在菌料厂内完成，菌料厂封闭运行，分原料储备区、预湿混料区、一次发酵区和二次发酵区四个部分，对场地的要求是地势高、排水畅通、水源充足，菌料厂的地面都应采取水泥硬化，并根据生产需求设计合理的给排水系统，菌料厂的布局细节暂不做论述。

（2）发酵用水 符合饮用水的卫生标准，使用自来水或深井水，同时排水系统要有防污染设备，对排水要充分净化，发酵用水的质量控制指标是 pH 7 ~ 8，氮含量尽量低，浸料池水的含氮量每批料都需要测量。

（3）堆制发酵 双区制的双孢蘑菇工厂通常采取二次发酵技术，用料仓进行为期 16 天的一次发酵，用隧道进行为期 7 ~ 9 天的二次发酵。双区制双孢蘑菇培养料堆制发酵流程为：

原料预处理→培养料预湿处理→混料调制→一次发酵→隧道二次发酵→降温上料播种。

> **提示** 3 种发酵方式：
>
> 1）室外自然发酵。这是最早期的发酵方式，目前我国大多采用室外自然发酵堆肥方法，花费的时间较长，堆肥混合不均匀，受外界因素的影响很大，堆肥发酵阶段的温度难以控制。
>
> 2）仓式发酵。这种方式是对室外自然发酵方式的巨大改进，由室外转移至室内进行发酵，可以是封闭状态也可以是半封闭状态，进料跟传统的种植模式一样，也是由装载机来完成。主要是通过控制进入堆肥的空气来控制整个发酵进程即以人工控制进入整个堆肥的空气流量来调整发酵速度。仓式发酵的最大进步是在发酵仓内的地板下安装管道式通风系统，通风面积达 30%，由外界送风可以直接通过地板自下而上地垂直加压进入堆肥，从而保证堆肥发酵温度的均一，进而可以使全部堆肥完全、充分并且均匀地进行发酵。
>
> 3）隧道发酵。这是对仓式发酵的更进一步改进，全封闭式结构，对地板进行改进，使地面形成一种网状结构，地板为条形镂空式，总体通风面积占地板总面积的 50% 左右，进出料完全实现机械化，通过网状地面的设计，自然风按照设计的流向充分进入堆肥，在一个封闭的空间内进行充分的发酵，比较节省能源；厌氧发酵（促进碳水化合物的分解）与有氧发酵（促进蛋白质-氮的转化）交替进行，使秸秆充分分解、转化，并使部分氨离子（NH_4^+）固化，变成菌丝可以利用的氮源。从实际使用效果来看，隧道发酵不会排放大量的氨气，同时还可以缩短一次发酵的时间（图 8-30）。

图 8-30　培养料隧道发酵

图 8-31　节能菇房外观

隧道一次发酵的异常情况处理：① 料呈乳黄色，酸臭味较大。原因是原料中水量偏多及堆心部位缺氧严重，需加大底层送风量，经 4~6 小时，酸臭味会自然消失。②原料黏性过大，呈水红色或棕色，气味偏酸。造成的原因是原料水量偏多，处理方法为增加一次倒仓。

隧道二次发酵的异常处理：①培养料底部和隧道的两侧偏干：原因是底层风量过大或隧道空间温度超过 70℃；处理方法：人工喷洒加热至 80℃的热水（内加 1% 石灰），切忌喷洒生冷水。②原料呈片状粘连：原因是培养料发酵期间的温度低于 45℃，引起细菌污染；处理方法：在发酵期间加大通风量（每吨每小时 150 米^3 的循环风），40~45℃的停留期不得超过 8 小时。③培养料氨味偏重：原因是巴氏灭菌温度超过 65℃，造成培养料过度发酵，并影响氨气的吸附效果。处理方法：迅速将温度降至 52℃，保持 3~5 小时，也可向隧道空间喷洒 5% 甲醛溶液，以及时清除隧道内的游离氨。

3. 栽培设施条件

控温菇房车间采用钢塑结构或砖混结构建造，封闭性、保温性及节能性好，利于控温、保湿、通风、光照和防控病虫害。单库菇房大小以 10 米×6 米×4 米为宜，中架宽 1.3 米，边架宽 0.9 米，层间距 0.5 米，底层离地面 0.2 米以上，架间走道 0.7 米。按冷库标准要求进行建造，制冷设备与冷库大小相匹配，配置制冷机及制冷系统、风机和通风系统以及自动控制系统；应有健全的消防安全设施，备足消防器材；排水系统畅通，地面平整。

我国有的企业开发了节能菇房（图 8-31），该菇房造价较低，产量接近于工厂化出菇房。

> **提示** 工厂化生产区与生活区分隔开，生产区应合理布局，堆料场、拌料装料车间、制种车间、发酵车间、接种室、发菌室与控温菇房、包装车间、成品仓库、下脚料处理场各自隔离又合理衔接，防止各生产环节间交叉污染。

4. 上料、发菌

（1）准备 上料前结合上一个养殖周期用蒸汽将菇房加热至70～80℃并维持12小时，撤料并清洗菇房，上料前将菇房温度控制在20～25℃，要求操作时开风机保持正压。

（2）上料 用上料设备将培养料均匀地铺到床架上，同时把菌种均匀地散播在培养料里（图8-32），每平方米散播大约0.6升（占总播种量的75%），料厚22～25厘米，上完料后立即封门，床面整理平整并压实，再将剩余的25%的菌种均匀地撒在料面上，盖好地膜。地面清理干净，并用杀菌剂和杀虫剂或二合一的烟雾剂消毒1次。

（3）发菌 料温控制在24～28℃，相对湿度控制在90%，根据温度调整通风量。每隔7天用杀虫杀菌剂消毒1次。14天左右菌丝即可长好，覆土前2天揭去地膜，消毒1次。菇房内二氧化碳含量在1200毫克/千克左右。

图8-32 自动播种上料设备

（4）病虫害防治 此期间病虫害很少发生，如果出现的病害，要及时将培养料清除出菇房做无害化处理；治理虫害（主要为菇蝇、菇蚊），可在菇房外部设立紫外灯或黑光灯进行诱杀，在菇房内定期结合杀菌用烟雾剂熏蒸杀虫即可。

5. 覆土及覆土期发菌管理

（1）覆土的准备 草炭土粉碎后加25%左右的河沙，用福尔马林、石灰等拌土，同时将含水量调整到55%～60%，pH调整为7.8～8.2，覆膜闷土2～5天，覆土前3～5天揭掉覆盖物，摊晾。

（2）覆土 把覆土材料均匀地铺到床面，厚度4～5厘米。环境条件同发菌期一致；菌丝爬上后连续3天加水，加到覆土的最大持水量。

（3）搔菌 菌丝基本长满覆土后进行搔菌，2天后将室温降到15～18℃，进入出菇阶段。

6. 出菇

（1）降温　进入出菇阶段后，24 小时内将料温降到 17～19℃，室温降到 15～18℃，空气湿度调整到 92%，二氧化碳含量低于 800 毫克/千克。

（2）出菇　保持上述环境到菇蕾至黄豆粒大小，降低湿度至 80%～85%，其他环境条件不变；当双孢蘑菇长到花生粒大小后，增加加水量（图 8-33）。

图 8-33　双孢蘑菇工厂化出菇

> **提示**　工厂化生产最重要的是形成大小阶梯式的菇蕾数量。国外品种为贴生型菌株，诱导出菇的环境条件相对比较容易达到要求，出菇的密度大，如何控制出菇密度是提高蘑菇品质的关键技术（表 8-3）。

表 8-3　环境控制菇蕾形成密度

环　　境	适度菇蕾	减少菇蕾形成
空气温度	19℃保持 1 天，然后 18℃保持 5 天。	21℃保持 1 天，20℃保持 2 天，然后 18℃保持 3 天
堆肥温度	由 28℃降至 21℃需 3 天	由 28℃降至 22℃需 5 天
CO_2 浓度	2000 毫克/千克保持 2 天，然后保持 1500 毫克/千克	3000 毫克/千克保持 1 天，2000 毫克/千克保持 2 天，然后保持 1500 毫克/千克
相对湿度	92% 保持 3 天，然后保持 90%	95% 保持 3 天，然后保持 92%
风机速度	60%	50% 保持 2 天，然后保持 60%

（3）采摘　蘑菇大小达到市场要求后即可采摘，每潮菇采摘 3～4 天，第 4 天清床，将所有的蘑菇不分大小地一律采完（图 8-34），然后清理好床面的死菇、菇脚等。清床后，根据覆土干湿情况和菇蕾情况加水 2～3次，二潮菇后管理同第一潮菇。

图 8-34 机械化采菇

提示 用机械采的双孢蘑菇一般用于加工，鲜销一般用手工采摘。

（4）清料 三潮菇结束后应及时清理废菌料，并开展菌糠生物质资源的无害化循环利用。对生产场地及周围环境进行定期冲刷和消毒。菇房通入蒸汽可使菇房温度达到 70~80℃，随后维持 12 小时，降温后撤料开始下一周期的生产。

注意

工厂化生产的双孢蘑菇应推行产品包装标识上市，建立质量安全追溯制度及生产技术档案，生产记录档案应保留 3 年以上。生产技术档案应主要包括以下几个方面：

①产地环境条件，如空气质量，水源质量，菇房设施材料、结构及配套设备、器具等。

②生产投入品使用情况（包括栽培料配方中的原料和辅、肥料、农药及添加剂、所用菌种、拌料及出菇管理用水等），包括名称、来源、用法和用量、使用和停用的日期等。

③生产管理过程中（从备料、预湿、一次发酵、二次发酵、播种、发菌、出菇，到采收）双孢蘑菇病虫害的发生和用药防治情况。

④双孢蘑菇的采收日期、采收数量、商品菇等级、包装、加工情况。

⑤生产场所（菇棚、菇房）名称、栽培数量、记录人、入档日期。

第九章 杏鲍菇

杏鲍菇 (*Pleurotus eryngii* Quel.) 又名刺芹侧耳、雪茸，隶属于真菌界真菌门担子菌亚门真担子菌纲层菌亚纲伞菌目侧耳科侧耳属。杏鲍菇因具有令人愉悦的杏仁香味和肉肥厚似鲍鱼而得名。

第一节 概 述

关键知识点

杏鲍菇在 6~15℃ 菇体生长迟缓，但菇体组织细密、色泽美观，可培育出优质菇。空气相对湿度维持在 80% 左右即可，一般每天通风 1~3 小时即可，可在中午或午后通风。尤其在寒冷的冬季，要防止在夜间通风使菇场温度太低而发生冻害。强光直射会使菇体发黄变质。每个菌袋的出菇端最好只留 1~2 个菇蕾。提前 3~5 天采菇，可保持菇体的白度，防止采菇后在贮运过程中因菇体发黄而影响质量。

形态特征

1. 菌丝体

菌丝洁白、健壮、茸毛状、均匀，菌落舒展，边缘较整齐，不分泌色素，镜检有锁状联合。

2. 子实体

子实体单生或群生（图 9-1）。菌盖宽 2~12 厘米，初呈弓圆形，逐渐平展，成熟时中央浅凹至漏斗型、圆形至扇形，表面有丝状光泽，平滑、干燥、细纤维状，幼时呈浅灰墨

图 9-1 杏鲍菇子实体

色，成熟后呈浅黄白色，中心周围常有近放射状黑褐色细条纹，幼时盖缘内卷，成熟后呈波浪状或深裂；菌肉白色，具杏仁味，无乳汁分泌；菌褶延生，密集，略宽，呈乳白色，边缘及两侧平滑，有小菌褶。孢子印呈白色（也可呈浅黄至青灰色）。菌柄大小为（2～8）厘米×（0.5～3）厘米，偏心生至侧生，较少中央生，呈棍棒状至球茎状；横断面呈圆形，表面平滑，无毛，近白色至浅黄白色，中实，肉白色，肉质纤维状，无菌环或菌幕；孢子呈椭圆形至近纺锤形，手感平滑，菌丝有锁状联合。

二 生物学特性

1. 营养条件

杏鲍菇需要较丰富的碳源和氮源，因为它是一种分解纤维素和木质素能力较强的食用菌，可在棉籽壳、木屑、蔗渣、麦秆等农副产品下脚料组成的基质上生长。在母种培养基中，一般马铃薯葡萄糖琼脂培养基（PDA）和马铃薯蔗糖琼脂培养基（PSA）均适合菌丝生长，而添加一定量的蛋白胨、酵母或麦芽汁可加快菌丝生长。普通的木屑、麦麸培养基是适合原种、栽培种的培养基。在生产料中添加棉籽壳、玉米粉、黄豆粉，可以提高子实体产量。以麦秆为主要原料，添加5%～10%的棉籽粉不但可以提高产量，还可以使子实体个体增大。

2. 环境条件

（1）温度 温度是决定杏鲍菇生长和发育的最主要因素，也是产量能否稳定的关键。杏鲍菇菌丝生长最适宜的温度是25℃，原基形成的适宜温度是10～15℃，子实体发育的适宜温度为15～21℃。

（2）水分 在杏鲍菇菌丝生长阶段，培养料含水量以60%～65%为宜，空气相对湿度要求60%左右；在子实体形成和发育阶段，相对湿度要求分别在85%～90%和95%左右。因生产时不宜在菇体上喷水，水分主要靠培养基供给，所以培养料含水量65%～70%更适合子实体的发生和生长。

（3）光照 杏鲍菇菌丝生长阶段不需要阳光，而子实体的形成和发育需要散射光。适宜的光照度是500～1000勒。

（4）空气 杏鲍菇菌丝生长和子实体发育都需要新鲜的空气，但在营养生长期二氧化碳对菌丝生长有促进作用。随着菌丝的生长，瓶（袋）中二氧化碳含量由正常空气中含量的0.03%逐渐上升到22%（220 000毫克/千克），能明显地刺激菌丝的生长。原基形成阶段需要充足的氧气，二氧化碳含量控制在50～1000毫克/千克之间；而在子实体生长发育阶

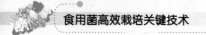

段，二氧化碳含量以小于2000毫克/千克为宜。

（5）酸碱度 杏鲍菇菌丝生长的最适宜 pH 是 6.5～7.5，其生长 pH 范围是 4～8；出菇时的最适宜 pH 是 5.5～6.5。

第二节　杏鲍菇高效栽培关键技术

🕐 *关键知识点*

　　综合考虑发菌时间、污染率、生物学效率等因素，以玉米芯为主料不适宜栽培杏鲍菇，以棉籽壳为主料较为适宜，以棉籽壳加玉米芯为主料栽培产量较高，但必须注意控制杂菌污染。出菇菌袋采取打孔接种能有效降低发菌天数和污染率，从而提高杏鲍菇的产量和品质。

　　杏鲍菇的栽培方式以半脱袋竖向畦栽且覆土至菌棒 3/4 处为最佳，但这种栽培方式较菌墙式栽培的缺点是不能有效利用菇棚内空间，这一点可根据当地实际情况，尝试立体多层架式栽培来加以克服。

　　给菇棚盖上防虫网是预防虫害的有效方法。用 25 目（孔径约为 700 微米）的 2.5 米宽、长度不限的防虫网在每个内棚架外的四周挂上（顶上由于塑料膜是固定的，所以不需要），防虫网上部与顶棚的塑料、下部与地面要固定严实，不能有空隙，两端的出口要有缓冲室或较宽的折叠。有防虫网时要注意，进出时一定要及时关门，以防昆虫飞入。

一　栽培季节

　　适宜杏鲍菇出菇的温度是 10～18℃，因而可按照出菇温度的要求安排好季节，在自然条件下生产，安排好栽培季节是取得成功的保证。根据杏鲍菇的适宜生长温度，北方地区在 8 月下旬制生产袋，10 月上旬出菇；也可安排在春末夏初，但因这一阶段，温度适宜期较短，病虫害发生较多，所以一般很少选择这一时期。与其他菇类不同的是，杏鲍菇的第一批菇若未能正常形成，就会影响到第二批菇的正常出菇，从而影响产量，因此应该根据出菇温度来安排适合当地栽培的季节。如果有恒温条件，也可四季进行栽培。

二　栽培场所

　　栽培场所可根据具体情况选择，干净的房间、塑料大棚、温室或林下

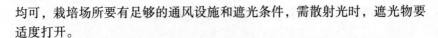

均可，栽培场所要有足够的通风设施和遮光条件，需散射光时，遮光物要
适度打开。

三 参考配方

杏鲍菇菌丝分解木质素、纤维素的能力较强，可广泛利用杂木屑、棉
籽壳、玉米芯、黄豆秆、废菌糠等。但仅用木屑和菌糠生产，生物学效率
仅有 20% ~ 40%；棉籽壳的生产效率较高，但成本也高；用作物秸秆生产
可能产量不够稳定。因此，要全面考虑杏鲍菇的营养特性，因地制宜地选
择较好的原料及配方。现将生产中理想的几种配方介绍如下：

1）杂木屑 36%，棉籽壳 36%，麸皮 20%，豆秆粉 6%，过磷酸钙
1%，石膏粉 1%。

2）杂木屑 30%，棉籽壳 25%，玉米芯 18%，麸皮 15%，玉米粉
5%，豆秆粉 5%，过磷酸钙 1%，石膏粉 1%。

3）杂木屑 22%，棉籽壳 22%，麸皮 20%，玉米粉 5%，豆秆粉
29%，过磷酸钙 1%，石膏粉 1%。

4）杂木屑 73%，麸皮 25%，石膏粉 1%，石灰粉 1%。

5）棉籽壳 78%，麸皮 20%，石膏粉 1%，石灰粉 1%。

6）甘蔗渣 70%，米糠 20%，玉米粉 7%，蔗糖 1%，石膏粉 1%，石
灰粉 1%。

四 拌料、装袋

拌料时，应先将棉籽壳或木屑等主料平摊于地，然后再将麸皮、玉米
面、石膏等辅料拌匀后均匀地撒于主料上，经 2 ~ 3 次翻堆使主料与辅料
充分混合均匀，然后再加水。若气温高，拌料时应加入适量的石灰粉，以
免酸料。

培养料含水量高低是决定出菇早晚及产量高低的重要因素之一，含水
量过低，则产量低；含水量过高，则菌丝生长缓慢，且易感染杂菌，出菇
迟。料与水的比例一般在 1:(1.2 ~ 1.4)，以紧捏培养料时指缝间有水渗
出，且下滴 1 ~ 2 滴水珠为宜。可用拌料机拌料，也可人工拌料，拌好的
培养料的 pH 应在 6 ~ 7 之间。

培养料拌好后应立即装袋。袋子规格一般为 17 厘米 × (30 ~ 33) 厘
米，如果用的不是成品袋，应提前把筒袋的一头扎好，使之不透气。装袋
时，边提袋边压实，扎口要系活扣，一般每袋可装干料 0.30 ~ 0.35 千克。
装袋应松紧适宜，过紧透气不良，影响菌丝生长；过松则薄膜间有空隙，

容易被杂菌污染。拌料装袋必须当天完成，以防酸败。

五 灭菌、接种、培养

用高压或常压进行灭菌，常规接种、培养。

六 出菇管理

1. 立式（墙式）袋栽

杏鲍菇第一潮菇蕾能否正常形成，会直接影响到第二潮能否正常出菇及总产量。杏鲍菇原基形成必须满足两个条件：一是充分的营养积累，这是杏鲍菇原基形成的物质基础；二是适宜的环境条件，特别是较低的温度刺激和较高的相对湿度。生产上常依据两个原则：一是菌丝长满袋后，因积累的营养较少，需继续培养 10 ～ 20 天后才可开袋出菇，需遵循宁迟勿早的原则；使用不同的生产料在生产上略有差别，以木屑、棉籽壳为主料生产时，培养期可延长至 15 ～ 20 天；以农作物秸秆为主料生产时，培养期以 10 ～ 15 天为宜。二是当时、当地环境条件是否利于原基分化和形成。当气温高于 20℃ 以上时不宜开袋，气温稳定在 10 ～ 18℃ 时，把塑料袋口反卷至靠近培养基表面，温度控制在 10 ～ 18℃，空气相对湿度保持在 85% ～ 90%，并增加适当的散射光；每天通风 2 ～ 3 次，每次通风 20 ～ 30 分钟，保持空气新鲜，经过 8 ～ 15 天就可形成原基并分化成菇蕾（图9-2）。

（1）掌握好开袋时间 在菌丝尚未扭结时开袋，难以形成原基或原基形成很慢，出菇不整齐，菇体经济性状差；在原基形成或出现小菇蕾时开袋，原基分化和小菇发育正常，出菇整齐，菇体的经济性状好；如果在子实体已长大时开袋，在袋内会出现畸形菇，严重的会萎缩、腐烂。因此，袋栽杏鲍菇的开袋时间，应在菌丝扭

图9-2　杏鲍菇菇蕾

结形成原基并已出现小菇蕾时开袋，解开袋口，将袋膜向外翻卷到高于料面 2 厘米为宜。

（2）控制好菇房温度 菇房温度直接影响原基的形成和子实体的生

长发育。气温低于8℃时原基难以形成，即使已伸长的菇体也会停止生长、萎缩、变黄，直到死亡；当气温持续在18℃以上时，已分化的子实体突然迅速生长，品质会下降，小菇蕾开始萎缩，原基停止分化；气温达21℃以上时，很少现原基，已形成的幼菇也会萎缩死亡。不同生态型的菌株，造成幼菇死亡的临界温度有所不同，造成的损失也有差别。温度较高，子实体生长快，菇体小，开伞快，产品质量差。因此，在室外自然条件下或大棚中生产（图9-3）时，应在中午前后气温高、光照强烈时结合喷水、通风进行降温处理。在早春或秋冬季，气温较低时，应适当关闭门窗，中午增加强光，晚上加厚覆盖，以提高棚内温度，有条件的还可采用地热或人工加温措施。因此，出菇期菇房气温应控制在13~15℃，这样出菇快、菇蕾多、出菇整齐，15天左右可采收。

（3）控制好菇房湿度 初期的空气相对湿度要保持在90%左右；当子实体菌盖直径长至2~3厘米后，湿度可控制在85%左右，以减少病虫害发生和延长子实体货架寿命。当气温升高、空气湿度低于80%时，应适当喷水以增湿，但忌重水和把水喷于菇体上，以免引起子实体黄化萎缩，更严重的还会感染细菌，导致菇体腐烂死亡，降低子实体的产

图9-3 杏鲍菇大棚生产

量和质量。湿度太低，子实体会萎缩，原基干裂不能分化。生产上常用细喷、常喷的方法补湿，也可在喷水前用报纸或地膜盖住子实体，喷水结束后拿掉覆盖物，这样可以减少喷水造成的不良影响。当1~2潮菇采收结束后，菌袋失水较多，可在2~3潮菇后进行覆土生产。

（4）控制好菇房空气 出菇期如果通风不良，由于二氧化碳浓度过高，会出现畸形菇，若再碰上高温、高湿天气，还会导致子实体腐烂。因此在出菇期，菇房内必须保持良好的通风换气条件，特别是用薄膜覆盖的，每天要揭膜通风换气1~2次。当菇蕾大量发生时，及时揭去地膜，并拉直菌袋袋口薄膜以保温，还应加大通风量。

2. 覆土生产

杏鲍菇袋栽由于受其本身基质营养、水分、菌丝代谢及环境条件的限

制，往往在第 1 ~ 2 潮菇时能有较高的产量和较上乘质量。但二潮菇后，因其营养不足、失水、菌丝老化和病虫害等诸多方面的原因，产量会降低，质量也会下降，菌盖小、肉薄，或干瘪发黄，有的出现畸形，甚至不能形成正常的子实体。因此，生产上常采用袋式覆土生产，即制成菌袋，长满菌丝后直接覆土出菇或在 1 ~ 3 潮菇后再进行覆土出菇的生产方法（图9-4）。杏鲍菇覆土后，质量有明显改善，转化率得到提高，同时管理方便、成本低、杂菌污染少，而且不会出现袋栽时头潮菇出菇难的现象。

（1）菌袋制作及培养　与本章前述的装袋、培养相同。

（2）覆土材料及处理　不像双孢蘑菇那样严格，只要有团粒结构、透气性和持水力强、pH 在5.5 ~ 7.5 之间、干不成块且湿不发黏的土壤均可。一般的菜园土、田土、河泥土等均可用作覆土材料，使用前拌入 2% 石灰和5% 甲醛溶液进行喷雾消毒处理，拌匀后用塑料薄膜覆盖 24 ~ 48 小时待用。

图9-4　杏鲍菇覆土栽培

（3）阳畦建造　一般在大棚内或林间果园内的空地上均可建畦。畦宽 60 ~ 120 厘米，长度依地势和需要而定，畦深 5 ~ 10 厘米，四周开好排水沟。畦内灌水湿透，渗干后撒一层石灰粉，并用杀菌剂喷雾给畦内和四周消毒。

（4）脱袋覆土　当菌袋菌丝全部发满 6 ~ 10 天后即可脱袋覆土，将菌袋的塑料袋全部脱去，排放在已建好的畦床上，袋与袋之间相距 3 ~ 4 厘米，袋间可用培养料或泥土填满。然后用处理后的土壤覆盖，覆土厚度为3 ~ 4 厘米，覆土含水量为 16% ~ 20%。覆土后，土壤适当压实平整。若是林间果园套作，则要盖上薄膜或做好小弓棚。

（5）覆土后管理　覆土后要经常检查土壤的干湿情况，并进行喷水管理。补水应少量多次，每天 1 次喷透覆土层，持续 3 天。之后掌握两个原则：一是表土不发白，二是水分不流进料内。同时做好控温保湿和通风换气，每天早晚各通风 1 次，每次 30 分钟；晴天加厚覆盖物，阴天减少遮阴。经 10 ~ 20 天后，即可形成原基。

（6）出菇管理与袋栽相似。

七 采收与加工

1. 采收

一般在现蕾后 15 天左右可采收。在菇盖即将平展、孢子尚未弹射时为最适采收期（图9-5）。采收标准应根据市场需要而定：外贸出口菇要求菇盖直径 4～6 厘米，柄长 6～8 厘米；国内市场对菇体要求不甚严格。采完头潮菇后，再培养 2 周左右又可采第 2 潮菇，第 2 潮菇朵形较小，菇柄短，产量低。在正常情况下，头潮菇袋产量为 120～150 克。

2. 鲜销

鲜菇可直接上市，也可装入塑料盒中并包保鲜膜进入超市。杏鲍菇的货架期较一般菇类稍长些，在冰箱中敞开放置 10 天不会变质；气温 10℃ 下可放置 5～6 天，15～20℃ 下也可保存 2～3 天不变质。

3. 加工

（1）干制 杏鲍菇适合烤干，干品风味极好，口感脆、

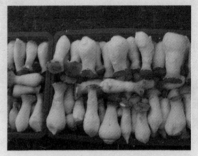

图9-5 采收的杏鲍菇

韧、鲜，但因菌盖、菌柄肉质厚，所以整朵很难烤干成为合格产品，所以烤干之前需要把菌柄和菌盖切片，之后根据食用菌产品烤干要求操作。干品呈白色至奶油黄色，外观好。

（2）制罐 杏鲍菇口感脆，不像平菇属其他品种那样煮熟后易烂和破碎，因此把它切片后制成罐头风味极好，仍保持脆嫩特色。制罐加工法与其他食用菌的罐头制作方法相同。

（3）盐渍 具体规格质量加工方法按收购单位要求进行。

一般盐渍方法：将菇体按要求标准整理好后，分级之后放于开水锅（用铝锅，不用铁锅）内。煮熟的标准是掰开菇体无白心，煮熟后立即捞出并迅速用冷水冷却，彻底冷却后用筛子控去多余的水分。按 1 千克菇体加 0.5 千克食盐这一比例，一层菇体、一层盐地进行盐渍。盐渍 10～15 天需倒缸 1 次，以便盐渍均匀，防止腐败。为防止腐败，最好用精制盐或把粗盐碾碎成细盐用铁锅炒 30 分钟左右。

八 工厂化生产关键技术

工厂化生产杏鲍菇（图9-6），其拌料、装瓶、灭菌、接种、培养、搔菌、育菇、挖瓶等工序都采用机械操作，由传感器和电脑自动控制温度和湿度，投资大、效益高。

1. 菇房

杏鲍菇菇房分为发菌室、催蕾室和育菇室。菇房宽3.5米、长9米、高3.5米。各室的门统一开向走廊，廊宽2米。墙体喷涂聚乙烯发泡隔热层，菇架双列向排列，四周及中间留有过道，便于操作和空气循环。发菌室菇床7层，层距0.35米；催蕾室和出菇室菇床5层，层距0.45米，底层菇床距地面为0.25米。

图9-6 杏鲍菇工厂化生产

2. 设备

有制冷、通风、喷雾、光照四种主要设备。各室配备1台5马力（1马力≈735瓦）的制冷机和1台40米^{2}的吊顶冷风机；或2室配备1台8马力的制冷机组和2台40米^{2}的吊顶冷风机。催蕾室与育菇室的天花板上及纵向二垛墙各安装2盏40瓦日光灯。各室安装1台45瓦交流电风扇，新鲜空气经由缓冲室打入菇房，废气从另一排气口经缓冲室隔层排出。

3. 装瓶（袋）

机械装瓶（袋），瓶的材料是PP树脂瓶，其容量是800～1100毫升、瓶口58～80毫米（850毫升瓶装干料620～650克），中心打孔（图9-7），加滤气瓶盖。采用耐高温塑料筐（16瓶/筐）中灭菌（袋式规格：17厘米×36厘米×

图9-7 杏鲍菇机械装瓶

0.05毫米的聚丙烯袋，每袋装干料500克）。

4. 灭菌

高压灭菌，121℃，2~2.5小时。

5. 接种

瓶温30℃以下，无菌室接种。

6. 培养

发菌室温度应保持在23~25℃。随着菌丝的生长，瓶中二氧化碳浓度由正常空气中的量0.03%逐渐上升0.22%，较高含量的二氧化碳可刺激菌丝生长，所以培养期间少量换气即可。培养30~35天菌丝可满瓶。

7. 搔菌

菌丝满瓶后再培养7~10天，使其达到生理成熟。此时搔菌，即除去瓶口1~1.5厘米厚老化菌丝。机械操作，包括开盖→搔菌→冲洗→扣盖→搔菌等工艺流程，搔菌可使出菇整齐。

8. 催蕾

搔菌后入出菇室，瓶口向下翻入一个空筐，利于菌丝恢复生长，空气湿度为90%~95%，温度为12~15℃，适度通风。菌丝恢复长生长后，湿度降到80%~85%，形成湿度差；光照为500~800勒，二氧化碳含量在0.1%以下，7~10天形成菇蕾。如果二氧化碳含量超过0.1%，则菇体畸形。

9. 育菇

菇蕾形成后再翻筐，使瓶口朝上育菇（图9-8），温度为15~17℃，湿度为90%~95%。用喷雾机调湿，不可向菇体直接喷水。当菇蕾长到花生米大小时，用小刀疏去畸形和部分过密菇蕾。每袋产量与成菇朵数趋正相关，应根据市场需求决定每袋所留菇蕾数，一般每袋成菇4朵产量质量较高。

图9-8 育菇

10. 采收

菇盖基本展开，孢子未弹射时采收，采大留小，分次采完。采收单菇时，手握菌柄基部旋转拔，丛菇用小刀切割。一般从现蕾到采菇10~20天，工厂化瓶式生产只采收一潮，转化率为50%左右。采后机械挖瓶，以备下轮装瓶。（袋式：单袋500克干料，一潮菇平均产量为250克左右，转化率50%；10天后可再长出第二潮菇，两潮菇单袋最高产量可达610克）。

第十章 草 菇

草菇［*Volvariella volvaea*（Bull. ex Pr.）Sing.］又名兰花菇、美味草菇、美味苞脚菇、中国蘑菇，为真菌门担子菌纲伞菌目光柄菇科小苞脚菇属。我国是世界上生产草菇最多的国家，产量居世界首位。据考证，草菇最早栽培于我国，距今已有近200年的历史，清道光二年（1822年）的《广东通志》就有关于"南花菇"的记载，广东南华寺的僧侣将稻草加牛粪堆制腐烂后用作栽培料，用生长过草菇的腐草作为接种材料，在夏季的湿热条件下栽培出菇。该技术后经华侨传至东亚及东南亚各地，后来又传到非洲的尼日利亚和马达加斯加，近年来一些欧美国家也开始栽培。

草菇（图10-1）不但味道鲜美，营养价值也很高，鲜草菇蛋白质含量为3.37%，脂肪含量为2.24%，矿物质（氧化物）含量为0.91%，还原糖含量为1.66%，转化糖含量为0.95%。草菇中还含有丰富的维生素C，每100g鲜草菇就含有206.27毫克维生素C，比很多水果和蔬菜都要高得多。此外，

图10-1 草菇

草菇中还含有一种叫作异种蛋白的物质，可以增强机体的抗癌能力；草菇所含的含氮浸出物嘌呤碱，还能抑制癌细胞的生长。同时，夏天食用草菇又有防暑去热的作用，因此，草菇是一种营养丰富的"保健食品"。

第一节 概 述

 关键知识点

草菇属于高温、恒温结实性菌类，对温度极为敏感，其菌种不耐低温，最适保藏温度为15℃左右。草菇理想的原料是废棉渣或棉籽壳，其次是秸秆和麦秸等农作物秸秆（混合料比单一料效果好），也可适当添加干燥的牛粪、米糠、石膏粉等辅料（过多氮素容易滋生杂菌），原料最好采用类似双孢蘑菇二次发酵的方式进行处理，可大大减少病虫害的发生和危害，实现稳定的产量甚至取得高产。

一 形态特征

草菇是一种腐生真菌，由营养器官（菌丝体）和繁殖器官（子实体）两部分构成。

1. 菌丝体

草菇菌丝体呈白色或黄白色，半透明，具有丝状分枝。根据其发育程度和形态特征可分为初生菌丝和次生菌丝两种。

（1）初生菌丝 初生菌丝是由担孢子萌发形成的，菌丝有隔膜，呈分枝状。每个细胞内含有一个核，核平均大小为1.5～2.5微米。有些初生菌丝能形成厚垣孢子。

（2）次生菌丝 初生菌丝互相融合，完成同宗配合而形成次生菌丝。次生菌丝的每个细胞内含有2个核。次生菌丝粗壮，生长快，往往会形成很多厚垣孢子。

2. 子实体

成熟的草菇子实体由菌盖、菌褶、菌柄和菌托四部分组成（图10-2）。

（1）菌盖 菌盖是子实体的最上部分，为钟形，成熟时平展开，直径为6～20厘米，表面平滑，呈灰褐色或鼠灰色，中间突起处色较深，向四周渐变为浅灰色，有的菌盖表面还会出现放射状的深灰色条纹。

图10-2 草菇子实体

（2）**菌褶** 位于菌盖的底面，呈肉红色，有250～380片，长短交错，呈辐射状排列，与菌柄离生。菌褶是担孢子的发生场所。每个菌褶由三层交织的菌丝体组成。里层菌丝体交织得比较疏松，叫作菌髓；中层菌丝体交织得比较紧密，叫作子实亚层；外层即菌褶的两侧，叫作子实层，它是菌丝体的末端细胞，产生担子和担孢子。通常，每个担子顶端有4个小梗，每个小梗上着生一个担孢子。担孢子初期呈白色，成熟后会变成水红色或红褐色，表面光滑，呈椭圆形或卵形，平均长度为7～9微米、宽度为4.5～6.5微米。担孢子是单核的，每个成熟的草菇产生担孢子的数量很大，从几亿到几十亿不等。

（3）**菌柄** 菌柄着生于菌盖下面的中央，与菌托相连接，具有支撑菌盖、运输营养物质和水分的作用。菌柄呈白色，内实，含较多的纤维素。菌柄的长度为5～18厘米，直径为0.5～1.5厘米，上细下粗，没有菌环。

（4）**菌托** 位于菌柄下端，是子实体的最下部分。菌托是子实体发生初期的保护物，称为包被，是柔软的薄膜，包裹着菌盖和菌柄。后期由于菌柄伸长，包被破裂而残留于菌柄基部。菌托的基部具有吸收营养物质的根状菌索。

二 生长发育条件

1. 营养条件

草菇是一种腐生真菌，依靠分解吸收培养料中的营养为主，其生长发育过程中需要的营养物质包括碳源、氮源、矿物质和维生素这四类。

（1）**碳源** 主要有糖类，如葡萄糖、蔗糖、淀粉、纤维素和半纤维素等。在草菇栽培中，常用富含纤维素的稻草、麦秸、棉籽壳、废棉作为碳素营养源。草菇菌丝生长过程中产生的各种酶将纤维素、半纤维素分解成单糖，然后吸收利用。因此，凡含有纤维素的材料，均可作为草菇的培养料。

（2）**氮源** 主要包括有机含氮化合物，如蛋白质和氨基酸，以及无机含氮化合物，如硫酸铵、硝酸铵（对硝态氮利用很差）。培养料中氮源不足会影响草菇菌丝的生长，若使用稻草、麦秸栽培草菇，在培养料中适当添加一些含氮素较多的麸皮，可促进菌丝生长，缩短出菇期，提高产菇量。向培养料中添加氮源时，以添加5%的麸皮效果较好；用畜禽粪要经过发酵处理；添加尿素补充氮源时一定要注意使用的用量，一般用量不超过0.1%，浓度过高会产生更多的氨气，进而抑制菌丝生长，往往会引发

鬼伞等杂菌大量发生。

(3) 矿物质 钾、镁、硫、磷、钙等矿物质是草菇生长发育所必需的，但在一般含纤维素的原料中的含量已有足够，无须补充。另外，草菇生长还需要铁、铜、钼、锌、钴、锰等微量元素，而普通自来水中的含量就能满足需要，不需另外添加。

(4) 维生素 一般麸皮、米糠中维生素含量较高，在培养料中加入这些原料可以满足草菇所需的维生素。

2. 环境条件

(1) 温度 草菇原产于热带和亚热带地区，长期的自然选择使草菇具有独特的喜高温的特性。草菇对温度的要求，因不同生育期而有所不同。孢子萌发最适温度为 35～40℃，低于 25℃ 或高于 45℃，孢子都不萌发。菌丝生长的温度范围为 20～40℃，最适温度为 35℃，在 15℃ 的地区生长极微弱，10℃ 停止生长，5℃ 以下菌丝很快死亡。所以，草菇菌种不应放在冰箱中保存，以免冻死。子实体发生的最适温度为 28～34℃，在适温范围内，菌蕾在偏高温度中发育快，很易开伞，菇体小而质次；在偏低的温度中，长势好，不易开伞，菇体大而质优。夏季气温高，最好在树荫下栽培，温度调节到 25～28℃。初夏和早秋昼夜气温变化大，夜间要注意保温，防止温度骤然下降，造成菌蕾萎缩烂掉。

> **提示** 栽培草菇除了要注意空气温度外，更应注意培养料内的温度。堆料后由于微生物的发酵产生"生物热"，料温上升，有时达到 60℃ 以上，要特别注意料温的控制，把料温调节在 32～38℃ 为好，低于 28℃ 或高于 45℃，草菇子实体都不能形成。

(2) 水分 水分是影响草菇生长发育的重要条件之一，培养料中含水量直接影响草菇的生长发育。水分不足使菌丝和菌蕾干枯死亡；水分过多，培养料通气不良，抑制呼吸过程，影响代谢活动正常进行，使菌丝和菌蕾大量死亡，导致病虫害滋生和蔓延。实践表明，培养料的含水量在 70%～75%，空气相对湿度为 85%～90%，适于菌丝和子实体的生长。

> **提示** 若湿度长期处在 95% 以上，菇体容易腐烂，引起杂菌和病虫害繁殖，小菌蕾还会萎缩死亡。

(3) 空气 草菇是好气性真菌，氧气不足，二氧化碳积累太多，菇蕾呼吸受到抑制，导致生长停止或死亡。当空气中二氧化碳含量超过 1% 时，对草菇生长发育就能产生抑制作用。所以草菇栽培过程中，培养料含水量不宜太高，草被不宜太厚，塑料薄膜覆盖不要过严，注意定期进行通风，及时排除污浊气体，保持空气新鲜。出菇阶段更应注意通风，以满足菌丝生长发育和子实体形成所需要的新鲜空气。

（4）光照 草菇生长发育需要有一定的散射光，适量的光照可促进子实体的形成。据试验观察，以 500 ~ 1000 勒的光照度，每天照射 12 小时以上有利于菌丝生长和子实体发育。草菇不需要直射光，强烈的阳光严重抑制草菇生长。因此，露天栽培必须覆盖草被，搭荫棚或挂草帘，防止太阳光直射。

（5）酸碱度 草菇喜偏碱性环境，培养料的 pH 以 8 ~ 9 为宜，偏酸性的培养料对草菇菌丝体和菇蕾生育均不利。为了满足草菇对 pH 的要求，在配料时应加入一定量的石灰粉或用 1% 石灰水浸泡原料。

第二节 草菇高效栽培关键技术

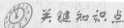 关键知识点

　草菇被认为是一种易于栽培的食用菌，用于栽培的原料非常广泛，周期短（从播种到栽培结束只有 1 个多月），其稳产高产是关键。播种后最好覆盖营养丰富的土壤。培养料温度低于 28℃，子实体形成受到影响，低于 25℃ 时子实体难于形成。通风换气勿形成太大温湿差，子实体对温度突变极为敏感，12 小时内料温变化 5℃ 以上，草菇易死亡，这点在夏季降雨降温时特别注意防止；也不要在高温时段喷水。

一 栽培季节

　草菇属高温性真菌，在生长过程中要求气温稳定在 23℃ 以上，才有利于菌丝生长和子实体形成。按照自然季节，室外栽培温度难于人工控制，只有选择好栽培适期，才能满足草菇生长发育适宜的温度。从 5 月下旬至 9 月中旬，塑料大棚内的温度可保持在 22 ~ 31℃，在此期间，用棉籽壳栽培草菇，一般于播种后第二天菌丝萌发，第 3 天菌丝吃料，第 9 天至第 12 天采收第一潮菇，可连续收菇 2 ~ 3 潮，生长期为 25 ~ 30 天，生物学效率达 24.8% ~ 32.3%。5 月下旬至 9 月中旬可作为草菇的适宜栽培日期，北部地区推迟到 6 月上旬为适期，栽培期为 110 天左右，其他地区可根据当地气温变化确定栽培适期。

提示 也可利用加温设备在冬季"反季节"栽培草菇（图10-3），收益较大。

图10-3 草菇反季节栽培

二 栽培原料及处理

草菇培养料主要有棉籽壳、玉米芯、废棉、麦秸和稻草，以废棉最好，玉米芯、棉籽壳次之，麦秸和稻草稍差。栽培过平菇、金针菇、银耳的棉籽壳废料，经过适当处理也可用来种草菇。

1. 棉籽壳

选用绒多的优质棉籽壳，最好是刚加工后存放时间短的新鲜棉籽壳。栽培前，先在日光下曝晒2~3天，每100千克棉籽壳加入石灰粉5千克，用180千克清水拌匀后，堆闷一夜；也可在棉籽壳中加入麦秸30%~40%，麸皮3%~5%，然后进行堆积发酵。在阳光充足的地方，地面平铺10厘米厚麦秸，把堆闷一夜的棉籽壳堆积在麦秸上。料少时，堆成1米高的圆堆；料多时，堆成高1米、宽1米的长形堆。用木棍通气孔至料底，进行好气发酵。料堆中心温度上升到60℃时，维持24小时后进行翻堆，使上下、里外发酵均匀。当培养料颜色呈红褐色，长有白毛菌丝，有发酵香味，无霉及氨臭味，发酵即可结束，发酵时间为3~5天。发酵好的培养料应立即栽培，放置过久，易引起杂菌污染。

2. 废棉

废棉是轧花厂、棉纺厂、弹花厂废弃的下脚料，俗称飞绒或破籽棉，含有大量纤维素，是栽培草菇的优质培养料。废棉保温、保湿性能好，但透气性较差。使用前应先将其放入pH为10~12的石灰水中浸泡一夜，然后捞出沥干后堆积发酵（方法同棉籽壳）。

3. 麦秸

要选用当年收割、未经雨淋、未变质的麦秸。麦秸的表皮细胞组织中含有大量硅酸盐，质地比较坚硬，且蜡质多、吸水性差、不易软化。使用前需经过破碎、浸泡碱化和发酵处理。

（1）破碎 将整捆麦秸散开铺在地上，用石碾或车轮滚压，使之破碎，质地变软。

（2）浸泡软化 将压碎的麦秸用石灰水浸泡，促使麦秸软化和吸水。可挖一个长方形平底坑，坑的大小视麦秸的数量而定。坑内平铺一层塑料薄膜，再分层撒入碎麦秸，不断注入2%石灰水，用脚踩踏，使麦秸浸透，浸泡时间为1昼夜（有条件的可砌水泥池）。

（3）堆积发酵 将浸泡的麦秸捞出堆成垛，垛高1.5米、宽1.5米、长度不限。当麦秸堆中心温度上升到60℃左右时，保持24小时，然后翻堆，将外面的麦秸翻入堆心，使堆内外发酵均匀。翻堆后中心温度再上升到60℃左右时，再保持24小时，发酵即可终止，发酵时间一般为3～5天。应控制好发酵时间和温度，防止发酵过度，造成腐生菌大量繁殖，消耗养分。发酵结束，检查发酵麦秸的质量，优质发酵麦秸的标准是：麦秸质地柔软，表面脱蜡，手握有弹性感，金黄色，有麦秸香味，无异味，有少量的白毛菌丝，含水量为70%左右，偏碱性（pH为9左右）。

4. 稻草

应选用隔年优质稻草，要足干、无霉变、呈金黄色。这种稻草营养丰富，发酵时间长，杂菌少。使用前，先将稻草曝晒1～2天，然后放入1%～2%石灰水中浸泡半天，用脚踩踏，使其柔软、紧实并充分吸水后，捞出即可用于栽培。

5. 食用菌栽培废料

（1）平菇、银耳废料 将块料压碎或晾干后压碎，加入3%～5%石灰粉和少量新鲜棉籽壳，用水拌匀，堆闷半天后堆积发酵3天。

（2）金针菇、杏鲍菇废料 废料脱袋打碎晒干后存放。使用前，加入5%～10%麸皮，1%磷肥和3%石灰，加水拌匀后发酵3～5天，当料面现有白色放线菌菌丝、有香味时，就可用于栽培了。

三 栽培场所

夏季节风多雨多，且气温不稳定，室外栽培草菇，受自然气候影响，温度与湿度不易人工控制，很难达到理想产量。要想获得草菇高产，必须有保护性栽培设施。栽培设施一般以夏季休闲的塑料大棚较为实用（图10-4），也可利用层架式菇房生产草菇（图10-5）。栽培场所要能达到保温、保湿和调节通风光照的要求，给草菇生长发育创造适宜的小气候环境。

图10-4　夏季大棚休棚期栽培草菇

图10-5　草菇层架式栽培

四　栽培方式的选择、播种

为保持适宜的料温和增加出菇面积，栽培草菇要选择适宜的栽培方式，大面积栽培比较理想的方式有下列几种。

1. 立式压块栽培法

栽培时，将长70厘米、宽22厘米、高35厘米的木模子放在畦床上，先在木模框内铺一层发酵好的培养料，适当压平，四周撒上一圈菌种；接着上面再铺一层培养料，再撒一层菌种，第二层菌种应撒在整个料面上；上面再盖一层薄培养料，以刚盖住菌种为止，共铺3层培养料、2层菌种，菌种用量为培养料干重的5%。培养料铺完后，去掉木模子，就成了一个立式料块。料块与料块之间应有20厘米以上的间距，以利于通风透光和子实体生长。料块大小，可根据其营养、温度和有效出菇面积而定。麦秸料块，以干重5千克左右为宜；棉籽壳、废棉为3~4千克。在压制麦秸料块时，要用力压实，用脚踩踏，使料块坚实、空隙缩小，有利于草菇菌丝吃料、蔓延和扭结。立式堆料，也可用无底的废铁筒或用铁板（木板）制作圆筒，将培养料做成圆柱形料块，圆柱形料块比长方形的出菇面大，可增产20%左右。

2. 畦栽法

畦床宽80~100厘米，长度不限。做床时，先将畦床挖10厘米左右深，把土围于四周筑埂，做成龟背形床面，埂高30厘米左右，周围开小排水沟。播种前2天，将畦床灌水浸透。播种前一天，畦床及其四周撒石灰粉消毒。播种时，将发酵好的麦秸、棉籽壳铺入畦内（每平方米按干料20千克下料）。铺平后将麦秸踩踏一遍，再在料面上均匀地捅些透气孔。然后把菌种撒在料面上，菌种用量为5%~8%。菌种撒完后，轻轻压一遍，上面再覆盖一层薄料，然后在畦埂上盖以塑料薄膜。

3. 波形料垄栽培法

将培养料在畦床床面上横铺或纵铺成波浪形的料垄（图10-6、图10-7），料垄厚15~20厘米（气温高铺薄些，气温低铺厚些），垄沟料厚10厘米左右，表面撒上菌种封顶，用木板轻轻按压，使菌种与料紧密接触。波形料垄栽培，可充分发挥表层菌种优势，防止杂菌侵染，使其迅速发菌，出菇集中、整齐，提高出菇率和成菇。菌种用量一般为培养料总量的5%左右，有条件时可适当增加接种量，有助于增产。

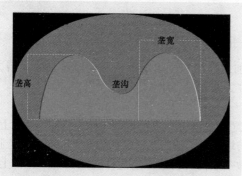

图10-6 波形料垄栽培法示意图

图10-7 玉米芯料垄栽培草菇

提示 波形料垄栽培可增加出菇面积，改善料面通风状况，防止高温烧菌，可比平式料面增产10%~15%，是目前较为流行的一种栽培模式。

4. 梯形菌床栽培法

顺着畦床纵向将培养料做成宽25厘米、高20厘米的上窄下宽的梯形菌床。菌种层播三层，表层撒满料面，用薄料覆盖。梯形菌床有利于调节料温，防止高温伤菌，加以改善床面通风透光状况，有利于草菇子实体的形成和生长。

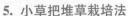

5. 小草把堆草栽培法

稻草栽培草菇，一般以小草把堆草为好，其优点是省草、简便，堆草紧实、整齐，产量高。方法是：取一把用石灰水浸泡过的稻草（约0.5千克干稻草），扭成"8"字形，拦腰扎紧，做成小草把。堆草时，将草把弯头朝外，一捆捆地排紧在畦床上，中间填入浸湿的乱稻草，用脚踩实，使堆心稍高。排好第一层草把后，在离外沿10～12厘米处撒上一圈麸皮（或畜禽粪），然后在麸皮的外圈播入一圈菌种。第一层播好后，接着堆第二层，第二层稻草把的外沿向内缩进5厘米左右，依然弯头向外排列，中间空隙填满乱稻草，踩实，播种。第二层堆完播种后，堆第三层，第三层草把同样向内缩进5厘米，弯头向外，中间填满，踩实。第三层播种与一、二层不同，要在整个表层撒布麸皮和菌种。播完后堆第四层，堆法和前三层相同，但不再播种。这样堆成上小下大的长条梯形。

草堆大小视季节而定，在初夏和早秋应稍大些，有利于增温保温，可堆到宽1米、高0.7米；夏季气温高，草堆宜小一些，防止发酵产生高温伤害菌丝，一般可堆到宽0.7米、高0.5米。菌种用量为5%左右，表层多播，以促使表层多出菇。

堆草播种完毕，接着进行踩踏和淋水，使草堆含水量达70%～75%，太高会影响草堆的通气性，不利于草菇菌丝生长；而含水量太低会造成草堆温度过低，从而会影响菇蕾形成。最后，草堆顶上加盖20厘米厚的乱稻草，使草堆呈龟背状。

6. 二次接种栽培法

草菇菌丝生长速度快，极容易老化而使生活力减弱，采用二次接种有利于增产。具体做法是：采用棉籽壳、废棉栽培时，在采收第一潮菇后，撬松料面，用石灰水泼浇湿透，调整pH到8～9，在料面撒菌种，菌种上面盖一薄层发酵过的棉籽壳（或废棉），按常规管理出菇。也可在采收一、二潮菇后，将料块翻起来，把底层培养料翻到表层，用1%石灰水喷洒、补水，调整酸碱度，再在表面第二次接种，接种量为2%～3%，一般可增产30%左右。

小窍门 使用稻草栽培，可在堆草播种后3～4天，在草层空隙间再塞入菌种，进行二次播种，菌种量为第一次用量的20%左右。这样，当第一次播种采完第一潮菇后，第二次播入的菌种又从草堆中生长出来，继续出菇。

五 栽培管理

1. 覆土

在培养料面覆盖一薄层土，既能减少其中的水分散失，又能为草菇的生长发育提供营养。覆土可在播种后 2～3 天进行（图 10-8），选用肥沃的沙壤土。覆土厚度一般掌握在 0.7～1 厘米，看气温高低和土粒大小而定：气温低、土粒粗的覆土可厚一些，以利于保温；反之则薄一些，以利散热。

播种后是否覆土，应根据气温变化情况决定。在春末气候变化较大、气温不稳定的情况下，覆土可以增产；可是在气温较高而稳定时，覆土却会减产。

图 10-8 草菇覆土栽培

2. 覆膜管理

覆膜管理是草菇栽培的一项新技术措施，实践证明具有显著的增产作用。草菇接种后，用塑料膜覆盖料块、菌床和草堆四周，可提高和稳定料温，保持湿度，增加料面四周小气候中的二氧化碳浓度，促使有益微生物繁殖，促进草菇菌丝生长。覆膜在接种后应立即进行，宜早不宜迟。为防止薄膜紧贴料面，影响菌种正常呼吸，可在料面撒放一些经石灰水消毒的稻草和麦秸。覆膜后要注意检查料温变化，如料温超过 40℃，应及时揭膜降温。夏季气温高，薄膜要适当架空或揭开一角，以防料温骤升，烧伤菌丝。当出现菇蕾后，应及时将覆盖的薄膜揭去，或将地膜支起，以防菇蕾缺氧闷死。

3. 增温和控温

草菇属高温型菌类，菌丝生长发育适宜的气温（周围空间温度）为 30～32℃，适宜的料温（堆温）为 35～38℃，掌握好适宜的温度是草菇栽培成败的关键。一般情况下，气温高，料温也高，而提高料温、改善小气候环境又可以弥补气温低的不足。料温的高低与培养料的种类、堆料厚度、培养料的营养成分以及料面有无覆盖有关。在气温适宜时，接种后 2～4 天，料温不断升高，当料块中间的温度升高到 35～40℃时，料块表面的温度一般为 32～35℃，与草菇菌丝生长适宜温度趋于一致。

草菇接种后，每天要定期观测料温，控制和掌握好料温变化。如果料温太高，如超过 40℃，应及时将盖在料块上的地膜掀开，以通风散热、降低料温；料温过低，应采取增温保温措施，在料面上盖草被或覆盖双层塑料薄膜。白天揭开草帘利用太阳热能提高棚温，发菌期间菇棚（房）温度应维持在 25℃ 以上，如温度低于 20℃ 则料温难以上升，菌丝难以萌发生长。在初夏和早秋季节，气温变化大，要注意菇棚（房）保温，防止夜间温度骤然下降，使正发育的菌丝受到伤害，发生枯萎。

草菇子实体的形成与发育一般需要料温维持在 30～35℃，菇棚（房）温度以 28～32℃ 为宜。在出菇阶段，温度要适当低一些，这样子实体生长慢、开伞迟、菇形大，菇肉厚实且质量好。盛夏季节，气候炎热，白天受太阳光照晒，菇棚温度往往能升高到 35℃ 以上，此时应及时通风散热。一旦菇棚内温度过高，可向棚外覆盖的草帘上喷凉水降温。

4. 保湿和增湿

对于室外畦栽草菇的保湿与增湿管理，一般采取灌水与喷水相结合的形式。播种前几天将畦床灌水湿透，播种后几天料块上覆盖的地膜一般不要揭开，以减少料内水分蒸发，使培养料含水量保持在 70%～75%。湿度不够时，可以采取向畦沟内灌水的方法，使畦床潮湿，增加空间湿度，但一定注意不能浸湿料块。室内栽培草菇，菇房保湿性能好，一般空气相对湿度可保持在 75%～80%，发菌期间不需喷水补湿。湿度过高，容易促使鬼伞类杂菌大量繁殖。

草菇出菇期间，空气相对湿度以 90% 左右为宜。湿度太高，影响菇体表面水分的交换，容易引起子实体腐烂和遭受病害；湿度太低，子实体发育受阻碍，菇蕾不易形成，已形成的菇蕾也会枯死。为使菇棚有较好的湿度，仍采取畦沟灌水与喷水相结合的办法，不宜直接向料块喷水，尤其在刚见到菇蕾时，严禁向菇蕾喷水。对幼菇不要喷重水，且在喷水后进行通风换气，防止菇体积水。一旦料块过干必须补水时，一定要喷清水，喷头向上，轻喷、勤喷。喷水的水温要与气温相近（与料温不能相差 4℃ 以上），以防水温过凉喷后料温下降，引起幼菇死亡。

5. 通风

草菇是一种好气性真菌，在菌丝生长期一般只需少量通风，每天中午短时间打开菇棚（房），通风 15～20 分钟，把盖在料块上的地膜掀起一角透气就可以了。过多通风会使温度、湿度降低，影响草菇菌丝生长。而在出菇阶段，应加强通风，刚见菇蕾时，应马上揭去覆盖料面的塑料薄膜，或将薄膜架高，让料面通风。子实体形成时，菌丝的生理活动最旺盛，若小气候环境中二氧化碳的含量增高到 0.3%~0.5%，子实体发育将会受到抑制；当二氧化碳含量继续增高至 1% 时，草菇就停止生长。长期闷热不通风，二氧化碳浓度过高，往往会长出包膜缺口的畸形菇，影响产品质量，甚至造成大批幼菇枯萎死亡。为提供子实体生长所需的氧，菇棚（房）应增加通风次数，延长通风时间。室内栽培，应将菇房的地窗和门打开，加强气体对流，以保持室内空气新鲜。

出菇期间的通风往往与保湿、增湿相矛盾，因为菇棚（房）内空气流通加快，促使水分蒸发加快，湿度下降，影响草菇生长发育。因此，应把通风与喷水保湿结合进行。具体做法是：通风前先向地面、空中喷雾，然后通风 20 分钟左右，每天进行 2~3 次。这样既能起到通风作用，又能保持菇棚（房）内湿度适宜，使出菇迅速、整齐（图 10-9）。

6. 光照

光照对草菇的生长也有明显的影响，发菌初期光线宜暗些；出菇时，适量光照可促进子实体的形成；没有光照或光照不足则不易形成子实体。栽培草菇时，通常在栽培后第四天就要求有光线照射，并要一直维持到采菇结束。但不易有直射阳光照射，以免晒死幼菇。

7. 追肥和调整酸碱度

草菇在生长过程中消耗了大量养分，产生了大量有机酸，培养料酸度增高，影响草菇继续出菇。可在第一潮菇采收后，补施一些营养液，调整培养料的 pH，使之呈偏碱性，以延长采菇期，提高产菇量。方法是：

图 10-9　草菇出菇

1）向料堆喷洒 3% 石灰清液，进行补水和调整 pH。

2）喷洒 0.1% 尿素和麸皮水（按 100 千克水中加 10 千克麸皮的比例，煮后过滤，取滤液 50 千克加清水 50 千克混合后使用），尿素用量为 0.1%~0.2%，用量过多，产氨量增加，容易发生鬼伞杂菌。

六　采收

在正常情况下，如果菌种质量好、管理得当，在播种后 7~10 天，培养料面上就可以看到菇蕾。菇蕾刚长出时，呈现灰白色，一两天后迅速长大如鸟卵，3～4 天后长大如鹌鹑蛋。在草菇由基部较宽、顶部稍尖的宝塔形变为卵形，菇体饱满光滑，由硬实变松，颜色由深变浅，包膜未破裂，菌盖和菌柄没有伸出时采收最好（图 10-10）。这时菇味鲜美，蛋白质含量高，品质最好。开伞的草菇，质量降低。因此，草菇应在包被没有破裂的蛋期及时采收。

图 10-10　草菇适宜采收期

提示　草菇生长速度很快，到了蛋期以后，往往一夜之间就会开伞，所以应该特别注意及时采收，一般早、午、晚各采收 1 次。采收草菇时动作要轻，应一手按住草菇生长的部位，一手将草菇左右旋扭着轻轻摘下。切忌拔取，以免牵动菌丝，弄乱料堆，影响以后出菇。如果是丛生菇，最好是等大部分都适合采收时，再一起采摘，以免因采收个别菇而造成大量幼菇的死亡。采收后的草菇仍在继续生长发育，应立即进行处理，处理方法可视当地的具体条件而定。刚采下的鲜草菇可用小刀削去菇体基部的杂物，并立即送往市场鲜销，或送罐头厂制作罐头，或速冻，或烘干制成干草菇（图 10-11）。根据外贸出口需要，也可制作盐渍草菇。

图 10-11　干草菇

七　栽培常见的问题及其防治

草菇栽培过程中经常出现生长异常，降低成菇率，影响产量和品质，造成经济损失。常见的异常状况有以下七种。

1. 鬼伞

【发生原因】 夏季高温季节，鬼伞菌极易滋生。鬼伞的种类很多，生产上多以毛头鬼伞、墨汁鬼伞危害居多（图10-12），表现为发生率高、发生速度快，稍一老化或见到阳光，便迅速萎蔫、继之自溶，污染直径为3~8厘米的料面。鬼伞的危害有三：第一，与草菇菌丝争夺营养、水分及生存空间；第二，其菌丝分泌物及子实体自溶后污染基质，并继续扩大污染；第三，其子实体及其自溶菇体会招致或引发大量病虫，严重时还会导致不出菇。鬼伞的发生原因是多方面的，而主要原因是基料过于腐熟、料温偏高、发酵不匀、带菌上床等。

【防治方法】 目前尚无有效药物能彻底防治鬼伞，应以预防为主。应彻底清除栽培场所内外原有的鬼伞类菌。基料要尽量新鲜、无霉变，浸泡要彻底、均匀。上床铺料的起始料温要低，最高可与棚温相等。施用基料时，不可在氨气味较重时上床。播种后应控制料温不超过40℃。出现鬼伞子实体后，应尽早人工拔除。

图10-12 鬼伞

2. 菌丝徒长

在草菇菌丝生长阶段，料面会形成大量白色茸毛状气生菌丝，有的会长成一层白色菌膜，造成菌丝不能及时从营养生长转入生殖生长，最终导致菇蕾出现推迟，成菇少，产量低。

【发生原因】 一般是因为料堆覆膜时间过长、覆盖过严，缺乏定期揭膜透气所致，可在气温高、料温高、湿度大、二氧化碳浓度高的小气候环境影响下，刺激菌丝徒长。

【防治方法】 草菇接种后，覆膜时间一般应控制在3~4天之内，3~4天后视菌丝生长情况，白天应定期揭膜或将薄膜用木棒支起，进行适度通风以降温、降湿，促使菌丝往料内延伸，增加料内菌丝的生长量，防止料面气生菌丝过度生长。

3. 菌种现蕾

草菇接种2~3天后，裸露料面的菌种上会出现很多白色菇蕾，这会影响菌丝吃料和向料内生长。

【发生原因】 多见于接种后塑料大棚未及时覆盖草帘遮阴，棚内光线过强，菌种受强光的刺激，使一部分菌丝扭结，过早形成菇蕾；用菌龄过老的菌种接种也容易在菌种上过早地产生菇蕾。

【防治方法】　栽培时要选用菌龄短的菌种接种，接种时菌种外覆盖一薄层培养料，不使菌种外露；发菌初期，棚上覆盖草帘遮阴，防止强光刺激形成菌蕾。

4. 脐状菇

草菇子实体形成过程中，因缺氧使外包膜顶部生长异常，出现整齐的圆形缺口，形似脐，被称为脐状菇（图10-13）。

【发生原因】　脐状菇主要出现在通风不良、二氧化碳浓度过高的出菇场地中，如为了保温、保湿而覆盖严密的塑料大棚和通风条件差的菇房。

【防治方法】　草菇子实体形成期间，应定期进行通风，及时排出积集的二氧化碳，保持空气新鲜，防止脐状菇的产生。

图10-13　脐状菇

5. 子实体长出白毛

在已分化的草菇子实体周围表面长出一丛丛浓密的白色茸毛状菌丝，从而影响子实体生长成熟，重者引起子实体萎缩死亡。

【发生原因】　主要是通气不好、缺氧所致，多见于料面覆盖的塑料薄膜没有定期揭开进行通气。

【防治方法】　这种现象一经发现，应立即揭去薄膜，加强通风换气，茸毛菌丝即可自行消退，子实体仍能继续生长。

6. 子实体生长过速

在适温范围内，草菇子实体由纽扣期进入成熟期，一般需经过 $2 \sim 3$ 天；但遇到高温环境，则会生长过速，往往在十几个小时内就开伞。

【发生原因】　大批子实体菇形变小，菇肉薄，菇体轻，若不能及时采摘，就会产生大批开伞菇，影响产量和品质。

【防治方法】　夏季种菇时，室外正值高温，在白天气温过高时，应适时将菇棚的塑料薄膜卷起，通风散热，必要时可在棚顶的草帘上喷凉水降低棚温。

7. 幼菇枯萎

幼菇因条件不适宜而停止生长，枯萎死亡。

【发生原因】

1）气温骤降。多见于初夏和早秋这种气温多变的时候，如寒潮的侵袭会使气温骤然降至 20℃ 以下，使刚形成的幼菇突然停止生长，发生枯萎死亡。

2）床温下降。由于菇蕾形成过晚或生长第二潮菇时，培养料的营养已被消耗了，床温降至 30℃ 以下，因此不适合幼菇生长。

3）中断营养。如采菇时松动幼菇，引起菌丝断离，或害虫啃食损伤菇体组织，中断菇体营养来源。

【防治方法】

1）稳定出菇温度。当寒潮来临之时，夜间应将菇棚盖严，棚外加盖草帘保温，晚间停止喷水，使棚内温度保持在 23℃ 以上。

2）掌握床温，促使适时出菇。床温的持续时间因培养料不同而有较大差别。以棉籽壳、废棉和稻草为原料，床温持续时间长，一般为 20 ~ 25 天；以麦秸为原料，床温保持在 30℃ 的时间只有 10 ~ 14 天。管理上应根据不同原料的床温变化特点，掌握适宜的床温进行出菇。

3）合理采菇。采菇时一定要轻，切忌用力硬拔，以免牵动周围的幼菇。对丛生菇，应将整丛菇一起用刀割下，不宜采大留小。

4）防治害虫。马陆是北方草菇栽培的一大害虫，它群集于料面啃食菌丝和菇体，往往会引起大批幼菇死亡。出菇前可在草堆四周喷洒敌敌畏和鱼藤精，驱杀马陆的效果很好。

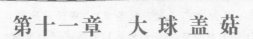

第十一章 大球盖菇

大球盖菇（*Stropharia rugosoannulata*）为担子菌门伞菌纲伞菌目球盖菇科，又名皱环球盖菇（图11-1），商品名也称赤松茸、幸福菇等。大球盖菇为草腐菌，主要利用稻草、麦秸、玉米秸秆、大豆秆等农作物的下脚料进行生料栽培。其栽培周期短，从出菇到收获结束仅需40天左右；产量高，每平方米投料25～30千克，可收获鲜菇15～25千克。可利用温室大棚反季栽培，也可利用成年混杂林地、退耕还林的杨树林地、松树林地、果园、大田小弓矮棚等进行间作或套种。

大球盖菇是国际菇类交易市场上较突出的十大菇类之一，也是联合国粮食及农业组织（FAO）向发展中国家推荐栽培的特色品种之一。大球盖菇的鲜菇肉质细嫩、营养丰富，有野生菇的清香味，口感极好，售价较高；而经自然晒干或烘干后，香味浓郁，可与野生榛菇、茶树菇干品相媲美，有"山林珍品"之美誉。在我国，大球盖菇除鲜销外，还可以进行真空清水软包装加工和

图11-1 大球盖菇

速冻加工，其盐渍品和切片干品在国内外市场上的销售潜力也极大。

第一节 概 述

关键知识点

大球盖菇抗逆性强，可在4～30℃温度范围内出菇，这使其能在其他蕈菌或蔬菜淡季时上市；栽培原料来源广泛，可生长在各种秸秆培养

料上，如稻壳（草）、玉米芯（秸）、麦秸、豆秸、棉籽壳、各种阔叶木屑等。大球盖菇还可在保护地内栽培（大棚、温室）（图11-2），也可采用林果地套种模式（北方秋冬季）、露天栽培模式（南方冬季）（图11-3）、作物套种模式（东北地区）等方式进行栽培。

图11-2　大棚栽培大球盖菇

图11-3　露地栽培大球盖菇

一　形态特征

1. 菌丝体

在PDA培养基上，菌落形态有绒状、毡状和絮状，有的有同心轮纹，有的有放射纹，有的菌丝生长旺盛、浓密、菌落平坦、呈圆形，有的则相反。

2. 子实体

子实体单生、丛生或群生，体形中等至较大，单个菇团重可达数千克。菌盖近半球形，后扁平，直径为5～45厘米。菌盖肉质，湿润时表面稍有黏性。幼嫩子实体初为白色，常有乳头状的小突起，随着其逐渐长大，菌盖渐变成红褐色至葡萄酒红褐色或暗褐色，老熟后褪为褐色至灰褐色（图11-4）。有的菌盖上有纤维状鳞片，会随着子实体的生长成熟而逐渐消失。菌盖边缘内卷，常附有菌幕残片。菌肉肥厚，色白。菌褶直生，排列密集，初为污白色，后变成灰白色，随菌盖平

图11-4　大球盖菇子实体

展而逐渐变成褐色或紫黑色。菌柄近圆柱形，靠近基部稍膨大，柄长5～20厘米，柄粗0.5～4厘米，菌环以上污白，近光滑，菌环以下带黄色细条纹。菌柄在早期中实有髓，成熟后逐渐中空。菌环膜质较厚或双层，位于柄的中上部，呈白色或近白色，上面有粗糙条纹，深裂成若干片段，裂片先端略向上卷，易脱落，在老熟的子实体上常消失。

二 生长发育条件

1. 营养条件

营养物质是大球盖菇生命活动的物质基础，也是获得高产的基本保证。大球盖菇对营养的要求以碳水化合物和含氮物质为主。碳源有葡萄糖、蔗糖、纤维素、木质素等，氮源有氨基酸、蛋白胨等。此外，还需要微量的无机盐类。实际栽培结果表明，稻草、麦秆、木屑等可作为培养料，能满足大球盖菇生长所需要的碳源。栽培其他蘑菇所采用的粪草料以及棉籽壳反而不是很适合作为大球盖菇的培养基。麸皮、米糠可作为大球盖菇的氮素营养来源，不仅能够补充氮素营养和维生素，还是早期辅助的碳素营养源。

2. 环境条件

（1）温度

1）菌丝生长阶段。大球盖菇菌丝生长适宜的温度范围为5～36℃，最适生长温度为24～28℃，在10℃以下和32℃以上，生长速度迅速下降，超过36℃菌丝停止生长，高温延续时间长会造成菌丝死亡。在低温下，菌丝生长缓慢，但不影响其活力。当温度升高至32℃以上时，虽还不致造成菌丝死亡，但如果温度恢复适宜温度范围，菌丝的生长速度就会明显降低。在实际栽培中若发生此种情况，会影响草堆的发菌，并影响产量。

2）子实体生长阶段。大球盖菇子实体形成所需的温度范围为4～30℃，原基形成的最适温度为12～25℃。在此温度范围内，温度升高，子实体的生长速度加快，朵形较小，易开伞；而在较低的温度下，子实体发育缓慢，朵形常较大，柄粗且肥，质优，不易开伞。子实体在生长过程中，遇到霜雪天气，只要采取一定的防冻措施，菇蕾就能存活。当气温超过30℃以上时，子实体原基便难以形成。

（2）水分 水分是大球盖菇菌丝及子实体生长不可缺少的因子。基质中含水量的高低与菌丝的生长及长菇量有直接的关系，菌丝在基质含水量为 65% ~ 80% 的情况下能正常生长，最适含水量为 70% ~ 75%。如果培养料中含水量过高，菌丝生长不良，就会看起来稀疏、细弱，甚至还会使原来生长的菌丝萎缩。在我国南方地区的实际栽培中，常会发现菌床被雨淋后，因基质中含水量过高而严重影响发菌，虽然出菇，但产量不高。子实体发生阶段一般要求环境相对湿度在 85% 以上，以 95% 左右为宜。菌丝从营养生长阶段转入生殖生长阶段必须提高空气的相对湿度，方可刺激出菇，否则菌丝虽生长健壮，但空间湿度低，出菇也不理想。

（3）光线 大球盖菇菌丝的生长完全不需要光线，但散射光对子实体的形成有促进作用。在实际栽培中，栽培场宜选半遮阴的环境，栽培效果更佳。这主要表现在两个方面：其一是产量高；其二是菇的色泽艳丽，菇体健壮，这可能是因为太阳照射提高了地温，并通过水蒸气的蒸发促进基质中的空气交换以满足菌丝和子实体对营养、温度、空气、水分等的要求。

注意 如果接受较长时间的太阳光直射，空气湿度会降低，正在迅速生长而接近采收期的菇柄会因此而龟裂，从而影响商品的外观。

（4）空气 大球盖菇属于好气性真菌，新鲜而充足的空气是保证其正常生长发育的重要环境条件之一。在菌丝生长阶段，对通气要求不敏感，空气中的二氧化碳含量可达 0.5% ~ 1%；而在子实体生长发育阶段，要求空间的二氧化碳含量要低于 0.15%。当空气不流通、氧气不足时，菌丝的生长和子实体的发育均会受到抑制。特别是在子实体大量发生时，更应注意场地的通风，只有保证场地中空气新鲜，才有可能优质高产。

（5）酸碱度 大球盖菇在 pH 为 4.5 ~ 9 的环境中均能生长，但以 pH 为 5 ~ 7 的微酸性环境较适宜。在 pH 较高的培养基中，菌丝前期生长缓慢，但菌丝新陈代谢的过程会产生有机酸，而使培养基中的 pH 下降。菌丝在稻草培养基 pH 自然的条件下可正常生长。

（6）土壤 大球盖菇菌丝营养生长阶段，在没有土壤的环境中也能正常生长，但覆土可以促进子实体的形成。不覆土虽然也能出菇，但时间明显延长，这和覆盖层中的微生物有关。覆盖的土壤中要求含有腐殖质，质地要松软，还要具有较高的持水率。覆土切忌用沙质土和黏土，pH 以 5.7 ~ 6.0 为好。

第二节　大球盖菇高效栽培关键技术

关键知识点

　　大球盖菇的原料要求新鲜无霉变、暴晒、储存、不含农药或其他有害化学成分的稻、麦草、豆秆和玉米秸、玉米芯在使用前应碾压、打碎，这样有利于菌丝透气繁殖。每亩地备料 5000～7000 千克。夏季或初秋播种时，由于自然气温较高，防止高温侵害是播种后的技术关键。在初冬、早春投料播种期间，由于自然气温低，料垄中部不易升温，因此发菌安全率高。在栽培过程中，温度保持在 10～25℃ 之间的时间越长，大球盖菇的产量越高。

 一　栽培季节

　　大球盖菇适温广，4～30℃ 均可出菇，除6～9月气温超过30℃不利于出菇外，其余季节都可出菇。在温室大棚内，反季栽培要在 10 月中旬起开始投料播种，12 月或元旦起开始大量出菇，春节前出完两茬菇，农历正月期间出三茬菇，农历二月期间出四茬菇。这几个出菇的高峰期正值节日，市场价格高、效益好，是投料栽培的黄金时节。如果投料播种过早，大棚内温度高，容易造成热害伤菌，造成栽培失败。在林地（图 11-5）、果园（图 11-6）、向日葵、玉米地套种栽培，应在 9 月末起开始投料播种，10 月下旬开始出菇，在上冻前出 1～2 茬菇，越冬后第二年春天再出三茬菇。

图11-5　桑园套种大球盖菇

图 11-6　果园套种大球盖菇

 二　参考配方

　　1）单独使用稻草或稻壳或麦秸或玉米秸秆 100%、营养土适量。

2）稻草或麦秸50%，稻壳50%，营养土适量。

3）玉米秸秆（粉碎）50%，稻壳50%，营养土适量。

4）稻壳85%，木屑15%，营养土适量。

5）稻壳70%，大豆秆（粉碎）30%。

6）稻壳（稻草）85%，草炭土15%。

小窍门 混合使用两种以上的原料，可相互补充各自的营养不足，利于提高菌丝质量，从而提高产量。麦秸、玉米秸秆、豆秆等质地较硬、体形较长的原料最好用扎草机切成2～4厘米左右的碎渣片或将秸秆铺在平地上，用三轮车等进行碾压扁平后使用；稻壳不需提前处理。同时要求植物秸秆不霉变的新原料。

三　培养料处理

1. 生料栽培

自然气温20℃以下，单独使用麦秸（稻草）处理后，可以生料栽培。栽培料处理方法：可将秸秆投入沟池中，引入干净水进行浸泡，48小时后捞出沥水；也可以将秸秆铺在地面，采用多天喷淋方式使秸秆吸足水分，每天多次喷浇水并翻动，使其吸水均匀。用手抽取有代表性的秸秆拧紧，若草中有水滴渗出而水滴是断线的，表明含水量在70%～75%，可以铺料播种了。

2. 发酵料栽培

在自然气温高于23℃的夏末秋初播种或在原料不新鲜、有霉变时，栽培原料需要进行发酵处理（图11-7）。

图11-7　培养料发酵

> **提示**　发酵料栽培要注意以下问题：
>
> ① 建堆体积要适宜，如果体积过大，虽然保温、保湿效果好、升温快，但边缘料不能充分发酵；若料堆体积过小，则不易升温，腐熟效果较差。
>
> ② 料温达到 60℃ 以上并维持 24 小时以上才能翻堆，以杀死有害的霉菌、细菌、害虫的卵和蚊虫等；翻堆要做到上下、内外翻均匀。
>
> ③ 每次投料量大时，在发酵后期，可结合翻堆取出中部发酵好的料进行栽培，表层和下层的料翻匀后继续起堆发酵，此法称为"扒皮抽中发酵法"。
>
> ④ 播种前发现堆料水分耗失严重时，可用 pH 为 7~8 的石灰水加以调节，一定不要添加生水，以免滋生杂菌，导致播后培养料发黏、发臭。

四　关键技术要点

1. 栽培环境处理

清理杂草及其他植物根茎，平整土地，栽培前用旋耕机将地翻 1 次，土层呈颗粒状最好。翻耕前要对地面、棚顶、后墙及周边环境进行一次灭菌、杀虫处理，以减少病虫危害，可使用克霉灵等杀菌剂和辛硫磷杀虫剂进行处理。

2. 做畦

栽培场地内做畦，畦床宽 1.3 米、垄高 5~10 厘米（若地势低、易积水则要将垄起高一些），将土放在畦床的作业道上，以备覆土用。畦面应做成中间略高的龟背型以防积水，畦面撒石灰至见白即可。作业道应宽 40~50 厘米（图 11-8）。

3. 铺料、播种

当培养料含水量在 70%~75%，料温在 25℃ 以下时进行铺料播种。铺料播种分 2 次完成。

首先铺 8 厘米厚、1.2 米宽的培养料，然后将 1.2 米的料床分成两垄，两垄间距 12 厘米左右。双垄南北两头用料封围，以增加投料量和出菇量，并且便于灌水。料层要平整，厚度一致，宽窄一致。将菌种掰成 3 厘米×3 厘米大小，每个单垄横向播 3 穴，间距 10 厘米，顺垄 3 行穴播，菌种间隔 10 厘米（图 11-9）。完成第一层播种后，在每个单垄上再铺 8 厘米厚的培养料，整理成拱形垄状，然后将菌种按入表层料内 2 厘米深处，顺垄

3 行穴播，菌块间距 10 厘米，用手或耙子将穴内菌块用料盖严，两垄间距为 12 厘米左右的沟内料厚 3 厘米，利于沟内大量出菇。

图 11-8　做畦

图 11-9　播种

　　两垄侧面呈斜面坡形，不能立陡，防止覆土时滑落（图 11-10）。一畦双垄通过技术标准整形后，用木板轻轻拍平，使菌种和培养料紧密接触，部分菌种落入草中，利于早封面，避免杂菌侵染。

　　4. 覆土及覆草遮盖

　　覆土可利用作业道上的土，覆土厚度为 3 厘米（图 11-11）。覆土后，从料垄两侧面扎两排 3 ~ 5 厘米粗的孔洞至料垄中心下部床面上，孔洞呈品字形，间隔 15 ~ 20 厘米，以使料垄中心有充足的氧气，并防止料垄中心升温烧菌（图 11-12）。覆土后要在遮光不好的林地采用横向覆盖麦草（稻草）的方法来避光、保湿、防雨；在出菇期采用麦草（稻草）顺床覆盖的方法用于在浇水时充分吸收料垄表层的水（图 11-13）。覆草要到位，料垄边缘要封盖严密，以不见覆土为准，防止阳光直射土层向料内传导热量。遮蔽度大的林地可不用覆盖麦草（稻草）。

图 11-10　斜坡形垄

图 11-11　覆土

图 11-12　覆土打孔后发菌

图 11-13　覆草遮盖

提示　覆草要用 2% 的石灰水提前浸泡，否则会引起鬼伞的大量发生。

5. 发菌管理

早春投料播种由于自然气温低，料垄中部不易升温，发菌安全率高。但在夏季或初秋播种，播种覆草后要布设雾化喷水设施，利用雾化喷水带喷水来增湿、降温。覆草要保持湿润，但不能用过大的水喷浇，以免水浸入培养料内。

播种后 15～25 天，料温易急剧升高，如果发现料温超过 25℃，就要用铁叉子插入料垄底部向上掘起，使料垄表层裂缝，以利于散热透氧。当菌丝长至培养料 2/3 时，培养料内的菌丝开始进入土层，此时要求覆土层保持湿润，但不能用大水喷浇，否则菌丝不易上土。如果土层过于干燥，菌丝更不易进入土层，会造成出菇迟缓。如在秋季高温进行发菌，作业道沟必须勤灌水，以降低床温，防止高温退菌；但水不能过多，以防流入垄畦底淹死菌丝。

经 30～40 天菌丝可布满覆土层，覆土层内和基质表层菌丝束分枝增粗，再经过营养后熟阶段后即可出菇。

6. 出菇管理

覆土层中有粗菌束延伸，菌丝束分枝上有米粒大小的白状物是幼菇菇蕾，这也是出菇前兆。保持覆草湿润，并移动覆草，让爬生在覆草上的菌丝倒伏，迫使从营养阶段向生殖阶段转化。

（1）水分管理　大球盖菇子实体生长适宜相对湿度为 90%～95%，诱导幼菇发生时，水分要少喷勤喷。在黄豆大小的幼菇出现后，应以保持覆土层及覆草的湿度为主，每天用小水喷浇，不能大水喷浇，否则会造成幼菇死亡（图11-14）。如果正在迅速膨大生长的子实体得不到充足的水分和空气湿度，就会生长缓慢，甚至还会造成子实体菌盖或菌柄裸裂。

（2）温度管理　大球盖菇出菇的适宜温度为10～25℃，低于4℃或超过30℃不能出菇。温度低时，生长缓慢，但菇体肥厚、不易开伞、腿粗盖肥。温度高虽然菇体生长快，但朵小、盖薄柄细、易开伞。遮阴不好的林地要将覆草覆盖得厚些（图11-15），但覆草要蓬松、不紧密，并将其挑悬空以透进一定量的光线，从而有效防止因林地风大而吹干裸露的菇体。在晚秋初冬温度降低时，更要加厚覆土，目的是在上冻前多出一茬菇。

图11-14　大球盖菇菇蕾

图11-15　大球盖菇成熟子实体

7. 采收

大球盖菇以尚未开伞的菇体口感最佳，因此在子实体内幕菌膜尚未破裂前要及时采收（图11-16）。采收过迟的话，菌盖展开、菌褶变为暗紫色、菌柄中空，也就失去了商品价值。采摘时要注意不要松动边缘幼菇，以防止其死亡。采收后，畦上留下的基部洞穴要用土填平。

8. 转潮管理

采摘后的菇畦要停水2～3天，以让菌丝休养生息，充分储蓄养分。还要检查料垄中心的培养料是否偏干，如果偏干，可采用向两垄间灌水以浸入料垄中心或给料垄扎孔洞的方法来补水，但

图11-16　大球盖菇采收

不能大水长时间浸泡或一律重水喷灌，以避免大水淹死菌丝体，使培养料腐烂退菌。

9. 加工

大球盖菇经自然晒干或烘干后（图11-17）香味浓郁，可与野生榛菇和茶树菇干品相媲美，销售前景十分广阔。

图 11-17 大球盖菇干品

第十二章 羊肚菌

羊肚菌（*Morchella*）俗称羊肚菜、羊肚子，是世界性美味食用菌和药用菌，被誉为"菌中王子"，由于其菌盖有不规则凹陷且多有褶皱，形似羊肚而得名（图12-1）。羊肚菌的药用价值最早收录于李时珍的《本草纲目》中。中医认为其性平、味干寒、无毒，其子实体富含蛋白质、多糖、核酸、多种微量元素以及维生素，对头晕、失眠、肠胃炎症、脾胃虚弱、消化不良等具有辅助治疗作用，还具有增强免疫力、抗疲劳、抗衰老、抗肿瘤、抗诱变、降血脂、预防动脉硬化以及感冒等多种功效，在医学上有重要的药用价值，因此深受人们喜爱且在国际市场上十分走俏。

图12-1 羊肚菌

羊肚菌风味独特、味道鲜美、营养丰富。据测定，每100克羊肚菌含粗蛋白质28.1克、粗脂肪4.4克，氨基酸多达20种，维生素及矿物质的含量也高，有些营养成分甚至超过了冬虫夏草，是高档天然保健食品，被誉为"食品之冠"。

第一节 概 述

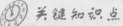 关键知识点

羊肚菌属于子囊菌，它的生理变化是相当复杂的。由于菌种退化、地理环境、气候等条件的影响，羊肚菌产量不稳定，因此目前大规模栽培的区域有限，尤其在蒸发量不及降雨量、昼夜温差大的高寒地区，人工规范化栽培难度更大。

羊肚菌菌种易退化，有的栽培者不了解其生活史，模仿担子菌进行组织分离，但难以成功。羊肚菌空心，分离到的也许仅是单核菌丝，而没有双核菌丝。

　　大田栽培于遮阳棚内、葡萄棚下、果树行距间。搭建遮阳棚可用于遮阳、保湿、防风，还可安装喷头用于雾化补水和降温，预防幼菇夭折。若选用成本低的薄膜小拱棚方式，往往会造成畦面中部缺氧，不出菇。

一 形态特征

1. 菌丝体

　　羊肚菌的菌丝分初生菌丝（孢子萌发形成）和次生菌丝（菌丝融合和核配），次生菌丝在不适宜于菌丝生长时形成菌核，菌核在适宜的条件下形成子囊果，从而形成羊肚菌的整个生活史。羊肚菌的菌丝体还包括菌根、菌套及菌索。

> **提示**　羊肚菌菌丝一旦在培养基上形成菌落，便会分泌出一种深褐色色素到培养基中。色素是由菌落中心较老的菌丝分泌的，并且随着菌丝的老化，色素扩散到整个培养皿中，从而使菌落在外观上呈浅褐色。

2. 子实体

　　羊肚菌菌盖为卵形或圆形，长2.5～6厘米，直径为2～5厘米，表面有许多小凹坑，呈浅褐色，外观似羊肚（图12-2）。边缘全部与柄相连，表面凹凸不平，呈蜂窝状。菌柄呈圆柱形，白色，幼时上表面有颗粒状突起，后期变平滑，基部膨大且有不规则的凹槽。子实体中空，子囊孢子8个，单行排列，光滑，呈椭圆形。羊肚菌属内种的子实体大小、形状和颜色差异较大，这与其所处的环境和气候因子有关。

图12-2　羊肚菌子实体

二 生长发育条件

1. 营养条件

碳源、氮源、生长因子、微量元素等都对羊肚菌菌丝体的生长有一定作用。羊肚菌生长的良好碳源是玉米、淀粉、麦芽糖、果糖、葡萄糖、蔗糖，其中玉米和葡萄糖是最好的碳源。良好的氮源是半胱氨酸、天冬氨酸、亚硝酸钠、硫酸铵、硝酸钠，其中硫酸铵的效果最好。维生素 B_1、维生素 B_2、维生素 B_6、维生素 H、叶酸对羊肚菌菌丝的生长有明显的促进作用，尤其是维生素 B_1；而维生素 B_{12} 和维生素 C 有抑制作用。适量的锌、铜、硒等微量元素对羊肚菌菌丝的生长也有积极作用，这些微量元素中的有些元素间还表现为协同作用。

2. 环境条件

(1) 温度 羊肚菌子实体的发生需要一个温凉及高低温交替、雨量适中的气候环境。羊肚菌属于中、低温喜湿性菌类，菌丝在 3~28℃ 均能生长，适宜温度为 18~22℃；所处温度低于 3℃ 会休眠，停止生长，所处温度高于 28℃ 则会停止生长或死亡。孢子萌发适宜的温度为 15~20℃。子实体在 4.4~22℃ 的温度范围内均能生长，最适宜温度为 15~18℃；子囊果形成地温为 12~18℃，最佳温度为 12~15℃，一旦所处环境超过 20℃，所有幼小子囊果就会全部夭折（气温突然回升导致菌丝的营养输送来不及供给子囊果发育所需，导致幼果死亡）。羊肚菌生长期长，除需较低气温外，还需要较大的温差，以刺激子实体分化。

> **提示** 四川金堂县为我国最大的羊肚菌产区，获得国家原产地地理标志。冬季受大陆性季风影响，相比同纬度其他地区，金堂县的平均气温高 2.1~2.7℃，春季气温回升早 25~30 天。金堂县羊肚菌栽培周期约 4 个月，多为 11 月中旬至 3 月中旬前后。由于各地纬度和海拔不同，开发新区种植羊肚菌前一定要按照历年当地地温稳定在 3~20℃ 的时间段，以及冬、春季节的气温（5 天平均温度）变化趋势，合理安排栽培时间，且需特别注意 3~4 月间的短期气象预报并采取相应措施，尽量保证温、光、水、气稳定，防止因栽培棚内温度变化过猛等导致生产失败。

(2) 湿度 羊肚菌属于高湿型真菌，栽培羊肚菌的地区需雨水充沛，年均降水量达到 900 毫米，空气相对湿度为 65%~85%。羊肚菌在营养生长阶段对土壤的湿度不敏感，一般以 45%~55% 为宜（可将土壤表面生长的青苔作为湿度指标）；人工栽培的培养基含水量以 60%~65% 为宜；子实体发育所需空气湿度以 80%～90% 为宜。

（3）光线 羊肚菌菌丝体和菌核生长期不需要光线。光线过强会抑制菌丝生长，菌丝在暗处或微光条件下会生长很快，光线对子囊果的形成有一定的促进作用。光线要求"三分阳七分阴"，子囊果的生长发育具有趋光性，而直射光容易导致局部的地面温度超过 20℃，造成死菇。

（4）空气 在暗处及过厚的落叶层中，羊肚菌很少发生，足够的氧气对羊肚菌的生长发育是必不可少的。当二氧化碳含量超过 0.3% 时，子囊果会变得瘦弱、畸形，甚至腐烂。

> **提示** 蔬菜大棚作为栽培棚较合理，大棚的长度不宜超过 25 米，且需高度注意棚内南北向空气的通透性（图 12-3）。

图 12-3　利用蔬菜大棚栽培羊肚菌

（5）酸碱度 羊肚菌生长所在的培养基或土壤的 pH 应在 5.0～8.2 之间，在这种酸碱环境中菌丝均可生长，但最适宜的 pH 在 6.0 左右。

（6）土壤 羊肚菌常生长在石灰岩或者呈微碱性的土壤中，中性或微碱性有利于羊肚菌生长，在腐殖土、黑色或黄色壤土、沙质混合土中均能生长，土壤 pH 以 6.5～7.5 为宜。

第二节　羊肚菌高效栽培关键技术

 关键知识点

出菇浇水应从畦边排水沟漫灌或者水管洒水浇灌，灌至淹没畦面 3 厘米；还可使用"雾化"工具补充水分，补水过程中采取重喷的方法使表土湿度达到标准。草过多会影响产量，在除草的过程中严禁将表皮土拔松，会造成菌丝断裂，影响出菇率。在旱地和大田中，病虫害较多，所以在播种之前必须对培养地进行虫害的处理、防治。

一 栽培季节

羊肚菌适宜在温度较低的地区栽培，是一种低温型菌类，每年 10 ~ 11 月均可栽培，此期间的自然温度最适宜羊肚菌菌丝生长发育。利用普通日光温室一般在 10 月中旬左右播种，可在年前出菇；大拱棚（单拱或双拱）在 10 月底或 11 月初播种。待菌丝长好后，恰遇低温季节，利于其发生生理变化，到来年 3 月气温回升后，大量形成子实体。

二 菌种制作

（1）菌种培养基配方 柞木屑 10%，杨木屑 30%，麦粒 50%，稻壳 6%，过磷酸钙 1%，石灰 2%，石膏 1%。

（2）操作过程 按配方将原料混合均匀，加入清水，使含水量达 65% 时装袋。装袋要求松紧一致，将表面压平，擦净袋壁内外沾染的培养基，塞上棉塞封口。

（3）灭菌 高压或常压灭菌，灭菌时间不能过长或压力过高，否则会破坏其中的养分。

图 12-4 羊肚菌菌种

（4）接种与培养 无菌接种后（图 12-4）放在 16 ~ 18℃温度下避光培养，3 天菌丝萌发吃料，10 天菌丝布满培养基表面，20 ~ 25 天菌丝长满袋。培养期间应尽量避免强光刺激，菌龄以不超过 50 天为好。菌丝寿命与温度有关，待在超过 30℃ 的环境中几个小时就会死亡。

三 播前管理

（1）整地 除去杂草及农作物废弃物，每亩地撒石灰 75 ~ 100 千克。然后，用旋耕机将地块旋耕耙平。

（2）施肥 每亩地可加 20 千克有机肥、磷钾肥。

（3）做畦 畦宽 100 ~ 120 厘米，每畦之间要有排水沟，沟深 30 厘米、宽 30 厘米，土壤 pH 控制在 7 ~ 7.3（图 12-5）。

（4）浇水 向畦及沟喷水，储存水分。

（5）浅耕 在畦内再次翻地，疏松土壤以便于播种。

（6）搭建遮阳棚 搭建好遮阳棚，以便操作和为菌种提供良好的生长发育环境。羊肚菌种植大棚多为竹木结构（钢管棚），搭建好后盖上遮阳网（4 ~ 6 针，遮阳率为 60% ~ 80%），长度和宽度以能压实底边为宜，以免大风破坏，还可以增加保湿效果，留出入口，方便管理（图 12-6）。

图 12-5 整地、做畦

图 12-6 搭建遮阳棚

四 播种

（1）洗种 用消毒水清洗菌种，除去表面杂菌。

（2）播种 先在菌床上起深 5 ~ 7 厘米的小沟，然后把菌种去袋掰成 2 ~ 3 厘米见方的菌块，均匀地撒在小沟内，然后用薄层细土覆盖，厚度为 3 ~ 4 厘米。每亩地菌种使用量为 250 千克。

五 播后管理

（1）覆膜 播完种后，用黑色地膜覆盖菌床，以保温保湿，防止强光直射，利于羊肚菌菌丝定植和发菌。

（2）打孔 将覆盖好的地膜打孔，孔距为 15 厘米，以增加土层透气性（图 12-7、图 12-8）。

（3）田间管理 保持土壤湿度，提高菌丝下地后的成活率。在下种完毕后，种植棚内应尽量减少人员活动，以降低杂菌感染概率。注意大棚内土壤湿度的变化，一般控制在 60% ~ 75% 最合适。如发现棚内土壤发干或发白，可适当补充水分，采取喷水或浸水方式，以湿透发干部分的土壤为宜。

图12-7　覆膜、打孔（一）

图12-8　覆膜、打孔（二）

注意　不可以长时间洒水和浸水，以免培养基木屑、麦粒等腐烂变质感染杂菌。

（4）病虫害防治　经常注意观察土壤湿度变化和菌丝变化，注意虫害，发现时用专用药剂及时处理，处理时不得破坏和影响菌丝的正常生长。

六　摆放、撤出营养袋

（1）营养袋配方　柞木屑10%，杨木屑30%，麦粒50%，稻壳6%，过磷酸钙1%，石灰2%，石膏1%。麦粒（浸泡半天使用）的含水量要达到65%~70%（以用手使劲捏，以能捏出水为宜），再加少量的腐殖土。

（2）营养袋制作　营养袋用14厘米×28厘米或15厘米×30厘米的聚丙（乙）烯袋子，用扎口机或绳子扎口，然后用常规灭菌方法灭菌即可（和栽培种一致）。

（3）摆放时机　在菌种下地20天左右，土壤表面会出现白色孢子，在白色孢子很多、很厚时开始补放营养袋，将营养袋侧面刺30个左右的中孔，将刺孔面朝下压在畦面的菌丝上，轻轻压实，使眼内物质最大限度地接触土壤。营养袋间距控制在50厘米左右，每畦放2排，呈倒三角形放置（图12-9）。营养袋放置完毕后，要注意土壤湿度的控

图12-9　摆放营养袋

制和保持。每亩放 1500~1800 袋。

（4）撤出营养袋 营养袋下面和周边出现很多菌丝（图 12-10），随着时间的推移（一般 40 天左右），这些菌丝由浅白色变为乳白色，再变为浅土黄色，到最后变成黄色。此时要及时撤出营养袋，把所有营养袋都移出大棚（图 12-11）。同时，注意观察棚内温湿度变化，一般温度控制在 15℃ 左右，湿度保持在 60%~75%。

图 12-10 营养袋周边的菌丝

图 12-11 撤出营养袋

七 出菇期管理

1. 出菇前管理

（1）温度控制 出菇前，棚内温度以 20~24℃ 为宜。超过 25℃ 时，应及时揭开四周的遮阳网，进行通风透气，降低温度。

（2）湿度控制 注意观察土壤湿度和棚内空气湿度的变化，以土壤湿度为 85%~90%、空气湿度为 85% 左右为佳。

2. 出菇管理

（1）温度控制 现蕾后，棚内温度不得超过 25℃（图 12-12）。温度过高，羊肚菌体型生长过快，质量极差，多木质化，顶端也会干瘪，在潮湿的环境中会慢慢腐烂，极大地影响外观品质和口感，还会造成减产。因此，棚内高温时要及时进行通风降温和采摘。

（2）湿度控制 15 天左右，羊肚菌幼菇可长到栗子大小。这个时候如果地面过于干燥，可以用雾喷方式进行喷水，同时适当通风，运用五步通风法逐步扩大通风量（图 12-13）。但棚内湿度也不可太大，土壤湿度控制在 75%~80% 之间，空气湿度控制在 60%~70% 之间。

图 12-12　羊肚菌菇蕾

图 12-13　羊肚菌生长期

3. 病虫害防治

菌丝与子实体在生长过程中都会发生病虫害，应以预防为主，保持场地环境的清洁卫生。播种前进行场地杀菌、杀虫处理，后期如发生虫害，可在子实体长出前喷除虫菊或 10% 石灰水予以杀灭。

八　畸形菇分析及调控

（1）**不出菇或者死菇**　播种 60 天就可以出菇，但迟迟不出菇或者幼菇出菇后死亡的原因可能是低温、通风大、喷水，还有就是氮肥过多、有机肥不腐熟。

（2）**平头菇**　原因是出菇期或者原基期遇到高温。如果平头顶部有干尖，可能是日灼或光线强造成的。

（3）**躲猫猫菇**　只在坑孔部位出菇，一般是通风大、湿度小或者光线强所致。

（4）**黄腿菇或暗柄菇**　一般是由浇水过多、虫害、闷棚造成的，也可能是因为采摘偏晚，所以需要及时采摘。

（5）**长腿菇和跪地菇**　棚内光线不足、通风过少所致，菇长大了需要适当增加通风。

（6）**白发菇或者白斑菇**　高温和高湿所致，需适当通风和降温，及时采摘，避免传染。

（7）**营养袋染杂菌**　营养袋内出现黑点、绿点、浓白厚菌，多为杂菌，需要拿掉，并在局部撒石灰粉。

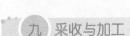

1. 采收

　　羊肚菌一般在 3 月下旬至 4 月上旬出菇，日平均气温在 12～16℃，从小原基到成型需 20～30 天，采收时要详细观察羊肚菌的个体大小。适时采摘是提高产量和品质的关键。羊肚菌的个体大小不一，采收时需观察菌盖，幼菌的菌盖顶尖上面的菱形凹槽紧密而细小，随个体增长，棱形凹槽会增大，顶端凹凸部分也会逐渐平坦，变得润滑光亮，色泽由深褐色或黑色转为黄褐色或肉色，菌柄肥厚并呈米黄色。菇体颜色变化顺序为：蓝→浅灰→黄→红→黑。如果在 20℃ 时子实体变黑，就在第二天或者第三天采摘；如果在 23～25℃ 时子实体变黑，当天就可采或者提前一天采摘。

2. 加工

　　采收后，用剪刀将菌托的泥沙修剪干净（图 12-14）。若菌盖和菌柄有创伤、变色的部位，要同时修剪整齐，修剪时应做到轻拿、轻剪、轻放，分级和消剪一次完成，以免再次分级造成创伤。

　　采收下来的菇体要及时晒干或烘干（图 12-15），干品装于塑料袋内密封保存。干燥加工时勿弄破菌帽。可利用烤房烘干或晒干，勿用柴火直接烟熏，以免影响质量，并放置在干燥、阴凉、通风良好、无异味的房间中，并离地面 30 厘米以上。羊肚菌在运输时要包装得严实密封，尽可能地减少挤压和碰撞。

图 12-14　采收的鲜羊肚菌

图 12-15　羊肚菌干品

第十三章 长根菇（黑皮鸡枞菌）

长根菇（*Oudemansiella radicata*）又称长根奥德蘑、长根小奥德蘑、长根金钱菌、露水鸡大毛草菌等，商品名为黑皮鸡枞菌（图13-1）。天然生长的长根菇主要分布在北半球的温带地区，亚热带地区也有分布，热带地区罕有分布。长根菇是食用菌中的上品，肉质细嫩，柄脆可口，富含蛋白质、氨基酸、脂肪、碳水化合物、维生素和微量元素等多种营养物质，生熟皆可食、食药两用，

图13-1 长根菇

备受人们的青睐。长根菇产品在北京、上海、广州、深圳等大城市广受欢迎，吸引了越来越多的菇农加入到种植中，成为农村的特色种植致富项目。

第一节 概 述

关键知识点

长根菇是典型的土生木腐型真菌，菌丝满袋后不应立即覆土，菌丝生理成熟后才能脱袋或在袋内覆土。长根菇属于中高温型菌类，原基分化需一定温差的刺激。覆土材料应在开袋前准备好，应选用富含腐殖质的泥炭土、草炭土或肥沃壤土，含水量应为20%。

一 形态特征

1. 菌丝体

菌丝具分枝分隔，有锁状联合，呈白色，茸毛状。

2. 子实体

子实体单生或散生，菌盖初为半球形，宽 5 ~ 25 厘米，平展，圆形，表面呈浅褐色，具有平滑或辐射状的褶皱；湿润时具有强黏性，盖缘全缘（图 13-2）。菌肉较薄，呈白色。菌褶直生至弯生，疏有小褶，呈广弧形，褶缘全缘，呈白色。菌柄中生，呈深褐色，有小麻点，实心而脆，（6 ~ 20）厘米 ×（0.8 ~ 3）厘米，圆形，中实，呈灰褐色，表面有细毛鳞，基部膨大呈倒圆锥形，有细长假根向下延伸。肉质呈白色，孢子印为白色。孢子无色，光滑，呈卵圆形至宽圆形，有明显芽孔，（13 ~ 18）微米 ×（10 ~ 15）微米，囊体近梭形，（75 ~ 175）微米 ×（10 ~ 29）微米。菌褶囊体无色、近梭形，顶端稍钝，（87 ~ 100）微米 ×（10 ~ 25）微米。

图 13-2　长根菇子实体

二 生长发育条件

1. 营养条件

长根菇属于土生型木腐菌，对营养要求不苛刻，分解木质素能力较强，对氮源要求中等。人工栽培可用棉籽壳、木屑、玉米芯、甘蔗渣、菌草作为主要栽培原料，配以麸皮、细米糠、玉米粉作为氮源补充，以棉籽壳主料产量较高。

2. 环境条件

（1）温度　长根菇野生菇多发生在夏末至秋末，属于中温型食用菌。菌丝生长温度为 13 ~ 31℃，最适温度为 20 ~ 26℃，出菇温度为 15 ~ 35℃，最适温度为 23 ~ 26℃，一昼夜温差刺激对子实体原基分化有利，可以提前出菇。

> **提示**　菌丝的生长适温和出菇适温较一致，这与多数食用菌是不同的。

（2）湿度　菌丝生长培养料的含水量为 60% ~ 63%，土壤含水量为 25%，出菇环境相对湿度控制在 88% ~ 98%，野生菇多发生在雨后的阔叶林地上。

（3）空气　长根菇属于好气性真菌，无论发菌还是出菇阶段，均要求充满新鲜空气的环境，特别是出菇阶段需氧量较大，二氧化碳含量应控制在 0.03% 以下。

（4）光线 长根菇属于喜光型菌类，菌丝培养不需要光线，光线刺激有利于子实体分化，人工栽培菇棚（房）控制"三分阳七分阴"，光照度控制在 100～300 勒。

> **提示** 大棚种植一般要求加遮阳网，因为自然界的阳光直射到菇体上的时候，菇体的温度会很快地升高，进而产生溃烂、空心、软绵等多种现象。如果是夏季，直射光会让土壤局部温度升高，产生烧包的现象，多发生霉变、虫害等。初春季节，气温不高、菇蕾没有分化时，可以利用阳光直射提高菌包的温度，但切不可使菌包温度过高。一旦菌包上有菇蕾长出，便应停止阳光直射。

（5）酸碱度 长根菇喜欢微酸性至中性的培养环境，pH 5.4～7.2 较适宜。栽培长根菇，配料及覆土中可适量添加石灰。

（6）土壤 土壤不是长根菇出菇的必要条件。覆土主要起保湿作用，能很好地形成子实体，出菇效果好；不覆土也能形成子实体，但菇形不完整。

第二节 长根菇高效关键栽培技术

关键知识点

在空间环境一定的情况下，菌包上部土层越厚，出芽率越低，出菇时间越长，单个子实体的品质越好；相反，土层越薄，出芽率越高，出菇时间越短，但单个子实体的品质相对较差，这就容易造成子实体丛生、品质较细的现象。因此，不建议使用石灰对接触菌棒的土壤进行消毒。子实体的颜色：光照越多，颜色越黑；光照越少，颜色越浅。但同时光照也会促进子实体开伞，严重损害产品品质。

在子实体生长期间，喷水应掌握"干干湿湿"。如果长期高湿，菇蝇和螨虫极易繁殖，容易招来虫害。细菌的发生主要与袋内积水和土壤未处理有关；黏菌主要因长期在高湿度环境下发生，只要经常通风控干即可控制，或者用 1%～2% 的草木灰溶液、石灰水喷于感染处；木霉是长根菇菌丝生活力较弱的情况下覆土时发生的，菌丝生活力弱时搔菌和覆土都可引起木霉感染，要注重长根菇接种后培养期间的温度，并确保在菌丝未老化前开袋栽培。

一　栽培季节

长根菇属于中高温型菌类，出菇季节为当年 4 ~ 11 月，它的成熟周期一般要求适温下菌龄达 60 天以上。各地可因地制宜，依据设施条件和栽培工艺，自行安排栽培季节。

二　参考配方

1）棉籽壳 58%，杂屑 20%，麸皮 20%，碳酸钙 1.5%，石灰 0.5%。

2）棉籽壳 58%，玉米芯 20%，麸皮 20%，碳酸钙 1.5%，石灰 0.5%。

3）棉籽壳 38%，玉米芯 20%，木屑 20%，麸皮 20%，碳酸钙 1.5%，石灰 0.5%。

4）棉籽壳 58%，甘蔗渣 20%，麸皮 20%，碳酸钙 1.5%，石灰 0.5%。

5）玉米芯 62%，豆秸粉 30%，麦麸 7%，石膏粉 1%。

6）甘蔗渣 75%，麦麸 20%，玉米芯 3%，蔗糖 1%，石膏粉 1%。

三　培养料装袋灭菌

以上配方任选一种，棉籽壳、玉米芯需提前预湿，再加其他培养料并搅拌均匀，培养料含水量控制在 60% ~ 63%。选用 17 厘米 × 32 厘米或 15 厘米 × 32 厘米的低压聚乙烯袋装料，装料应适当偏紧，如 17 厘米 × 32 厘米袋装湿料 1 ~ 1.1 千克，15 厘米 × 32 厘米袋装湿料 0.85 ~ 0.90 千克，选用海绵套环封口或直接用细绳捆口。然后常压灭菌，保持 100℃ 的温度 8 ~ 10 小时。冷却后在接种箱或无菌室中接种。

四　发菌

培养室温度应控制在 20 ~ 25℃，遮光培养，每天早晚各通气 0.5 小时。培养室内环境应保持清洁，空气新鲜，接种后 15 天检查菌丝生长情况，剔除污染严重的菌袋；直接捆口的菌袋在接种后 25 天左右菌丝盖面吃料 1 厘米深后需适当解松捆口。60 天左右菌丝可长满袋，再继续培养 30 天，菌丝即可达生理成熟。生理成熟的标志是培养基表面出现黑褐色菌皮或菌丝组织（图 13-3）。

图 13-3　长根菇成熟菌种

五 出菇模式

1. 大棚栽培

利用果蔬闲置大棚或临时搭盖出菇棚（图13-4），将成熟菌袋脱袋后整齐排放在畦面上，覆土2～4厘米厚。可用遮阳网或盖草遮阳，达到三分阳七分阴。这种栽培模式简便易行、产量稳定，而且便于示范推广。

2. 室内层架式袋栽

层架每层间高60厘米，设3～4层（图13-5）。将成熟菌袋袋口打开，反卷袋口4厘米高，袋口料表面覆盖3厘米厚细土，此种模式有利于提高管理效率。

图13-4　长根菇大棚栽培

图13-5　长根菇层架栽培

3. 林地仿野生栽培

选择地势平坦、近水源的林地、果园、毛竹林，将成熟菌袋脱袋后埋入土中，上盖细土3～4厘米厚。保持覆土湿润即会自然出菇，投入少、省工，但出菇时间不好准确把握，出菇比较分散。

> **提示** 采用各种形式大搞立体栽培，实行林菌、粮（菜）菌间作，多层次生产，是提高效益的有效途径。

六 出菇期管理

1. 菌袋覆土

将畦面的泥土清出，每亩撒生石灰100～150千克，畦底也撒一层生石灰，将菌丝成熟菌袋脱袋，竖直排放于畦面上，间距3～5厘米；再将撒有石灰的泥土敲细、拌匀，覆盖菌棒，盖土厚度3～4厘米（图13-6）。

种植黑皮鸡枞菌最为适宜的是黏土（沙土遇水板结，而黏土遇水不结块），颗粒尽量不要超过0.5厘米（翻地3～5遍或过筛）。土壤在种植过程中起到保温、保湿和控制二氧化碳含量的作用，保温和保湿主要是空间环境和土质决定的，而控制二氧化碳含量则是土质和厚度决定的。

2. 出菇期管理

覆土后10～15天即会有子实体发生，出菇的关键在于温度、湿度和通风的调控，应根据栽培条件做好管理（图13-7）。环境温度控制在22～28℃，保持覆土始终处于湿润状态，覆土略干燥时，应于每天早晚向覆土层喷水；菇棚早晚要掀膜通气1次，以始终保持菇棚内空气新鲜，二氧化碳含量控制在0.03%以内。在正常情况下，一般埋土后20～25天可大量现蕾，再过7～10天即可采收。

图13-6　长根菇菌袋覆土

图13-7　长根菇生长期

提示 喷水时除控制水量外，还要注意使用1000目（孔径约为13微米）以上的喷头均匀喷洒，喷过水的土壤应是湿而不黏的（防止因土壤过湿而使得氧气无法透过）。容易板结的土壤更要谨慎喷水，切不可过量。如果菇体颜色不黑，而且菇盖较大，可以适当增加光照时长，一般不建议增加光照度，同时有意识地减少通风。

七　采收

采收标准可依据市场鲜销要求，手握紧菇柄基部，轻轻连假根一同拔起，随即用不锈钢刀削去假根及泥土并分级整齐排放（图13-8），随即放入冷库，在0～4℃的环境下储存4～6小时，然后装袋并用泡沫箱密封发货。

采收后整理料面，采菇留下的缺口要补上泥土，养菌7~10天后可继续喷水，一般可采2~4潮菇，头潮菇产量达50%左右，总生物转化率可达50%~100%。

八 加工

利用烘干技术把长根菇烘干（图13-9），进行加工包装，通过电商销往全国各地，实现线上、线下同步销售。

图13-8 采收的长根菇

图13-9 长根菇干品

附录 食用菌生产常用原料及环境控制对照表

附表 1 农作物秸秆及副产品化学成分（质量分数，%）

种　类		水分	粗蛋白质	粗脂肪	粗纤维（含木质素）	无氮浸出物（可溶性碳水化合物）	粗灰分
秸秆类	稻草	13.4	1.8	1.5	28.0	42.9	12.4
	小麦秆	10.0	3.1	1.3	32.6	43.9	9.1
	大麦秆	12.9	6.4	1.6	33.4	37.8	7.9
	玉米秆	11.2	3.5	0.8	33.4	42.7	8.4
	高粱秆	10.2	3.2	0.5	33.0	48.5	4.6
	黄豆秆	14.1	9.2	1.7	36.4	34.2	4.4
	棉秆	12.6	4.9	0.7	41.4	36.6	3.8
	棉铃壳	13.6	5.0	1.5	34.5	39.5	5.9
	甘薯藤（鲜）	89.8	1.2	0.1	1.4	7.4	0.2
	花生藤	11.6	6.6	1.2	33.2	41.3	6.1
副产品类	稻壳	6.8	2.0	0.6	45.3	28.5	16.9
	统糠	13.4	2.2	2.8	29.9	38.0	13.7
	细米糠	9.0	9.4	15.0	11.0	46.0	9.6
	麦麸	12.1	13.5	3.8	10.4	55.4	4.8
	玉米芯	8.7	2.0	0.7	28.2	58.4	20.0
	花生壳	10.1	7.7	5.9	59.9	10.4	6.0

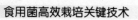

（续）

种　类	水分	粗蛋白质	粗脂肪	粗纤维（含木质素）	无氮浸出物（可溶性碳水化合物）	粗灰分
玉米糠	10.7	8.9	4.2	1.7	72.6	1.9
高粱康	13.5	10.2	13.4	5.2	50.0	7.7
豆饼	12.1	35.9	6.9	4.6	34.9	5.1
豆渣	7.4	27.7	10.1	15.3	36.3	3.2
菜饼	4.6	38.1	11.4	10.1	29.9	5.9
芝麻饼	7.8	39.4	5.1	10.0	28.6	9.1
酒糟	16.7	27.4	2.3	9.2	40.0	4.4
淀粉渣	10.3	11.5	0.71	27.3	47.3	2.9
蚕豆壳	8.6	18.5	1.1	26.5	43.2	3.1
废棉	12.5	7.9	1.6	38.5	30.9	8.6
棉仁粕	10.8	32.6	0.6	13.6	36.9	5.6
花生饼		43.7	5.7	3.7	30.9	
稻谷	13.0	9.1	2.4	8.9	61.3	5.4
大麦	14.5	10.0	1.9	4.0	67.1	2.5
小麦	13.5	10.7	2.2	2.8	68.9	1.9
黄豆	12.4	36.6	14.0	3.9	28.9	4.2
玉米	12.2	9.6	5.6	1.5	69.7	1.0
高粱	12.5	8.7	3.5	4.5	67.6	3.2
小米	13.3	9.8	4.3	8.5	61.9	2.2
马铃薯	75.0	2.1	0.1	0.7	21.0	1.1
甘薯	9.8	4.3	0.7	2.2	80.7	2.3
血粉	14.3	80.4	0.1	0	1.4	3.8
鱼粉	9.8	62.6	5.3	0	2.7	19.6
蚕粪	10.8	13.0	2.1	10.1	53.7	10.3
槐树叶粉	11.7	18.4	2.6	9.5	42.5	15.2

左侧分类栏：副产品类（玉米糠至花生饼）、谷类、薯类（稻谷至甘薯）、其他（血粉至槐树叶粉）

（续）

种　类		水分	粗蛋白质	粗脂肪	粗纤维（含木质素）	无氮浸出物（可溶性碳水化合物）	粗灰分
其他	松针粉	16.7	9.4	5.0	29.0	37.4	2.5
	木屑		1.5	1.1	71.2	25.4	
	蚯蚓粉	12.7	59.5	3.3		7.0	17.6
	芦苇		7.3	1.2	24.0	—	12.2
	棉籽壳		4.1	2.9	69.0	2.2	11.4
	蔗渣		1.4		18.1		2.04

附表 2　农副产品主要矿质元素含量

种类	钙（%）	磷（%）	钾（%）	钠（%）	镁（%）	铁（%）	锌（%）	铜/（毫克/千克）	锰/（毫克/千克）
稻草	0.283	0.075	0.154	0.128	0.028	0.026	0.002	—	25.800
稻壳	0.080	0.074	0.321	0.088	0.021	0.004	0.071	1.600	42.400
米糠	0.105	1.920	0.346	0.016	0.264	0.040	0.016	3.400	85.200
麦麸	0.066	0.840	0.497	0.099	0.295	0.026	0.056	8.600	60.000
黄豆秆	0.915	0.210	0.482	0.048	0.212	0.067	0.048	7.200	29.200
豆饼粉	0.290	0.470	1.613	0.014	0.144	0.020	0.012	24.200	28.000
芝麻饼	0.722	1.070	0.723	0.099	0.331	0.066	0.024	54.200	32.000
蚕豆麸	0.190	0.260	0.488	0.048	0.146	0.065	0.038	2.700	12.000
豆腐渣	0.460	0.320	0.320	0.120	0.079	0.025	0.010	9.500	17.200
酱渣	0.550	0.125	0.290	1.000	0.110	0.037	0.023	44.000	12.400
淀粉渣	0.144	0.069	0.042	0.012	0.033	0.016	0.010	8.000	—
稻谷	0.770	0.305	0.397	0.022	0.055	0.055	0.044	21.300	23.600
小麦	0.040	0.320	0.277	0.006	0.072	0.008	0.009	8.300	11.200
大麦	0.106	0.320	0.362	0.031	0.042	0.007	0.011	5.400	18.000
玉米	0.049	0.290	0.503	0.037	0.065	0.005	0.014	2.500	
高粱	0.136	0.230	0.560	0.079	0.018	0.010	0.004	413.700	10.200
小米	0.078	0.270	0.391	0.065		0.007	0.008	195.400	15.600
甘薯	0.078	0.086	0.195	0.232	0.038	0.048	0.016	4.700	19.100

附表3 牲畜粪的化学成分（质量分数,%）

类 别		水分	有机质	矿物质	氮（N）	磷（P₂O₅）	钾（K₂O）
干粪	猪粪		82		3~4	2.70~4	2~3.30
	黄牛粪		90		1.62	0.7	2.1
	马粪		84		1.60~2	0.80~1.20	1.40~1.80
	牛粪		73		1.65~2.48	0.85~1.38	0.25~1
鲜粪	马粪	76.50	21	3.90	0.47	0.30	0.30
	黄牛粪	82.40	15.20	3.60	0.30	0.18	0.18
	水牛粪	81.10	12.70	5.30	0.26	0.18	0.17
	猪粪	80.70	17.00	3.00	0.59	0.46	0.43
	家禽	57	29.30	—	1.46	1.17	0.62
尿	马尿	89.60	8.00	8.00	1.29	0.01	1.39
	黄牛尿	92.60	4.80	2.10	1.22	0.01	1.35
	水牛尿	81.60	—	—	0.62	极少	1.60
	猪尿	96.60	1.50	1.00	0.38	0.10	0.99

附表4 各种培养料的碳氮比（C/N）

种 类	碳（C,%）	氮（N,%）	碳氮比（C/N）
木屑	49.18	0.10	491.80
栎落叶	49.00	2.00	24.50
稻草	45.39	0.63	72.30
大麦秆	47.09	0.64	73.58
玉米秆	46.69	0.53	88.09
小麦秆	47.03	0.48	98.00
棉籽壳	56.00	2.03	27.59
稻壳	41.64	0.64	65.00
甘蔗渣	53.07	0.63	84.24
甜菜渣	56.50	1.70	33.24
麸皮	44.74	2.20	20.34
玉米粉	5292	2.28	23.21
米糠	41.20	2.08	19.81

（续）

种 类	碳（C,%）	氮（N,%）	碳氮比（C/N）
啤酒糟	47.70	6.00	7.95
高粱酒糟	37.12	3.94	9.42
豆腐渣	9.45	7.16	1.32
马粪	11.60	0.55	21.09
猪粪	25.00	0.56	44.64
黄牛粪	38.60	1.78	21.70
水牛粪	39.78	1.27	31.30
奶牛粪	31.79	1.33	24.00
羊粪	16.24	0.65	24.98
兔粪	13.70	2.10	6.52
鸡粪	14.79	1.65	8.96
鸭粪	15.20	1.10	13.82
纺织屑	59.00	2.32	22.00
沼气肥	22.00	0.70	31.43
花生饼	49.04	6.32	7.76
大豆饼	47.46	7.00	6.78

附表5 蘑菇堆肥材料配制方法

材 料	数量/千克	营养成分			
		碳（C）/千克	氮（N）/千克	碳氮比（C/N）	磷（P）/千克
稻草	400	181.56	2.52		0.30
干牛粪	600	438.00	9.90		5.10
尿素	6.73		3.10		
硫酸铵	14.60		3.10		
合计		619.56	18.62	33.27	5.40

计算步骤：

1）从附表4查得，稻草含C量为45.39%，含N量为0.63%，计算出稻草中含 C 素 181.56 千克，含 N 素 2.52 千克。

2）从附表 3 中查得，干牛粪含 C 量为 73%，含 N 量为 1.65%，计算出干牛粪中含 C 素 438.00 千克，含 N 素 9.90 千克。

3）主要材料中，C 素总含量为 619.56 千克，N 素总含量为 12.42 千克。蘑菇菌丝同化材料中的全部 C 素，按照 C/N 为 33.27 计，需 18.62 千克，堆肥中尚缺 N 素 6.20 千克。

4）所缺 N 素用尿素、硫酸铵补足。尿素含 N 量为 46%，硫酸铵含 N 量为 21.20%，按实 N 量计，各用 50%，需用尿素 6.73 千克，其中含 N 素 3.10 千克；用硫酸铵 14.60 千克，其中含 N 素 3.10 千克。

5）从附表 2 中查得，稻草含 P 量为 0.075%，从附表 3 中查得，干牛粪含 P 量为 0.850%，分别计算堆肥中 P 素含量共计 5.4 千克，约为堆肥材料的 0.810%，其不足部分加入过磷酸钙补充。

附表 6　培养料含水量（一）

每 100 千克干料中加入的水/千克	料水比	含水量（%）	每 100 千克干料中加入的水/千克	料水比	含水量（%）
75	1:0.75	50.30	130	1:1.30	62.20
80	1:0.80	51.70	135	1:1.35	63.00
85	1:0.85	53.00	140	1:1.40	63.80
90	1:0.90	54.20	145	1:1.45	64.50
95	1:0.95	55.40	150	1:1.50	65.20
100	1:10	56.50	155	1:1.55	65.90
105	1:1.05	57.60	160	1:1.60	66.50
110	1:1.10	58.60	165	1:1.65	67.20
115	1:1.15	59.50	170	1:1.70	67.80
120	1:1.20	60.50	175	1:1.75	68.40
125	1:1.25	61.30	180	1:1.80	68.90

注：1. 风干培养料含结合水以 13% 计。

2. 含水量计算公式：含水量（%）= $\dfrac{\text{加水重量} + \text{培养料含结合水}}{\text{培养料干重} + \text{加入的水重量}} \times 100\%$。

附表7　培养料含水量（二）

含水量（%）	料水比	含水量（%）	料水比	含水量（%）	料水比	含水量（%）	料水比	含水量（%）	料水比
15	1：0.176	31	1：0.449	47	1：0.885	63	1：1.703	79	1：3.762
16	1：0.190	32	1：0.471	48	1：0.923	64	1：1.777	80	1：4.000
17	1：0.205	33	1：0.493	49	1：0.960	65	1：1.857	81	1：4.263
18	1：0.220	34	1：0.515	50	1：1.000	66	1：1.941	82	1：4.556
19	1：0.235	35	1：0.538	51	1：1.040	67	1：2.030	83	1：4.882
20	1：0.250	36	1：0.563	52	1：1.083	68	1：2.215	84	1：5.250
21	1：0.266	37	1：0.587	53	1：1.129	69	1：2.226	85	1：5.667
22	1：0.282	38	1：0.613	54	1：1.174	70	1：2.333	86	1：6.143
23	1：0.299	39	1：0.639	55	1：1.222	71	1：2.448	87	1：6.692
24	1：0.316	40	1：0.667	56	1：1.272	72	1：2.571	88	1：7.333
25	1：0.333	41	1：0.695	57	1：1.326	73	1：2.704	89	1：8.091
26	1：0.350	42	1：0.724	58	1：1.381	74	1：2.846	90	1：9.100
27	1：0.370	43	1：0.754	59	1：1.439	75	1：3.000		
28	1：0.389	44	1：0.786	60	1：1.500	76	1：3.167		
29	1：0.408	45	1：0.818	61	1：1.564	77	1：3.348		
30	1：0.429	46	1：0.852	62	1：1.632	78	1：3.545		

注：1. 风干培养料（不考虑所含结合水）。

2. 计算公式：含水量 $= \dfrac{（干料重+水重）-干料重}{总重量} \times 100\%$。

附表 8　培养料含水量（％）（三）

要求达到的含水量%	每100千克干料应加入的水/千克	料　水　比	要求达到的含水量（％）	每100千克干料应加入的水/千克	料　水　比
50.0	74.00	1:0.74	58.00	107.10	1:1.07
50.5	75.80	1:0.76	58.50	109.60	1:1.10
51.0	77.60	1:0.78	59.00	112.20	1:1.12
51.5	79.40	1:0.79	59.50	114.80	1:1.15
52.0	81.30	1:0.81	60.00	117.50	1:1.18
52.5	83.20	1:0.83	60.50	120.30	1:1.20
53.0	85.10	1:0.85	61.00	123.10	1:1.23
53.5	87.10	1:0.87	61.50	126.00	1:1.26
54.0	89.10	1:0.89	62.00	128.90	1:1.29
54.5	91.20	1:0.91	62.50	132.00	1:1.32
55.0	93.30	1:0.93	63.00	135.10	1:1.35
55.5	95.50	1:0.96	63.50	138.40	1:1.38
56.0	97.70	1:0.98	64.00	141.70	1:1.42
56.5	100.00	1:10	64.50	145.10	1:1.45
57.0	102.30	1:1.02	65.00	148.60	1:1.49
57.5	104.70	1:1.05	65.50	152.20	1:1.52

注：1. 风干培养料含结合水以13％计。

　　2. 每100千克干料应加入的水计算公式：100 千克干料应加入的水（千克）＝ $\dfrac{含水量 - 培养料结合水}{1 - 含水率} \times 100\%$。

附表9　相对湿度（%）对照表（标准大气压 = 101.325 千帕）

干球温度/℃	干球温度—湿球温度					干球温度/℃	干球温度—湿球温度				
	1℃	2℃	3℃	4℃	5℃		1℃	2℃	3℃	4℃	5℃
40	93	87	80	74	68	24	90	80	71	62	53
39	93	86	79	73	67	23	90	80	70	61	52
38	93	86	79	73	67	22	89	79	69	60	50
37	93	86	79	72	66	21	89	79	68	58	48
36	93	85	78	72	65	20	89	78	67	57	47
35	93	85	78	71	65	19	88	77	66	56	45
34	92	85	78	71	64	18	88	76	65	54	43
33	92	84	77	70	63	17	88	76	64	52	41
32	92	84	77	69	62	16	87	75	62	50	39
31	92	84	76	69	61	15	87	74	60	48	37
30	92	83	75	68	60	14	86	73	59	46	34
29	92	83	75	67	59	13	86	71	57	44	32
28	91	83	74	66	59	12	85	70	56	42	
27	91	82	74	65	58	11	84	69	54	40	
26	91	82	73	64	56	10	84	68	52		
25	90	81	72	63	55	9	83	66	50		

附表10　光照度与灯光容量对照表

光照度/勒	白炽灯（普通灯泡）单位容量/(瓦/米²)	20 米² 菇房灯光布置/瓦
1 ~ 5	1 ~ 4	25 ~ 80
5 ~ 10	4 ~ 6	80 ~ 120
15	5 ~ 7	100 ~ 140
20	6 ~ 8	120 ~ 160
30	8 ~ 12	160 ~ 240
45 ~ 50	10 ~ 15	160 ~ 300
50 ~ 100	15 ~ 25	300 ~ 500

注：勒为勒克斯的简称，英文以 lx 表示，光照度单位。等于 1 流明的光通量均匀照在 1 米² 表面上所产生的度数。例如：适宜阅读的光照度为 60 ~ 100 勒。

附表 11　环境二氧化碳（CO_2）含量对人和食用菌生理影响

CO_2 含量（%）	人的生理反应	食用菌生理反应
0.05	舒适	子实体生长正常
0.1	无不舒适感觉	香菇、平菇、金针菇出现长菇柄
1.0	感觉到不适	典型畸形菇，柄长、盖小或无菌盖
1.55	短期无明显影响	子实体不发生（多数）
2.0	烦闷，气喘，头晕	子实体不发生（多数）
3.5	呼吸较为困难，很烦闷	子实体不发生（多数）
5.0	气喘，呼吸很困难，精神紧张，有时呕吐	子实体不发生（多数）
6.0	出现昏迷	子实体不发生（多数）

附表 12　常用消毒剂的配制及使用方法

品　名	使用量	配制方法	用　途	注意事项
乙醇	75%	95% 乙醇 75 毫升加水 20 毫升	手、器皿、接种工具及分离材料的表面消毒。防治对象：细菌、真菌	易燃、防着火
苯酚（石炭酸）	3%~5%	95~97 毫升水中加入苯酚 3~5 克	空间及物体表面消毒防治对象：细菌、真菌	防止腐蚀皮肤
来苏儿	2%	50% 来苏儿 40 毫升加水 960 毫升	皮肤及空间、物体表面消毒防治对象：细菌、真菌	配制时勿使用硬度高的水
甲醛（福尔马林）	5% 或每立方米用 10 毫升原液熏蒸	40% 甲醛溶液 12.50 毫升加蒸馏水 87.50 毫升	空间及物体表面消毒，原液加等量的高锰酸钾混合或加热熏蒸防治对象：细菌、真菌	刺激性强，注意皮肤及眼睛的保护

（续）

品　名	使用量	配制方法	用　途	注意事项
新洁尔灭	0.25%	5%新洁尔灭50毫升加蒸馏水950毫升	用于皮肤、器皿及空间的消毒 防治对象：细菌、真菌	不能与肥皂等阴离子洗涤剂同用
高锰酸钾	0.10%	高锰酸钾1克加水1000毫升	皮肤及器皿表面消毒 防治对象：细菌、真菌	随配随用、不宜久放
过氧乙酸	0.20%	20%过氧乙酸2毫升加蒸馏水98毫升	空间喷雾及表面消毒 防治对象：细菌、真菌	对金属腐蚀性强，勿与碱性物品混用
漂白粉	5%	漂白粉50克加水950毫升	喷洒、浸泡与擦洗消毒 防治对象：细菌	对服装有腐蚀和脱色作用，因此应防止溅在服装上，注意保护皮肤和眼睛
碘酒	2%~2.40%	碘化钾2.50克、蒸馏水72毫升、95%乙醇73毫升	用于皮肤表面消毒 防治对象：细菌、真菌	不能与汞制剂混用
升汞（氯化汞）	0.10%	取1克升汞溶于25毫升浓盐酸中，加水1000毫升	分离材料表面消毒	剧毒
硫酸铜	5%	取5克硫酸铜加水95毫升	菌床上局部杀菌或出菇场地的杀菌 防治对象：真菌	不能贮存于铁器中
硫黄	每立方米15~20克	直接点燃使用	用于接种和出菇场所空间熏蒸消毒 防治对象：细菌、真菌	先将墙面和地面喷水预湿，防止腐蚀金属器皿

（续）

品 名	使用量	配制方法	用 途	注意事项
甲基托布津	0.10%或1∶（500~800）倍	0.1%的水溶液	对接种钩和出菇场所空间喷雾消毒 防治对象：真菌	不能用于木耳类、猴头菇、羊肚菌的培养料中
多菌灵	1∶1000倍拌料，或1∶500倍喷洒	用0.1%~0.2%的水溶液	喷洒床畦消毒 防治对象：真菌、半知菌	不能用于木耳类、猴头菇、羊肚菌的培养料中
气雾消毒剂	每立方米2~3克	直接点燃熏蒸	接种室、培养室和菇房内熏蒸消毒	易燃，对金属有腐蚀作用

附表13　常用消毒剂的配制及使用方法

名 称	防治对象	用法与用量
甲醛	线虫	5%喷洒，每立方米覆土250~500毫升
石炭酸	害虫、虫卵	3%~4%的水溶液喷洒环境
漂白粉	线虫	0.1%~1%喷洒
二嗪农	菇蝇、瘿蚊	每吨料用20%的乳剂57毫升喷洒
除虫菊酯类	菇蝇、菇蚊、蛆	见商品说明，3%乳油稀释500~800倍喷雾
磷化铝	各种害虫	每立方米9克密封熏蒸杀虫
鱼藤精	菇蝇、跳虫	0.1%水溶液喷雾
食盐	蜗牛、蛞蝓	5%的水溶液喷雾
对二氯苯	螨类	每立方米50克熏蒸
杀螨砜	螨类、小马陆弹尾虫	1∶（800~1000）倍水溶液喷雾
溴氰菊酯	尖眼菌蚊、菇蝇、瘿蚊等	用2.5%药剂稀释300~400倍喷洒

参 考 文 献

[1] 黄年来，林志彬，陈国良. 中国食药用菌学 ［M］. 上海：上海科学技术文献出版社，2010.

[2] 王世东. 食用菌 ［M］. 2 版. 北京：中国农业出版社，2010.

[3] 国淑梅，牛贞福. 食用菌高效栽培 ［M］. 北京：机械工业出版社，2016.

[4] 牛贞福，张凤芸. 食用菌栽培技术 ［M］. 北京：机械工业出版社，2016.

[5] 牛贞福，赵淑芳. 平菇类珍稀菌高效栽培 ［M］. 北京：机械工业出版社，2016.

[6] 牛贞福，晁岳江. 耳类珍惜菌高效栽培 ［M］. 北京：机械工业出版社，2016.

[7] 牛贞福，国淑梅. 图说食用菌高效栽培 ［M］. 北京：机械工业出版社，2018.

[8] 牛贞福，国淑梅. 图说木耳高效栽培 ［M］. 北京：机械工业出版社，2018.

[9] 崔长玲，牛贞福. 秸秆无公害栽培食用菌实用技术 ［M］. 南昌：江西科学技术出版社，2009.

[10] 刘培军，张日林. 作物秸秆综合利用 ［M］. 济南：山东科学技术出版社，2009.

[11] 陈清君，程继鸿. 食用菌栽培技术问答 ［M］. 北京：中国农业大学出版社，2008.

[12] 周学政. 精选食用菌栽培新技术 250 问 ［M］. 北京：中国农业出版社，2007.

[13] 张金霞，谢宝贵. 食用菌菌种生产与管理手册 ［M］. 北京：中国农业出版社，2006.

[14] 黄年来. 食用菌病虫诊治（彩色）手册 ［M］. 北京：中国农业出版社，2001.

[15] 郭美英. 中国金针菇生产 ［M］. 北京：中国农业出版社，2001.

[16] 陈士瑜. 菇菌生产技术全书 ［M］. 北京：中国农业出版社，1999.

[17] 刘崇汉. 蘑菇高产栽培 400 问 ［M］. 南京：江苏科学技术出版社，1995.

[18] 郑其春，陈荣庄，陆志平，等. 食用菌主要病虫害及其防治 ［M］. 北京：中国农业出版社，1997.

[19] 杭州市科学技术委员会. 食用菌模式栽培新技术 ［M］. 杭州：浙江科学技术出版社，1994.

[20] 牛贞福，刘敏，国淑梅. 秋季袋栽香菇菌棒成品率低的原因及提高成品率措施 ［J］. 食用菌，2012（2）：48-51.

[21] 牛贞福，刘敏，国淑梅. 冬季平菇生理性死菇原因及防止措施 ［J］. 北方园艺，2011（2）：180.

[22] 牛贞福，崔长玲，国淑梅. 夏季林地香菇地栽技术 [J]. 食用菌，2010 (4)：45-46.

[23] 牛贞福，国淑梅，崔长玲. 平菇绿霉菌的发生原因及防治措施 [J]. 食用菌，2007 (5)：56.

[24] 牛贞福，刘敏. 地沟棚金针菇优质高产栽培技术 [J]. 北方园艺，2008 (8)：209-210.

[25] 牛贞福，国淑梅，冀永杰，等. 林地棉柴栽培双孢蘑菇技术要点 [J]. 食用菌，2013 (6)：50-51.

[26] 牛贞福，国淑梅. 林地棉秆小畦覆厚料栽培双孢蘑菇高产技术 [J]. 食用菌，2013 (1)：60-61.

[27] 牛贞福，国淑梅. 利用夏季闲置的蔬菜大棚和菇房栽培猪肚菇 [J]. 食药用菌，2012 (6)：351-353.

[28] 牛贞福，国淑梅. 整玉米芯林地草菇栽培技术 [J]. 北方园艺，2012 (11)：182-183.

[29] 牛贞福，国淑梅. 人工土洞大袋栽培鸡腿菇技术 [J]. 中国食用菌，2012 (1)：60-62.

[30] 刘瑞壁. 长根菇生物学特性及栽培技术要点 [J]. 食用菌，2017 (4)：46-47.